高职本科机电类新形态教材

数控加工工艺与编程

王建强　王文博　刘冉冉　主编

化学工业出版社

·北京·

内容简介

本书以工作任务为导向，将数控车、铣、加工中心的加工工艺和程序编制方法等专业技术融合到实际任务中，充分体现了“教—学—做”一体化的项目式教学特色，重点突出与技能相关的必备专业知识，理论知识以实用、够用为度。

书中以FANUC 0i数控系统为例诠释了五个项目：项目一介绍了数控车床的基本概念、坐标系、对刀方法及编程基础；项目二通过九个任务，如简单轮廓精车加工、螺纹车削和套类零件车削等，详细介绍数控车削加工的各种技术；项目三介绍了数控铣床的基本概念、坐标系、对刀方法及编程基础；项目四通过六个任务，如平面零件铣削加工、内轮廓零件铣削加工、简化编程铣削加工等，详细介绍数控铣削加工的各种技术；项目五介绍了数控加工中心的应用，涉及孔类零件和曲面零件的加工。

本书可作为机械设计制造及自动化、机械电子工程技术、智能制造工程技术、数控技术等高职本科专业和机械制造及自动化、机电一体化技术、数控技术、机械装备制造技术等高职专科专业的教材，也可用作数控技术培训、进修的教学用书，并可作为机械工程技术人员、工人和管理人员的参考书。

图书在版编目（CIP）数据

数控加工工艺与编程 / 王建强，王文博，刘冉冉主编. -- 北京 : 化学工业出版社, 2025. 1. -- ISBN 978-7-122-46754-6

Ⅰ. TG659

中国国家版本馆CIP数据核字第2024QS1310号

责任编辑：张海丽　　　　装帧设计：刘丽华

责任校对：李露洁

出版发行：化学工业出版社

（北京市东城区青年湖南街13号　邮政编码100011）

印　　装：河北延风印务有限公司

787mm×1092mm　1/16　印张15½　字数385千字

2025年1月北京第1版第1次印刷

购书咨询：010-64518888　　　　售后服务：010-64518899

网　　址：http://www.cip.com.cn

凡购买本书，如有缺损质量问题，本社销售中心负责调换。

定　　价：49.00元

前言

新技术、新业态、新产业、新模式发展迅猛，产业转型升级步伐加快，新一轮产业变革和科技革命迅速兴起。以智能制造、大数据、区块链等为代表的信息技术发展极大地改变了工作的性质，推动了职业更迭，重塑了劳动力市场的需求层次及需求类型，给技能结构单一的技术人才就业带来挑战。数控编程与操作作为智能产线的关键一环，需要一本职业适切性、知识独创性和主体协作性较强的《数控加工工艺与编程》教材以适应产业数字化转型升级的需求。

本书采用项目式教学模式，内容主要包括三大模块：数控车模块（项目一和项目二）、数控铣模块（项目三和项目四）、加工中心（项目五），每个项目用数控编程和加工典型零件方式命名的任务构成教材基本单元，每个任务以工学任务为中心，以相关知识为背景，以任务实施为焦点，以拓展提升为延伸。任务序列按由易到难的顺序编排，形成梯度，每个任务由"学习目标→工学任务→相关知识→任务实施→拓展提升→思考练习"六部分有机衔接。整个教材内容设计符合教学和人才成长规律，与生产实践流程相吻合，体现了高职教材基于过程的能力培养和系统化知识的特征。

本书具有以下鲜明特色：

① 对接产业转型需求，结合智能化真实生产，选取典型工作任务重构教学内容，使教材适用于高职本科。

面对产业的数字化转型升级，产业岗位的工作任务、工作流程等也发生了变化，教材内容为此做出相应的增减和整合，分为数控车、数控铣和加工中心三大模块，包含了工艺、编程、仿真和加工等内容，使学生能够懂工艺、会分析、善编程、能仿真、精操作，以更快地适应最新的产业环境。

② 对接数控车工、数控铣工"1+X"等级证书制度，融入技能等级考核标准和要求，不仅有系统性和完整性的理论知识，还具有针对性和应用性的职业能力素养知识。

本教材紧密结合当前先进制造行业对数控编程的岗位技能要求，遵循理论与实践相结合、理论为实践服务的原则，有针对性地将课程内容的重点和培养目标转移到学生技能培养上来，且恰当处理教材内容的深浅度。本教材与数控车工、数控铣工"1+X"技能等级考核证书制度的相关模块相对接，将技能等级考核的标准和要求融入本书的教学内容中，在进行课程内容学习的同时掌握"1+X"证书考核所需的知识和技能。

③ 工学任务是对实际工程的提炼，能正确反映行业的新技术、新产品和新工艺，内容体现了教育职业性的特点，并将工学结合上升到知行合一。

为适应制造业及新材料、新技术的发展要求，根据岗位需求，对课程内容进行全面整合，删除理论性过强的知识点，注重实践应用，增加了新的科学技术和工艺设计要求的要点。本教材遵循学生职业能力培养的基本规律，大量案例载体来源于生产中具有典型意义的工程实例，通过典型案例详细解析专业技能要点与思维要求，注重强化学生职业素养培养及专业技术积累，并将专业精神和职业精神融入教材内容中，做到知行合一。

④ 利用现代信息手段，并充分发挥移动互联网环境下的技术优势，形成“互联网＋”新形态立体化教材。

为了引导使用者逐步掌握数控编程、虚拟仿真等技能，更好地提高师生的数字素养，本教材配套各类教学资源，如电子课件、思考练习答案、拓展阅读等，读者可扫描书中二维码下载使用。通过这种方式，加强了教材开发的立体性，提高了教材使用的时效性，可全方位地为教学服务。

本书由王建强（负责项目一、项目二）、王文博（负责项目四）、刘冉冉（负责项目五）任主编，王瑗（负责项目三）、韩龙（负责电子课件）、孙超（负责思考练习答案）任副主编，参加编写工作的还有周燕菲、赵明鹏、董运龙、孟祥硕、豆守辉。本书由王建强统稿。宁玲玲、郑健两位教授审阅了本书，并对书稿提出了宝贵的意见，在此表示衷心的感谢。在编写过程中，还得到了山东大学刘增文教授、山东电力设备有限公司高级工程师薛刚的大力支持和帮助，在此表示感谢。

由于编者水平有限，书中难免存在遗漏之处，欢迎广大读者批评指正。

编　者

2024 年 7 月

本书配套资源

目录

CHAPTER 1

项目一　数控车床概述及编程基础

任务一　认识数控车床

一、学习目标

1. 知识目标

（1）了解数控车床的结构组成及分类。
（2）掌握数控车床主要加工对象的特点。

2. 能力目标

具备根据零件特点选择合适内容在数控车床上进行加工的能力。

二、工学任务

如图 1-1 所示的轴类零件，适合使用何种机床进行加工？

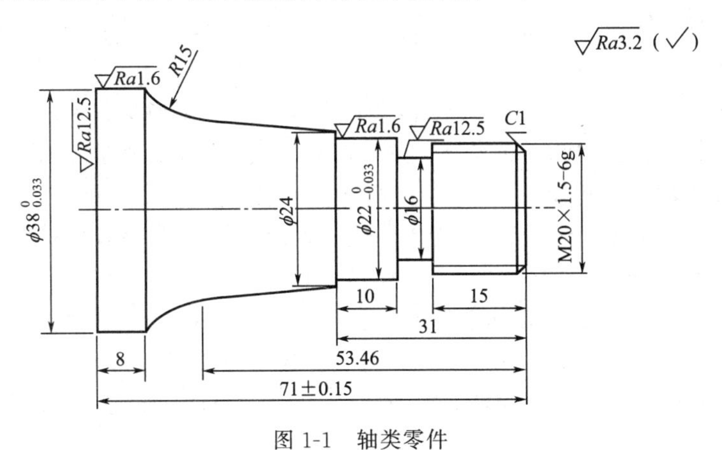

图 1-1　轴类零件

三、相关知识

数控车床是一种高精度、高效率的自动化机床，具有广泛的加工艺性能，可加工直线圆柱、斜线圆柱、圆弧和各种螺纹、槽、蜗杆等复杂工件，具有直线插补、圆弧插补等各种补偿功能，并在复杂零件的批量生产中发挥了良好的经济效果。

1. 数控车床组成

如图 1-2 所示，数控车床一般由以下几个部分组成：

① 车床本体：是数控车床的机械部件，包括主轴箱、进给机构、刀架、尾座和床身等。

② 控制部分：是数控车床的控制核心，包括专用计算机、PLC 控制器、显示器、键盘和输入/输出装置等。

③ 驱动装置：是数控车床执行机构的驱动部件，包括主轴电动机、进给伺服电动机等。

④ 辅助装置：是指数控车床的一些配套部件，包括对刀仪、液压、润滑、气动装置、冷却系统和排屑装置等。

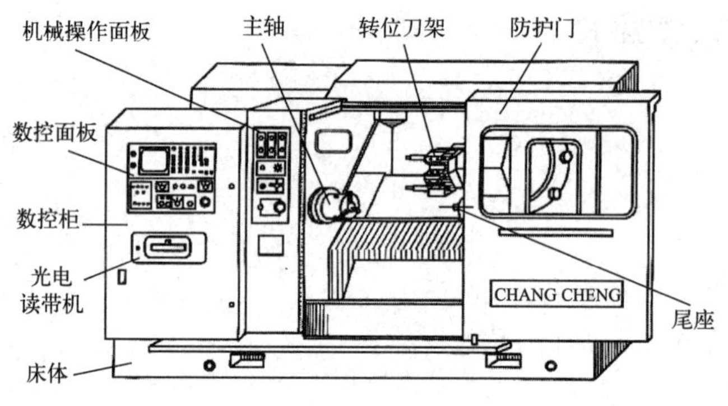

图 1-2　数控车床的组成

2. 数控车床分类

（1）按主轴的配置形式分类

① 卧式数控车床（图 1-3）：数控车床的主轴轴线处于水平面位置，有水平导轨和倾斜导轨两种。水平导轨床身的工艺性好，便于机床导轨面的加工；倾斜导轨使车床具有更大的刚度，易于排屑。

② 立式数控车床（图 1-4）：采用主轴立置方式，适用于加工径向尺寸较大、轴向尺寸相对较小的大型复杂盘类和壳体类零件。分单柱立式和双柱立式数控车床。

（2）按数控车床的功能分类

① 经济型数控车床：一般采用步进电动机驱动的开环伺服系统，结构简单，自动化程度较低，加工精度不高。

② 全功能型数控车床：配备功能较强的数控系统（CNC），一般采用直流或交流主轴控制单元来驱动主轴电动机，实现无级变速。进给系统采用交流伺服电动机，实现半闭环或闭环控制。自动化程度和加工精度比较高，一般具有恒线速度切削、粗加工循环、刀尖圆弧半径补偿等功能。

③ 数控车削中心（图 1-5）：在全功能型数控车床的基础上，增加了刀库、动力头和 C 轴功能，除了能车削、镗削外，还能对端面和圆周面上任意位置进行钻孔、攻螺纹等加工，也可以进行径向和轴向铣削。

图 1-3　卧式数控车床

图 1-4　立式数控车床

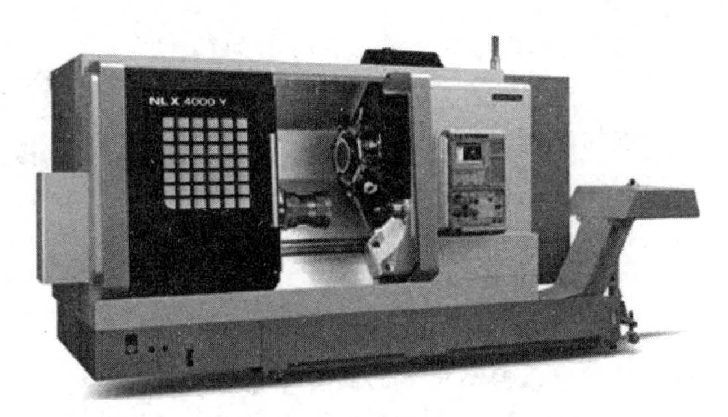

图 1-5　数控车削中心

3. 数控车床加工范围

数控车床主要用于加工各种回转体零件。在机械零件中，回转表面的加工占有很大比例，如内外圆柱面、内外圆锥面及回转成形面等。所以车床在金属切削机床中所占的比例最大，约占机床总数的 30%。

卧式车床是最常用的一种车床，其工艺范围很广，能进行多种表面的加工，如内外圆柱面、圆锥面、成形面、端面、内外槽、端面槽、螺纹、钻孔、扩孔、车孔、铰孔、滚花等，如图 1-6 所示。

4. 数控车床加工应用场合

数控车床能够完成上面各要素的加工，但加工零件时一定要秉承经济性原则。数控车削加工应用于下面所述场合：

（1）精度要求高的回转体零件

由于数控车床的刚性好，车削时刀具运动是通过高精度插补运算和伺服驱动来实现的，制造精度高，能方便精确地进行人工补偿甚至自动补偿，所以能够加工尺寸和形状精度要求

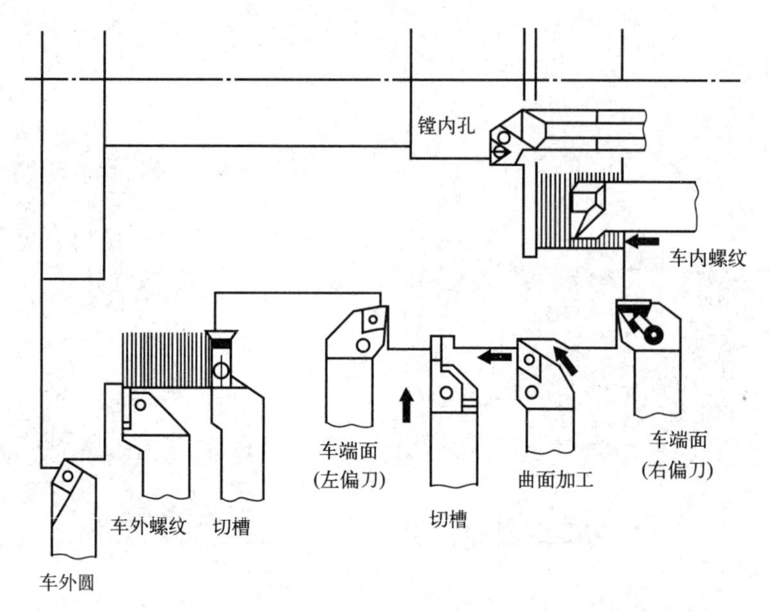

图 1-6　卧式车床工艺范围

高的零件，在有些场合也可以以车代磨。图 1-7 所示为精度要求高的回转体零件高速电机主轴。

图 1-7　高速电机主轴

(2) 表面粗糙度要求高的回转体零件

因为机床的刚性好和精度高，具有恒线速度切削功能。在材料、精车余量和刀具已定的情况下，选用最佳线速度来切削端面，这样切出的工件表面质量高且一致。车削同一个零件的各部位可实现不同的表面粗糙度要求。

(3) 轮廓形状特别复杂或难以控制尺寸的回转体零件

数控车床具有圆弧插补功能，可直接加工圆弧轮廓，也可加工由任意平面曲线所组成的轮廓回转零件。如图 1-8 所示的曲轴，在普通车床上是无法加工的，而在数控车床上则能很容易地加工出来。

(4) 带特殊螺纹的回转体零件

传统车床所能切削的螺纹相当有限，只能加工等节距的螺纹。数控车床不但能加工等节距螺纹，而且能加工增节距、减节距螺纹，效率很高，车削出来的螺纹精度高，表面粗糙度小。图 1-9 所示为带特殊螺纹的回转体零件非标丝杠。

图 1-8　曲轴

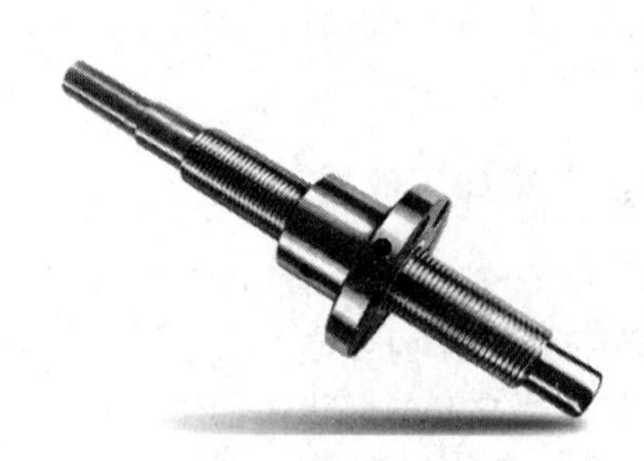

图 1-9　非标丝杠

四、任务实施

图 1-1 所示零件由圆柱、圆锥、圆弧及螺纹等表面组成，加工精度要求较高，并且该零件属于轴类零件，所以适合采用卧式数控车床加工。

五、思考练习

拓展阅读
中国自主研发高端数控机床实现突破

1. 单选题

（1）加工（　　）零件，宜采用数控加工设备。

A. 大批量　　B. 多品种中小批量　　C. 单件

（2）世界上第一台数控机床是（　　）年研制出来的。

A. 1946　　B. 1948　　C. 1952

（3）数控机床的核心是（　　）。

A. 伺服系统　　B. 数控系统　　C. 反馈系统

（4）数控车削中心与数控车床的主要区别是（　　）。

A. 数控系统复杂程度不同　　B. 机床精度不同　　C. 有无自动换刀系统

（5）数控机床中“CNC”的含义是（　　）。

A. 数字控制　　B. 计算机数字控制　　C. 网络控制

（6）车削不可以加工（　　）。

A. 螺纹　　B. 键槽　　C. 外圆柱面

2. 判断题

（1）加工中心一般具有刀库和自动换刀装置，并实现工序集中。（　　）

（2）数控车床的柔性表现在它的自动化程度很高。（　　）

（3）经济型数控机床一般采用半闭环系统。（　　）

（4）数控机床按控制系统的特点可分为开环、闭环和半闭环系统。（　　）

（5）车床主要用于加工各种回转体的端面以及螺旋面。（　　）

3. 简答题

（1）加工什么类型的零件首选数控机床？

（2）数控车床加工和普通车床加工相比有何特点？

任务二　认识数控车床坐标系

一、学习目标

1. 知识目标

（1）掌握数控车床坐标系的建立方法。

（2）理解机床原点、机床参考点和工件原点的概念。

2. 能力目标

能够正确建立数控车床坐标系。

二、工学任务

在空间中描述一个物体的运动都有其相对应的坐标系，数控车床中的切削运动也是工件和刀具相对车床的一种运动，也要有相应的坐标系才能确定工件在车床中的位置以及刀具在车床中的位置，让刀具按照预定的轨迹进行运动，切削出符合要求的工件。图 1-10 所示的车床坐标系如何建立？

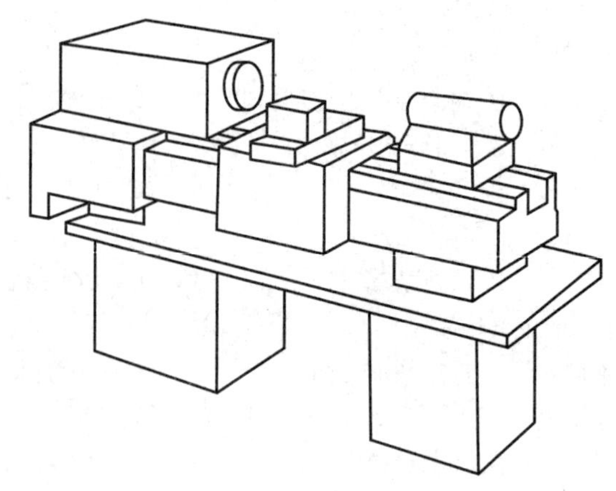

图 1-10　卧式数控车床

三、相关知识

1. 标准坐标系

为了便于编程时描述机床的运动，简化程序的编制方法及保证记录数据的互换性，数控机床的坐标系和运动的方向均已标准化。规定：假定刀具永远相对静止的工件移动，并且将刀具与工件距离增大的方向作为坐标轴的正方向。

标准坐标系是满足右手笛卡儿直角坐标系的，如图 1-11 所示。图中规定了 X、Y、Z 三个直角坐标轴的关系：用右手的拇指、食指和中指分别代表 X、Y、Z 三个坐标轴，三个手指两两互相垂直，所指方向即 X、Y、Z 轴的正方向。围绕 X、Y、Z 轴的旋转运动分别用 A、B、C 表示，其正向用右手螺旋法则确定。

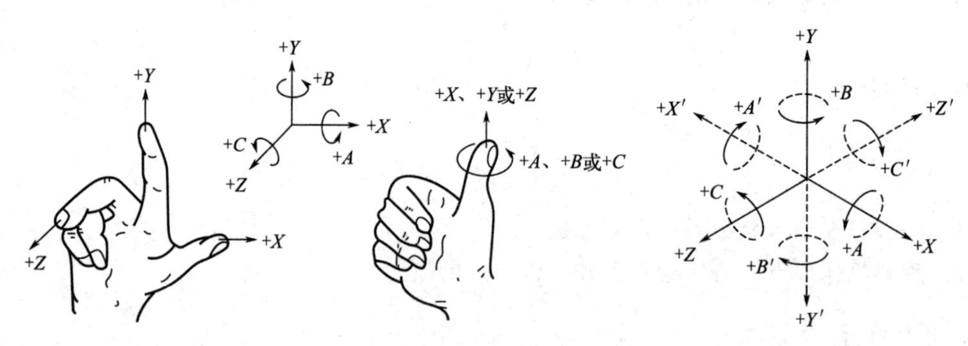

图 1-11　右手笛卡儿直角坐标系

2. 机床坐标系

（1）机床坐标系

机床坐标系是固定于机床上，以机床原点为坐标零点的笛卡儿直角坐标系。其各轴的相互关系及正方向符合笛卡儿直角坐标系，一般数控车床上，坐标轴数少于笛卡儿直角坐标系的轴数，只有 X 轴和 Z 轴。

数控车床坐标系分为机床坐标系和工件坐标系（编程坐标系）。无论哪种坐标系都规定与车床主轴轴线平行的方向为 Z 轴，且规定增加刀具和工件距离的方向为正方向。在水平面内与车床主轴轴线垂直的方向为 X 轴，且规定刀具远离主轴旋转中心的方向为正方向，如图 1-12 所示。

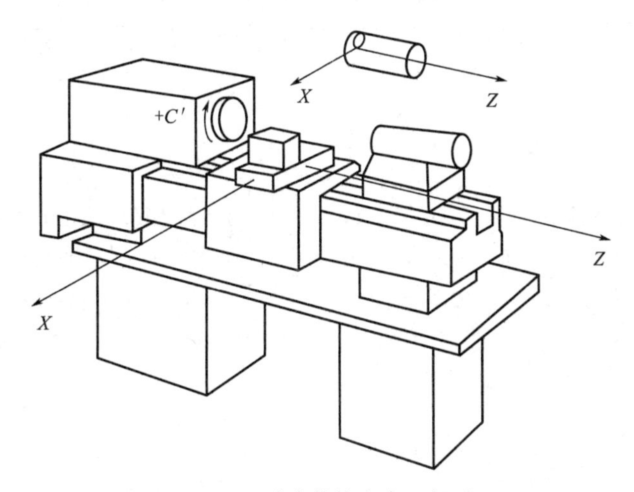

图 1-12 卧式数控车床坐标系

（2）机床原点

机床原点（又称为机床零点）是机床上设置的一个固定的点，其位置是由机床设计和制造单位确定的，通常不允许用户改变。机床原点也是工件坐标系、编程坐标系、机床参考的基准点。通常车床的机床原点多在主轴法兰盘接触面的中心，即主轴前端面的中心上。如图 1-13 所示，O 点即机床原点。

（3）机床参考点

参考点为机床上一固定点，其位置由 X 向与 Z 向的机械挡块及电动机零点位置来确定，机械挡块一般设定在 Z 轴正向最大位置。当进行回参考点的操作时，装在纵向和横向拖板上的行程开关，碰到挡块后，向数控系统发出信号，由系统控制拖板停止运动，完成回参考点的操作。如图 1-13 所示，O_1 点即机床参考点。

3. 工件坐标系

（1）工件原点

工件原点（即编程原点）是人为设定的点。从理论上讲，工件原点选在任何位置都是可以的，但实际上为编程方便以及使各尺寸较为直观，数控车床工件原点一般设在主轴中心线与工件右端面的交点处，如图 1-14 所示的 O 点。

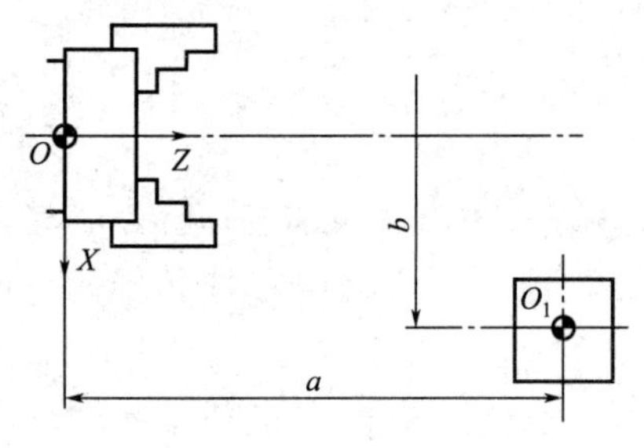

图 1-13　机床原点和参考点

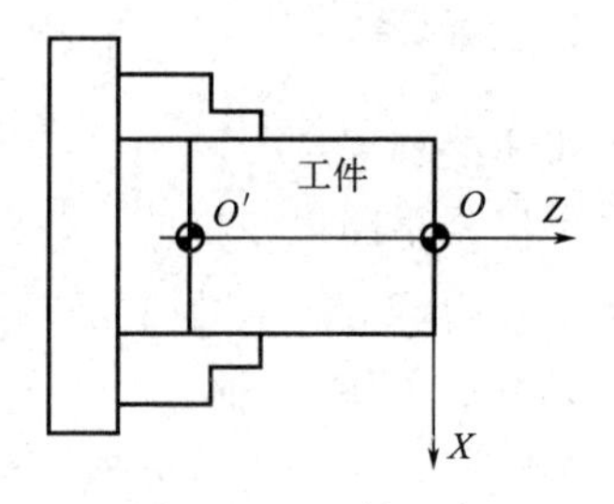

图 1-14　工件原点

(2) 工件坐标系

工件坐标系是编程时使用的坐标系，所以又称为编程坐标系。以工件原点为坐标原点建立的 X、Z 轴直角坐标系，称为工件坐标系。数控车床上的工件坐标系与机床坐标系 X、Z 轴的方向一致。

四、任务实施

图 1-10 所示的车床坐标系建立如图 1-12 所示，与车床主轴轴线平行的方向为 Z 轴，从卡盘中心至尾座顶尖中心的方向为 Z 轴正方向；X 轴是水平的，平行于工件装夹平面，刀具远离主轴旋转中心的方向为 X 轴正方向。

五、思考练习

拓展阅读
劳模语录

1. 单选题

(1)（　　）是机床上的一个固定点。

A. 参考点　　B. 换刀点　　C. 工件坐标系原点

(2) 在数控机床上，确定坐标轴的先后顺序为（　　）。

A. X 轴-Y 轴-Z 轴　　B. Z 轴-Y 轴-X 轴　　C. Z 轴-X 轴-Y 轴

(3) 在数控机床坐标系中平行机床主轴的直线为（　　）。

A. X 轴　　B. Y 轴　　C. Z 轴

(4) 绕 X 轴旋转的回转运动坐标轴是（　　）。

A. A 轴　　B. B 轴　　C. Z 轴

(5) 数控机床上有一个机械原点，该点到机床坐标零点在进给坐标轴方向上的距离可以在机床出厂时设定，该点称为（　　）。

A. 工件零点　　B. 机床零点　　C. 机床参考点

(6) 数控机床的标准坐标系是以（　　）来确定的。

A. 右手直角笛卡儿坐标系　　B. 绝对坐标系　　C. 相对坐标系

2. 判断题

(1) 机床原点是指机床上一个任意指定的点。（　　）

(2) 在判定坐标和运动方向时，永远假定刀具相对静止的工件坐标系而运动。（　　）

(3) 机床上工件坐标系原点是机床上一个固定不变的极限点。（　　）

3. 综合题

标注图 1-15 所示数控车床坐标轴。

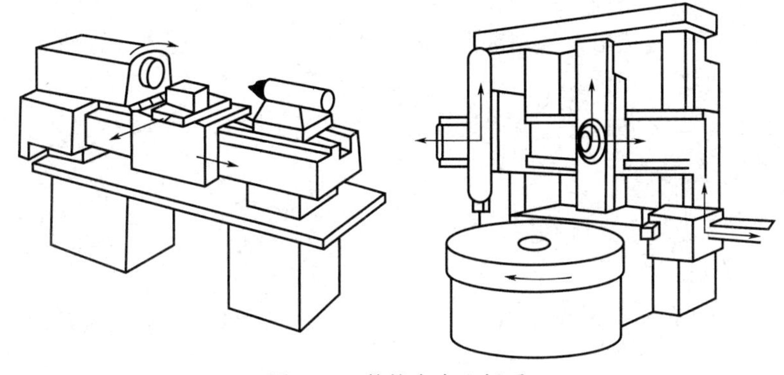

图 1-15 数控车床坐标系

任务三 数控车床对刀

一、学习目标

1. 知识目标

(1) 了解数控车床对刀的原理。
(2) 掌握数控车床对刀的操作方式。

2. 能力目标

会使用宇龙数控加工仿真软件进行仿真。

二、工学任务

使用 1 号外圆车刀，在数控机床输入以下程序后，如何能够加工出符合图 1-16 要求的零件?

```
O1001;
N10 T0101;
N20 G00 X100 Z50 M03 S800;
N30 X46 Z2 M08;
N40 G01 Z0 F0.2;
N50 X50 W-2;
N60 Z-80 F0.1;
N70 X52;
N80 G00 X100 Z100;
N90 M30;
```

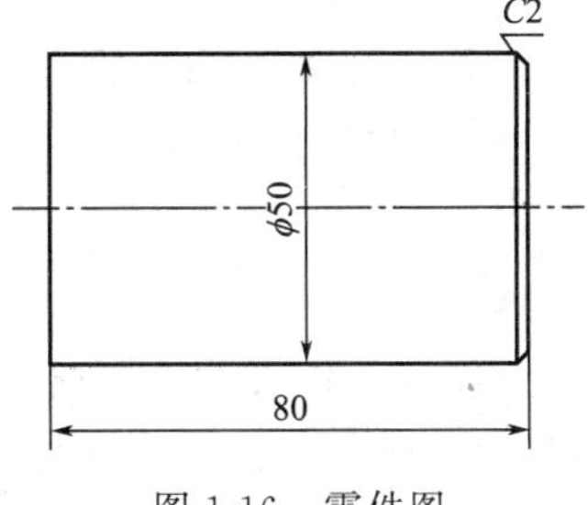

图 1-16 零件图

三、相关知识

1. 机床参考点相关指令

数控机床开机时，必须先确定机床原点，而确定机床原点的运动就是刀架返回参考点的操作，这样通过确认参考点，就确定了机床原点。只有完成了返回点操作后，刀架运动到机床参考点，此时 CRT 上才会显示出刀架基准点在机床坐标系中的坐标值，即建立了机床坐标系。

（1）返回参考点指令 G28

G28 指令用于刀具从当前位置返回机床参考点，返回参考点指令格式如下：

```
G28 X(U)_;X 向回参考点
G28 Z(W)_;Z 向回参考点
G28 X(U)_Z(W)_;刀架回参考点
```

其中，X(U)、Z(W) 坐标设定值为返回参考点时的中间点，X、Z 为绝对坐标，U、W 为相对坐标。

系统在执行 G28 X(U)_时，*X* 向快速向中间点移动，到达中间点后，再快速向参考点定位，达到参考点。*X* 向参考点指示灯亮，说明参考点已到达。

G28 Z(W)_的执行过程与 *X* 向回参考点完全相同，只是 Z 向到达参考点时，*Z* 向参考点的指示灯亮。

G28 X(U)_Z(W)_是上面两个过程的合成，即 *X*、*Z* 同时各自回其参考点，最后以 *X* 向参考点与 *Z* 向参考点的指示灯都亮而结束。

图 1-17 所示为刀具返回参考点过程，在执行 G28 X190 Z50 程序后，刀具以 G00 快速从 *A* 点开始移动，经过中间点 *B*（190,50），移动到参考点 *R*。

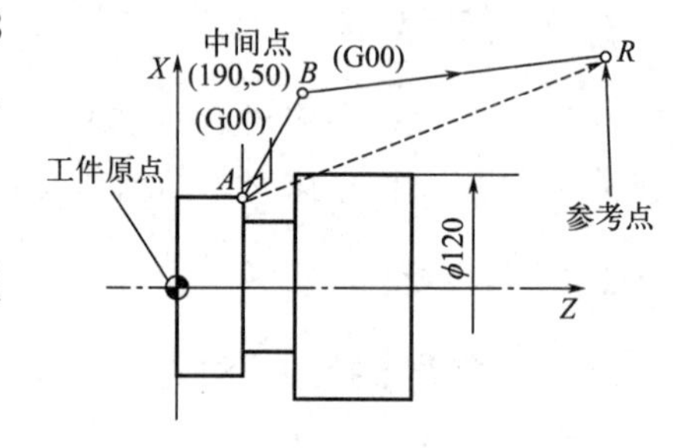

图 1-17　刀具返回参考点过程

（2）参考点返回校验指令 G27

G27 指令用于在加工过程中，检查是否准确地返回参考点，指令格式如下：

```
G27 X(U)_;X 向参考点校验
G27 Z(W)_;Z 向参考点校验
G27 X(U)_Z(W)_;参考点校验
```

其中，X、Z 表示参考点的坐标值，U、W 表示到参考点所移动的距离。

执行 G27 指令的前提是机床通电后必须返回过一次参考点（手动返回或自动返回）。

执行 G27 指令后，如果机床准确地返回参考点，则面板上的参考点返回指示灯亮，否则，机床将报警。

（3）从参考点返回指令 G29

G29 指令使刀具以快速移动速度，从机床参考点经过 G28 指令设定的中间点，快速移动到 G29 指令设定的返回点，其程序段格式为：

```
G29 X(U)_Z(W)_;
```

G29 后面可以跟 *X*、*Z* 中任一轴或任两轴，其中 X、Z 值为返回点在工件坐标系的绝对坐标值，U、W 为返回点相对于参考点的增量坐标值。从参考点返回时，可以不用 G29，而用 G00 或 G01，此时，不经过 G28 设置的中间点，而直接运动到返回点。

如图 1-18 所示，若刀具当前在 *A* 点，执行程序：

```
G28 X80 Z50;
G29 X30 Z80;
```

则刀具先从 A 点经过中间点 B 运动到参考点 R，然后从 R 点经过 B 点运动到 C 点。

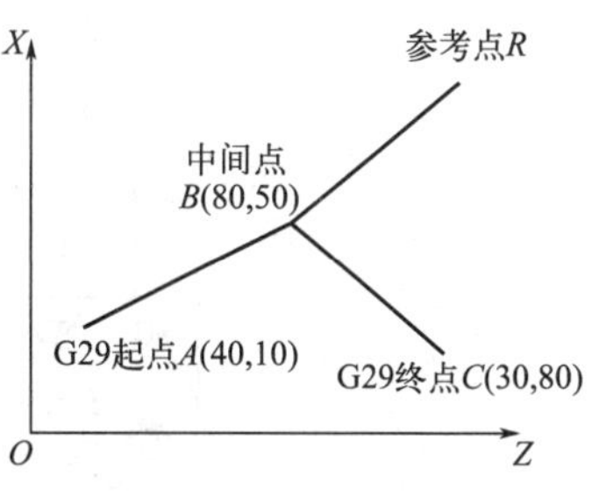

图 1-18　G29 指令执行过程

2. 对刀原理

对刀是数控加工中较为复杂的工艺准备工作之一，对刀的好与差将直接影响到加工程序的编制及零件的尺寸精度。对刀的目的是建立工件坐标系，直观地说，对刀是确立工件在机床工作台中的位置，实际上就是求对刀点在机床坐标系中的坐标。

（1）刀位点

对刀时，应使刀位点与对刀点重合。所谓刀位点，是指刀具的定位基准点。数控车刀的刀位点如图 1-19 所示。尖形车刀的刀位点通常是指刀具的刀尖；圆弧形车刀的刀位点是指圆弧刃的圆心；成形刀具的刀位点也通常是指刀尖。

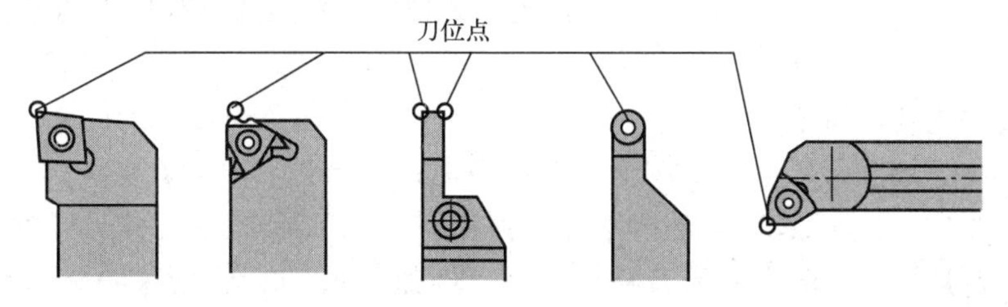

图 1-19　车刀刀位点

（2）对刀的意义

在实际加工工件时，使用一把刀具一般不能满足工件的加工要求，通常要使用多把刀具进行加工。在使用多把车刀加工时，在换刀位置不变的情况下，换刀后刀尖点的几何位置将出现差异，这就要求不同的刀具在不同的起始位置开始加工时，都能保证程序正常运行。

为了解决这个问题，机床数控系统配备了刀具几何位置补偿的功能，利用刀具几何位置补偿功能，只要事先把每把刀相对于某一预先选定的基准刀的位置偏差测量出来，输入到数控系统的刀具参数补正栏指定组号里，在加工程序中利用 T 指令，即可在刀具轨迹中自动补偿刀具位置偏差。刀具位置偏差的测量同样也需通过对刀操作来实现。

3. 刀具位置补偿

编程时，假定刀架上各刀在工作位时其刀尖位置是一致的。但由于刀具的几何形状及安装位置不同，其刀尖位置是不一致的，其相对于工件原点的距离也是不同的。因此，需要将各刀具的位置值进行比较或设定，称为刀具位置补偿。刀具位置补偿分为刀具几何位置补偿和刀具磨损补偿。

（1）刀具几何位置补偿

如图 1-20 所示，1 号刀和 2 号刀的几何形状和安装位置不相同，刀具在工作位时，刀尖位置也不相同，而是存在一定的偏差量，在 X 方向上存在偏差 ΔX，在 Z 轴方向上存在偏差 ΔZ，假设 1 号刀为基准刀，那么在使用 2 号刀时，就要引入相应的位置补偿，在 X 方向上减少 ΔX，在 Z 方向上增加 ΔZ，这样在用 2 号刀进行车削时，车床会自动根据输入的偏置数值进行位置调整，使 2 号车刀的刀尖能够准确定位到程序所需要刀尖达到的位置。

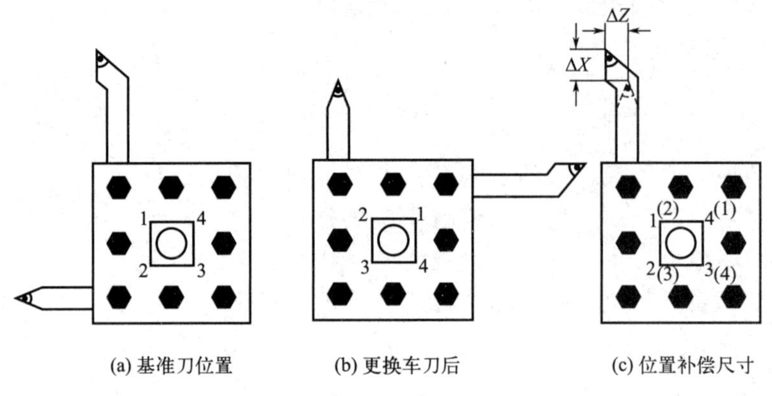

图 1-20　刀具几何位置补偿

（2）刀具磨损补偿

刀具使用一段时间后会磨损，使加工尺寸产生误差。如图 1-21 所示的磨损量一般是通过对刀后采集到的，将这些数据输入到刀具磨耗地址中，然后通过程序中的刀补指令来提取并执行。

（3）刀具位置补偿指令

刀具位置补偿是刀具几何位置补偿与刀具磨损补偿之和，即 $\Delta X=\Delta X_j+\Delta X_m$，$\Delta Z=\Delta Z_j+\Delta Z_m$。刀具位置补偿用 T××××表示，其中前两位表示刀具号，后两位表示刀补地址号。例如，T0102 为选择 1 号刀具，使用 2 号刀补。当程序执行到 T××××时，系统自动从刀补地址中提取几何位置补偿及刀具磨损补偿数据。

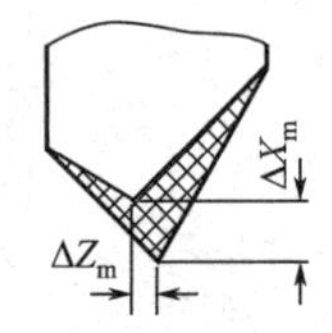

图 1-21　车刀磨损

4. 对刀方法

数控车床对刀方法一般有机外对刀仪对刀、ATC 对刀、自动对刀和试切对刀。

（1）机外对刀仪对刀

现在很多车床上都装备了对刀仪，使用对刀仪对刀可免去测量时产生的误差，大大提高对刀精度。由于使用对刀仪可以自动计算各把刀的刀长与刀宽的差值，并将其存入系统中，在加工另外的零件时就只需要对基准刀，这样就大大节约了时间。需要注意的是，使用对刀仪对刀一般设有基准刀具，在对刀时先对基准刀。

（2）ATC 对刀

它是在机床上利用对刀显微镜自动地计算出车刀长度的简称，对刀镜与支架不用时取下，需要对刀时才装到主轴箱上。对刀时，用手动方式将刀尖移到对刀镜的视野内，再用手动脉冲发生器微量移动使假象刀尖点与对刀镜内的中心点重合（图 1-22），再将光标移到相应刀具补偿号，按“自动计算（对刀）”按键，这把刀具在两个方向的长度就被自动计算出来，并自动存入它的刀具补偿号中。

（3）自动对刀

自动对刀又叫刀具检测功能，它是利用数控系统自动、精确地测量出刀具在两个坐标方向上的长度，并自动修正刀具补偿值，然后直接开始加工零件。自动对刀是通过刀尖检测系统实现的，如图 1-23 所示，刀尖随刀架向已经设定了位置的接触式传感器缓缓行进并与之接触，直到内部电路接通后发出电信号，数控系统立即记下该瞬时的坐标值，接着将此值与

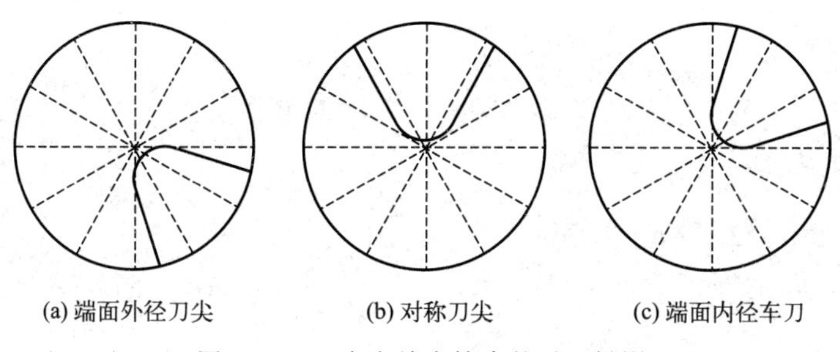

图 1-22　刀尖在放大镜中的对刀投影

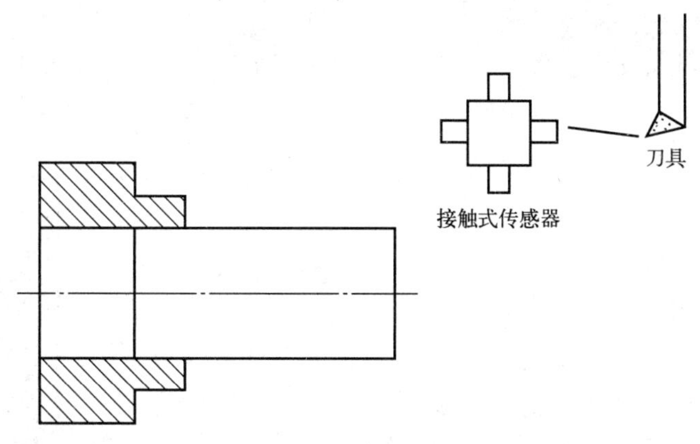

图 1-23　自动对刀

设定值比较，并自动修正刀具补偿值。

（4）试切对刀

所谓试切对刀，是指通过对工件的车削，来确定工件原点在机床坐标系中的位置，建立工件坐标系，在此过程中同时记录下各把刀的刀位点在工件坐标系中的位置。

四、任务实施

编程人员在编制程序时，只需根据零件图样选定的编程原点建立工件坐标系，计算坐标数值，不必考虑工件毛坯装夹的实际位置。但加工人员应在装夹工件、调试程序时，确定编程原点在机床坐标系中的位置，并在数控系统中给予设定。对刀的过程实际上就是建立工件坐标系与机床坐标系之间关系的过程。

本任务中，编程零点取在工件右端面中心，以 T01 外圆车刀为例，采用试切法（以宇龙仿真操作为例）的对刀步骤如下。

1. 数控车床宇龙仿真基本操作

（1）进入仿真系统

双击宇龙数控加工仿真软件，弹出“用户登录”界面，如图 1-24 所示。单击“快速登录”按钮或输入用户名和密码，再单击“登录”按钮，进入数控加工仿真系统。

（2）选择机床类型

打开菜单“机床/选择机床”（或在工具栏中选择“ ”按钮），在“选择机床”对话框中选择如图 1-25 所示的 FANUC 控制系统和前置刀架的数控车床并单击“确定”按钮。

图 1-24 数控加工仿真系统登录界面

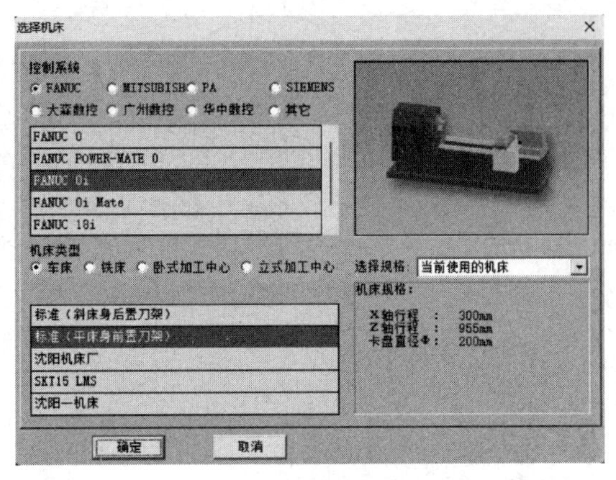

图 1-25 选择机床及数控系统界面

(3) 毛坯设定

① 定义毛坯

打开菜单“零件/定义毛坯”或在工具条上选择图标，系统打开如图 1-26 所示对话框。

名字：在“名字”输入框内输入毛坯名，也可使用缺省值。

材料：毛坯材料列表框中提供了多种供加工的毛坯材料，可根据需要在“材料”下拉列表中选择毛坯材料。

参数输入：尺寸输入框用于输入尺寸，单位为 mm。

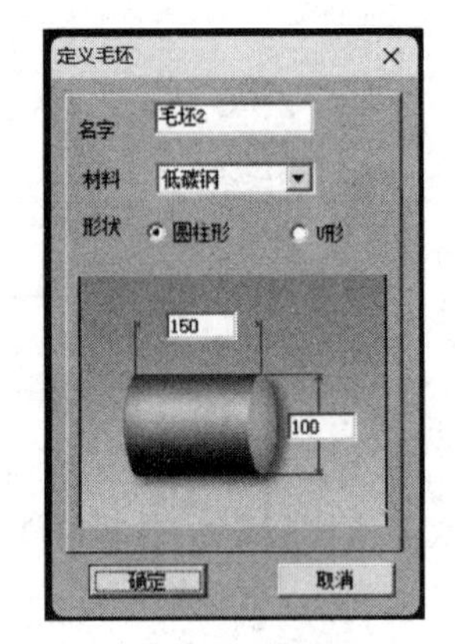

图 1-26 定义毛坯

② 放置零件

打开菜单“零件/放置零件”或者在工具条上选择图标，系统弹出操作对话框，如图 1-27 所示。

在列表中单击所需的零件，选中的零件信息加亮显示，按下“安装零件”按钮，系统自动关闭对话框，零件将被放到机床上。

③ 调整零件位置

零件可以在工作台面上移动。毛坯放上工作台后，系统将自动弹出一个小键盘（图 1-28），通过按动小键盘上的方向按钮，实现零件的平移和旋转。小键盘上的“退出”按钮用于关闭小键盘。选择菜单“零件/移动零件”也可以打开小键盘。

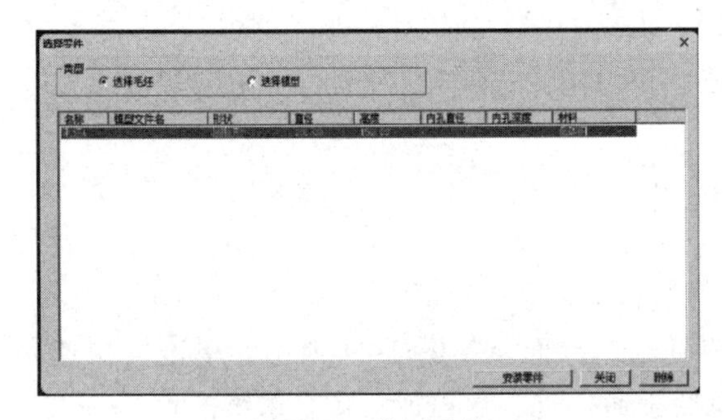

图 1-27 放置零件

图 1-28 移动零件

(4) 数控车床选刀

打开菜单“机床/选择刀具”或者在工具条中选择图标，系统弹出“刀具选择”对话框，如图 1-29 所示。

① 在对话框左侧排列的编号 1～4 中，选择所需的刀位号，刀位号即车床刀架上的位置编号。被选中的刀位编号的背景颜色变为杏色。

② 在右侧“选择刀片”列表框中选择所需的刀片后，系统自动给出匹配的刀柄供选择。

③ 选择刀柄。可选择外圆加工或内孔加工，然后选择所需要的主偏角。

④ 刀尖半径。显示刀尖半径，允许操作者修改刀尖半径，刀尖半径可以是 0，单位为 mm，如图 1-30 所示。

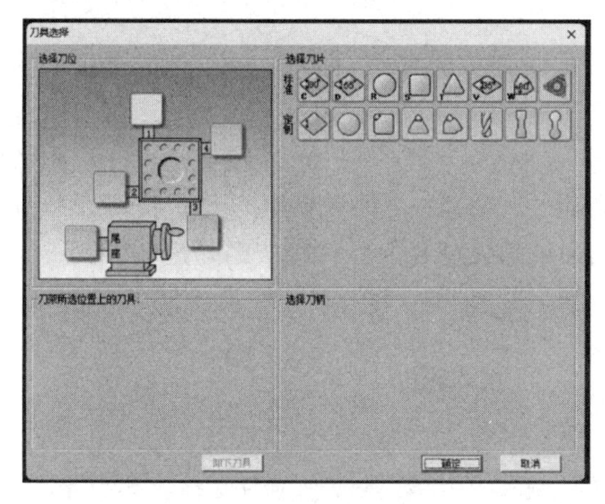

图 1-29 “刀具选择”对话框

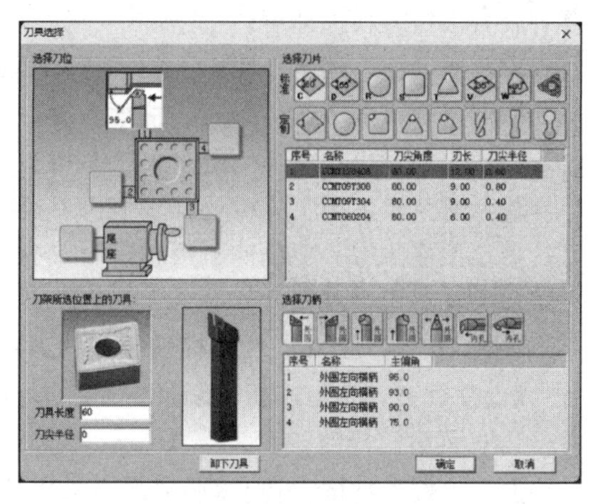

图 1-30 选择刀具

2. FANUC 0i 数控系统（标准平床身前置刀架）仿真面板

宇龙数控加工仿真系统的数控机床操作面板如图 1-31 所示。

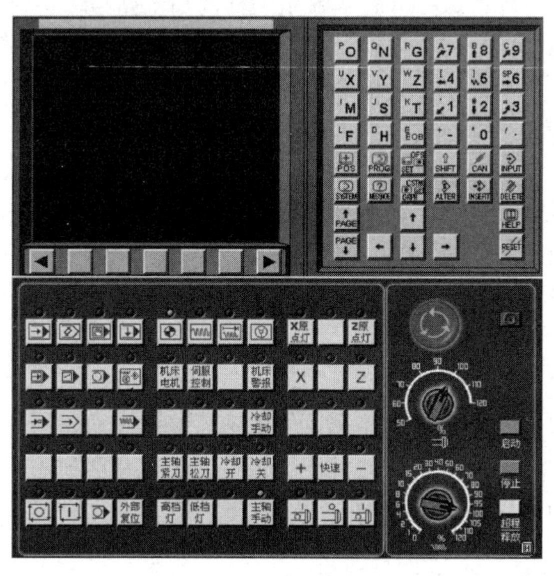

图 1-31 数控机床操作面板

(1) 地址/数字键

▦：按这些键可输入字母、数字、程序结束符以及其他字符。

（2）**程序编辑键**

：切换键，用于切换键盘按键中小字体的地址和数字，按一下切换一次。

：清除键，用来清除输入行中的数字或符号。在编程过程中，如果输入有误，可以直接按此键，把错误字节清除。在输入刀补时，如果输入有误，按此键直接把错误的数字清除。

：输入键，用于输入各种数据（如刀偏、参数等），与软功能键【输入】功能相同。

：替换键，编辑过程中，如发现程序中有错误字节，把光标放到该字节上，输入正确字节后直接按替换键即可。

：插入键，编辑过程中，要插入一个字节，必须把光标放到要插入内容的前一个字上，输入要插入的内容后，直接按插入键。要整句插入，必须把光标放到上句的结束符上，输入程序内容后直接按插入键，再按键。

：删除键，用于编辑过程中程序内容的删除。要删除一个字节，把光标放到该字节上，直接按删除键；要删除整个程序时，先把光标放到程序名上，直接按删除键即可。

（3）**光标移动按键**

：按某个箭头，使光标朝相应的方向移动。

：翻页键，朝上或朝下翻页。

（4）**页面选择键**

：位置显示键，在CRT上显示机床现在的位置。在位置界面有绝对坐标、相对坐标、综合坐标等内容。

：程序键，在编辑方式，编辑和显示在内存中的程序；在MDI方式，输入和显示MDI数据。

：偏置键，刀具偏置数据和宏程序变量的显示设定。

：图形显示键，在自动运行方式，显示工件的加工路线。

（5）**工作方式选择按键**

：自动运行，在自动操作方式下，自动运行程序。

：编辑方式，进入编辑操作方式，可以进行加工程序的建立、删除和修改等操作。

：MDI方式，可进行参数的输入以及指令段的输入和执行。

：回原点，可分别执行X、Z轴回机械零点操作。

：手动方式，可进行手动进给、手动快速、进给倍率调整、快速倍率调整及主轴启停、冷却液开关、润滑液开关、手动换刀等操作。

：手摇进给方式（配合使用）。

：单节运行，点一下，运行一个程序段。

：进给保持，按此键可使进给停止，但主轴还继续转动。

：循环启动，在自动方式下按此键即可执行程序，自动加工工件。

（6）**手动方式控制刀架移动的按键**

：选择X轴。

：选择Z轴。

：正向移动。

：负向移动。

：快速移动。

(7) **主轴控制按键**

：主轴正转。

：主轴停转。

：主轴反转。

(8) **其他按键**

：复位键，按下此键，复位 CNC 系统，包括取消报警、主轴故障复位、中途退出自动操作循环和输入、输出过程等。

：急停按键。

：主轴倍率旋钮。

：进给倍率旋钮。

3. 对刀操作

数控程序一般按工件坐标系编程，对刀的过程就是建立工件坐标系与机床坐标系之间关系的过程。下面通过介绍试切法对刀，具体说明数控车床对刀的方法（这里将工件右端面中心点设为工件坐标系原点）。

(1) **开机操作**

单击紧急停止按钮，使急停按钮弹起，然后单击启动按键，机床开机，屏幕显示数字。

(2) **回原点（即回参考点）**

开机后，回原点灯亮，选择 X 方向，单击，刀架往 X 正向移动，X 原点灯亮，说明 X 方向回到了参考点；选择 Z 方向，单击，刀架往 Z 正向移动，Z 原点灯亮，说明 Z 方向回到了参考点，这样回原点操作完成。

(3) **Z 轴对刀**

按照前面的步骤已完成机床类型的选择、毛坯的安装和外圆车刀的安装，为了便于观看，机床视图选择俯视图方向。按手动方式按键，为了让刀具靠近工件，选择，单击，同时配合，让刀具在 Z 方向靠近工件，然后选择，单击，同时配合，达到如图 1-32 所示的状态，取消按钮，选择主轴正转，单击、，开始车端面，如图 1-33 所示。保持 Z 轴方向不移动，将刀具沿 X 方向退出，单击，再单击“形状”软键进入刀具补正参数设定界面，如图 1-34 所示。输入 Z0，单击“测量”软键，则 1 号刀 Z 轴方向的刀补输入完毕，如图 1-35 所示。

图 1-32　快速停止距离

图 1-33　车端面

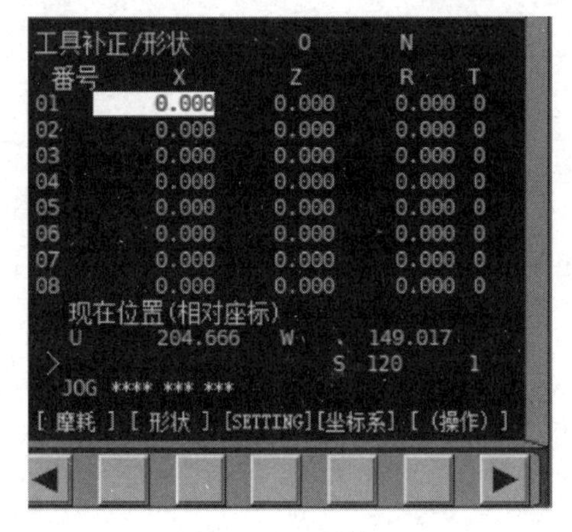

图 1-34　刀具补正

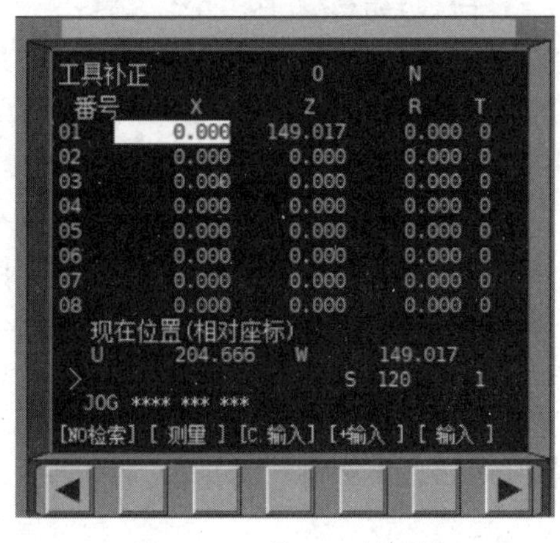

图 1-35　1 号刀 Z 轴刀补

（4）X 轴对刀

Z 轴方向对刀完毕，通过X、Z、+、-的移动让车刀靠近 $\phi 50$ 圆柱面的右端，沿圆柱面车削一刀，吃刀量在 0.1mm 左右（不要太大），如图 1-36 所示，保持 X 轴方向不移动，将刀具沿 Z 方向退出，按主轴停止键，在主菜单中选择“测量”→“剖面图测量”，在弹出的“车床工件测量”对话框中，如图 1-37 所示，单击刚加工过的圆柱面，记下 CRT 界面上显示的 X 坐标，即圆柱面的直径值为 $\phi 93.834$mm，单击“退出”按钮，退出工件测量界面，在“工具补正”页面上输入 X93.834，再按“测量”软键，则 1 号刀 X 轴方向的刀补输入完毕，如图 1-38 所示，对刀完成。

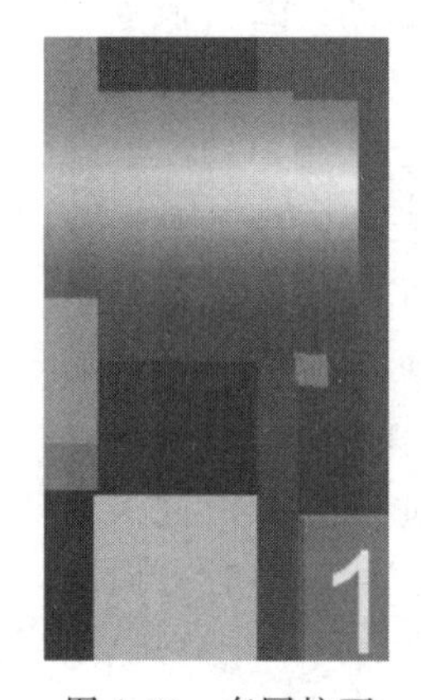

图 1-36　车圆柱面

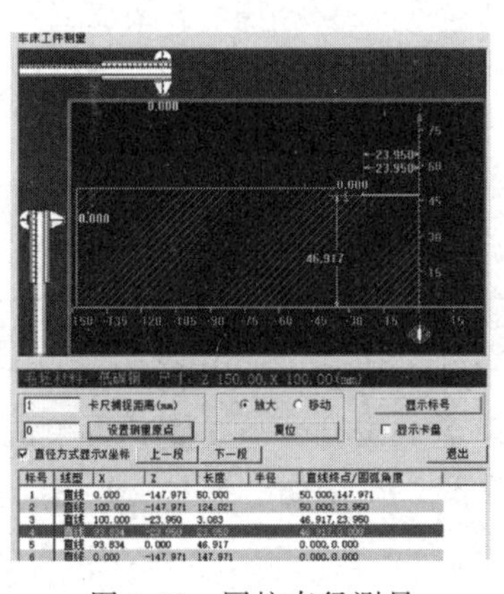

图 1-37　圆柱直径测量

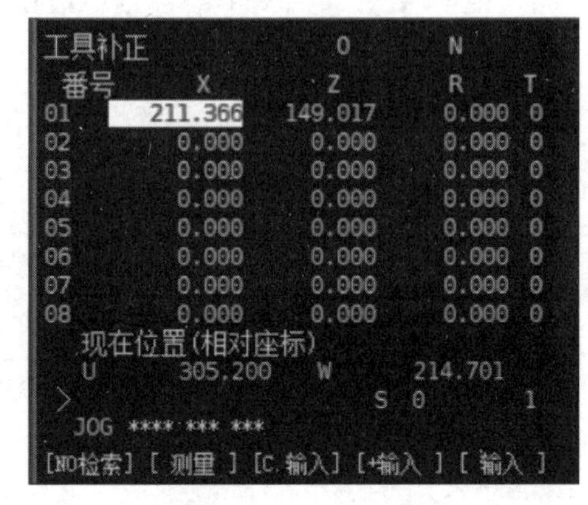

图 1-38　X 向对刀

五、思考练习

拓展阅读

7S 现场管理法

1. 判断题

（1）在数控车床上，对刀的准确程度将影响加工零件的尺寸精度。（　　）

（2）机械回零操作时，必须原点指示灯亮才算完成。（　　）

（3）G28 X20 Z30 表示返回参考点（X20,Z30）。（　　）

（4）T0203 表示选择 3 号刀具。（　　）

（5）试切对刀是指通过对工件的车削来确定工件原点在机床坐标系中的位置。（　　）

（6）G29 指令使刀具以快速移动速度，从机床参考点经过 G28 指令设定的中间点，快速移动到 G29 指令设定的返回点。（　　）

2. 简答题

（1）对刀的意义是什么？

（2）G27、G28、G29 的区别是什么？

任务四　数控车床编程基础

一、学习目标

1. 知识目标

（1）熟悉准备功能字，理解模态指令和非模态指令的概念。

（2）掌握常用辅助功能字的含义和用法。

（3）掌握顺序号字、坐标字、进给功能字、主轴转速功能字和刀具功能字的指令地址符和使用方法。

2. 能力目标

能够对数控车削程序进行简单的分解与分析。

二、工学任务

如图 1-39 所示零件图，毛坯棒料尺寸为 ϕ36mm，45 钢，精加工程序如表 1-1 所示。以此为例来说明数控加工程序的结构组成。

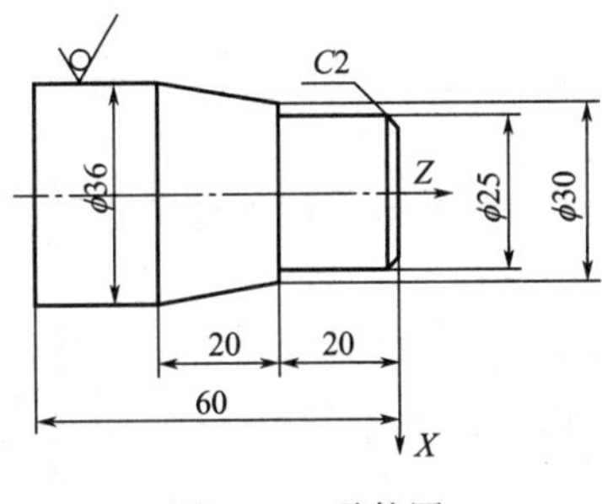

图 1-39　零件图

表 1-1　精加工程序

程序	注释
O1002；	程序名
N10 M03 S800；	主轴正转，转速 800r/min
N20 T0101；	建立工件坐标系，调用 1 号刀具 1 号刀补
N30 G00 X19 Z1；	快速进给到倒角的延长线上
N40 G01 X25 Z-2 F0.1；	加工 C2 倒角

续表

程序	注释
N50 Z-20；	加工 ϕ25 外圆
N60 X30；	加工 ϕ30 右端面
N70 X36 Z-40；	加工圆锥面
N80 G00 X50 Z50；	快进到安全点
N90 M30；	程序结束

三、相关知识

1. 程序结构

（1）程序组成

数控加工程序由程序名、加工程序段和程序结束符三部分组成。

① 程序名

程序名为程序的开始部分，为了区分存储器中的程序，每个程序都要有程序编号，不能重复，格式为：

```
O××××；
```

其中，O 表示程序名地址；××××是四位数字，导零可略，表示程序的编号。

② 加工程序段

每个程序段由若干个功能字组成，每个功能字又由字母、数字和符号组成。加工程序段具体结构为：

```
N_G_X_Z_F_S_M_T_；
```

③ 程序结束符

M30 或 M02 作为整个程序结束的符号，位于程序的最后一行。

（2）程序段

程序段由若干个功能字组合而成。例如，N30 G00 X19 Z10 程序段由四个功能字组成，包括程序段号和程序段内容。实质上，程序段是可作为一个单元来处理的功能字组，用来指定机床完成某一个动作。

（3）功能字

功能字简称字，如 X30 就是一个字。一个字所包含的字符个数称为字长。数控程序中的字都是由一个英文字母与随后的若干位数字组成。这个英文字母称为地址符。字的功能由地址符决定。地址符与后续数字之间可以加正负号。

（4）程序段格式

程序段格式就是指程序段中功能字的书写和排列方式。特点如下：

① 同一程序段中各个功能字的位置可以任意排列。例如：N20 G01 X63.89 Y47.5 F0.1 S250 T02 M08 可以写成 N20 M08 T02 S250 F0.1 Y47.5 X63.89 G01。

② 为了书写、输入、检查和校对的方便，功能字在程序段中习惯上按一定的顺序排列：

N、G、X、Y、Z、F、S、T、M。

③ 上一程序段中已经指定，本程序段中仍然有效的指令，称为模态指令。对于模态指令，如果上一程序段中已经指定，本程序段中又不必变化，可以不再重写。例如：

```
N20 G01 X63.89 Y47.5 F0.1 S250 T02 M08;
N30 X89.4;
```

N30 X89.4 等效于 N30 G01 X89.4 Y47.5 F0.1 S250 T02 M08。

④ 各个程序段中功能字的个数及每个功能字的字长都是可变的，故字地址格式又称为可变程序段格式。

⑤ 在坐标功能字中的数字可省略前置零而只写有效数字，例如：X0070.00 可以写成 X70.0。

2. 字地址符及其含义

由上面的论述可以看出，功能字是组成数控程序的最基本单元，它由地址符和数字组成，地址符决定了字的功能。ISO 指令中地址符及其含义见表 1-2。

表 1-2 ISO 指令中地址符及其含义

字符	含义	字符	含义
A	绕 X 坐标的角度尺寸	N	程序段号
B	绕 Y 坐标的角度尺寸	O	程序名号
C	绕 Z 坐标的角度尺寸	P	平行于 X 坐标的第三坐标
D	第三进给速度功能	Q	平行于 Y 坐标的第三坐标
E	第二进给速度功能	R	平行于 Z 坐标的第三坐标
F	进给速度功能	S	主轴转速功能
G	准备功能	T	刀具功能
H	永不指定	U	平行于 X 坐标的第二坐标
I	圆弧起点对圆心的 X 坐标的增量值	V	平行于 Y 坐标的第二坐标
J	圆弧起点对圆心的 Y 坐标的增量值	W	平行于 Z 坐标的第二坐标
K	圆弧起点对圆心的 Z 坐标的增量值	X	X 坐标方向的主运动
L	永不指定	Y	Y 坐标方向的主运动
M	辅助功能	Z	Z 坐标方向的主运动

3. 字的类别及功能

功能字按其功能的不同分为 7 种类型，分别是顺序号字、准备功能字、坐标字、进给功能字、主轴转速功能字、刀具功能字和辅助功能字。

（1）顺序号字

顺序号字就是程序段号。顺序号位于程序段之首，它的地址符是 N，后续数字一般为 2～4 位，如 N0010。程序段号既可以用在主程序中，也可以用在子程序和宏程序中。很多现代数控系统都不要求程序段号，即程序段号可有可无。另外，编写程序时可以不写程序段号，程序输入数控系统后可以通过系统设置自动生成程序段号。

① 顺序号的作用

首先，顺序号可用于对程序的校对和检索修改。其次，在加工轨迹图的几何节点处标上相应程序段的顺序号，就可直观地检查程序。顺序号还可作为条件转移的目标。更重要的是，标注了程序段号的程序可以进行程序段的复归操作，这是指操作可以回到程序的运行中断处重新开始，或加工从程序的中途开始的操作。

② 顺序号的使用规则

数字部分应为正整数，一般最小顺序号是 N1。顺序号的数字可以不连续，也不一定按从小到大的顺序排列，如第一段用 N1，第二段用 N20，第三段用 N10。对于整个程序，可以每个程序段都设顺序号，也可以只在部分程序段中设顺序号，还可以在整个程序中全部设顺序号。一般将第一程序段冠以 N10，以后以间隔 10 递增的方法设置顺序号，这样在调试程序时如需要在 N10 与 N20 之间加入两个程序段，就可以用 N11、N12。

（2）准备功能字

① G 指令表

准备功能字由地址符 G 和两位数字（G00～G99）组成，又称 G 功能或 G 指令，它是建立机床或控制数控系统工作方式的一种命令。需要注意的是，不同的数控系统，其 G 指令的功能并不相同，有些甚至相差很大，编程时必须严格按照数控系统编程手册的规定编制程序。本书的编程指令都以 FANUC 0i TC 系统为例，常用的准备功能 G 指令如表 1-3 所示。

② G 指令分组

G 指令分组就是将系统不能同时执行的 G 指令分为一组，并以编号区别。例如，G00、G01、G02、G03 就属于同组 G 指令。同组 G 指令具有相互取代的作用，在一个程序段内只能有一个生效。当在同一个程序段内同时出现 n 个同组 G 指令时，只执行排在最后位置的那个 G 指令。对于不同组的 G 指令，在同一个程序段内可以共存。例如：

G99 G40 G54，正确，所有 G 指令不同组。

G00 G01 X20 Z-20，执行 G01，G00 无效。

③ G 指令分类

按续效性分类，分为模态 G 指令和非模态 G 指令。模态 G 指令一经指定，直到同组 G 指令出现为止一直有效，也就是说，只有同组 G 指令出现才能取代之，此功能可以简化编程。非模态 G 指令仅在所在的程序段内有效，故又称为一次性 G 指令。在表 3-1 中 00 组表示非模态 G 指令，其余组别为非模态 G 指令。

按初始状态分类，分为初始 G 指令（表 1-3 中标 * 的指令）和后置 G 指令。初始 G 指令是机床通电后就生效的 G 指令，此功能能防止某些必不可少的 G 指令遗漏，这由机床参数设定，后置 G 指令指程序中必须书写的 G 指令。

（3）坐标字

坐标字由坐标地址符和带正、负号的数字组成，又称尺寸字或尺寸指令，如 X-38.276。坐标字用来指定机床在各种坐标轴上的移动方向和位移量。地址符可以分为三组：第一组是 X、Y、Z、U、V、W、P、Q、R，用来指定到达点的直线坐标尺寸；第二组是 A、B、C、D、E，用来指定到达点的角度坐标；第三组是 I、J、K，用来指定圆弧圆心点的坐标尺寸。但也有一些特殊情况，例如有些数控系统用 P 指定暂停时间，用 R 指定圆弧半径等。

表 1-3　FANUC 0i 系统数控车床 G 指令表

G 指令	组别	功能	G 指令	组别	功能
G00	01	快速点定位	G54	14	选择工件坐标系 1
G01*		直线插补(切削进给)	G55		选择工件坐标系 2
G02		顺时针方向圆弧插补	G56		选择工件坐标系 3
G03		逆时针方向圆弧插补	G57		选择工件坐标系 4
G04	00	暂停	G58		选择工件坐标系 5
G10		可编程数据输入(补偿值设定)	G59		选择工件坐标系 6
G11		可编程数据输入方式取消	G65	00	宏程序调用
G18*	16	Z、X 平面选择	G66	12	宏程序模态调用
G20	06	英制输入(in)	G67*		宏程序模态调用取消
G21		米制输入(mm)	G70	00	精车循环
G22*	09	存储行程限位有效(检查接通)	G71		外径/内径粗车循环
G23		存储行程限位无效(检查断开)	G72		端面粗车循环
G27	00	参考点返回校检	G73		轮廓粗车循环
G28		返回参考点	G74		端面切槽、钻孔循环
G29		从参考点返回	G75		外径/内径切槽循环
G30		返回第 2、第 3 和第 4 参考点	G76		复合螺纹切削循环
G31		跳转功能	G90	01	外径/内径车削循环
G32	01	等螺距螺纹切削	G92		螺纹切削循环
G34		变螺距螺纹切削	G94		端面车削循环
G40*	07	刀尖半径补偿取消	G96	02	恒表面切削速度控制
G41		刀尖半径左补偿	G97*		恒表面切削速度控制取消
G42		刀尖半径右补偿	G98	05	每分钟进给
G50	00	坐标系设定或最大主轴速度设定	G99*		每转进给
G50.3		工件坐标系预置			
G52		局部坐标系设定			
G53		机床坐标系设定			

注：标 * 的为初始 G 指令，其余为后置 G 指令。

（4）进给功能字

进给功能字由地址符 F 和数字组成，又称 F 功能或 F 指令。F 指令用来控制切削进给量。在程序中，有两种使用方法。

① 每转进给量

指令格式：G99 F_；

F 后面的数字表示主轴每转进给量，单位为 mm/r。

例如：G99 F0.2 表示进给量为 0.2mm/r。

② 每分钟进给量

编程格式：G98 F_；

F 后面的数字表示主轴每分钟进给量，单位为 mm/min。

例如：G98 F100 表示进给量为 100mm/min。

车床编程缺省情况下使用每转进给量。应该注意的是，在螺纹切削程序段中，F 常用来指定螺纹导程。

（5）主轴转速功能字

主轴转速功能字由地址符 S 和数字组成，又称 S 功能或 S 指令。S 指令用来指定主轴的转速，单位为 r/min。在具有恒线速度功能的机床上，S 指令还有如下作用。

① 最高转速限制

编程格式：G50 S_；

S 后面的数字表示的是最高转速，单位为 r/min。

例如：G50 S3000 表示最高转速限制为 3000r/min。

② 恒线速度控制

编程格式：G96 S_；

S 后面的数字表示的是恒定的线速度，单位为 m/min。

例如：G96 S100 表示切削点线速度控制在 100m/min。

③ 恒线速度取消

编程格式 G97 S_；

S 后面的数字表示恒线速度控制取消后的主轴转速，如 S 未指定，将保留 G96 的最终值。

例如：G97 S2000 表示恒线速度控制取消后主轴转速为 2000r/min。

（6）刀具功能字

刀具功能字由地址符 T 和数字组成，又称 T 功能或 T 指令。T 指令主要用来指定加工时所使用的刀具号。对于车床，其后的数字还兼作指定刀具长度补偿和刀尖半径补偿。

在车床上，T 之后一般跟 4 位数字，前两位是刀具号，后两位是刀具补偿号。例如：T0303 表示使用第三把刀具，并调用第三组刀具补偿值。

（7）辅助功能字

辅助功能字由地址符 M 和 2 位数字（M00～M99）组成，又称 M 功能或 M 指令。M 指令是数控机床加工操作时的工艺性指令，主要用于控制数控机床各种辅助动作及开关状态，如主轴的正、反转，切削液的开、停，工件的夹紧、松开，程序结束等。FANUC 0i 系统常用的 M 指令如表 1-4 所示。

表 1-4　辅助功能指令

M 指令	功能	M 指令	功能
M00	程序停止	M07	2 号切削液开
M01	计划停止	M08	1 号切削液开
M02	主程序结束	M09	切削液关
M03	主轴正转(顺时针方向)	M30	主程序结束并返回
M04	主轴反转(逆时针方向)	M98	子程序调用
M05	主轴停止	M99	子程序结束并返回

注：数控系统的种类很多，不同的数控系统所使用的数控程序的语言规则和格式并不相同，数控程序必须严格按照机床编程手册中的规定编制。

① M00 与 M01

M00：程序停止。M00 使程序停止在本段状态，不执行下段。执行完含有 M00 的程序段后，机床的主轴、进给、冷却都自动停止，但全部现存的模态信息保持不变，重按控制面板上的【循环启动】键，便可继续执行后续程序。该指令可用于自动加工过程中停车进行测量工件尺寸、工件调头、手动变速等操作。

M01：计划停止。该指令与 M00 相似，不同的是必须预先在控制面板上按下【任选停止】键，当执行到 M01 时程序才停止；否则，机床不停仍继续执行后续的程序段。该指令常用于工件尺寸的停机抽样检查等，当检查完成后，可按【启动】键继续执行以后的程序。

② M02 与 M30

M02：主程序结束。用此指令使主轴、进给、冷却全部停止。M02 必须出现在最后一个程序段中，表示加工程序全部结束。但程序结束后，不返回到程序开头的位置。

M30：主程序结束并返回。与 M02 相似，执行该指令后，除完成 M02 的内容外，还自动返回到程序开头的位置，为加工下一个工件做好准备。

③ M03、M04 与 M05

M03 主轴正转，M04 主轴反转。主轴正转、反转规定如下：从主轴尾部向主轴头部方向看，主轴顺时针方向旋转为 M03，也称主轴正转；主轴逆时针方向旋转为 M04，也称主轴反转。M05 为主轴停止。

4. 数控车床编程特点

(1) 绝对值编程与增量值编程

数控车床的编程允许在一个程序段中，根据图纸标注尺寸，可以采用绝对值编程或增量值编程，也可以采用混合编程。绝对值编程采用 X、Y、Z 表示，增量值编程采用 U、V、W 表示，如 G01 X60 W-20 F0.1。

(2) 直径编程与半径编程

被加工零件的径向尺寸在图纸上标注和测量时，一般用直径值表示，所以采用直径尺寸编程更为方便。

(3) 固定循环功能

由于车削的毛坯多为棒料或锻件，加工余量较大，为简化编程，数控装置常具备不同形式的固定循环，可进行多次重复循环切削。但不同的数控系统对各种形式的固定循环功能有不同的指令格式，如后面介绍的 G90、G94、G92、G70～G76 均为 FANUC 0i 系统的车削固定循环指令。

(4) 刀具半径补偿

为了提高刀具寿命和工件表面质量，车刀刀尖通常磨成一个半径不大的圆弧，为提高工件的加工精度，编制圆头刀程序时，需要对刀具半径进行补偿。大多数数控车床都具有刀具半径自动补偿功能（G41、G42），这类数控车床可直接按工件轮廓尺寸编程。

四、任务实施

O1002 为该程序的程序名，N10～N80 段的程序为加工程序段，M30 为程序结束符。

顺序号字：N10～N80；

准备功能字：G00、G01；

坐标字：X19、Z1、X25、Z-2、Z-20、X30、X36、Z-40、X50、Z50；

进给功能字：F0.1；

主轴转速功能字：S800；

刀具功能字：T0101；

辅助功能字：M03、M30。

五、思考练习

拓展阅读
格力智能制造

1. 选择题

（1）辅助功能中表示无条件程序暂停的指令是（　　）。

A. M00　　B. M02　　C. M30

（2）辅助功能中与主轴有关的 M 指令是（　　）。

A. M06　　B. M09　　C. M05

（3）在辅助功能指令中，（　　）表示子程序调用指令。

A. M96　　B. M97　　C. M98

（4）在程序设计时，主轴转速功能选用（　　）。

A. G　　B. M　　C. S

（5）数控机床主轴以 600r/min 速度正转时，其对应指令是（　　）。

A. M04 S600　　B. M03 F600　　C. M03 S600

（6）G00 与 G01 为同组 G 指令，则程序 G01 G00 X20 Z22（　　）。

A. 先执行 G01 后执行 G00　　B. 执行 G01　　C. 执行 G00

（7）下列 G 指令中（　　）是非模态指令。

A. G00　　B. G01　　C. G04

2. 判断题

（1）顺序号可以不写，也可以不按顺序编号。（　　）

（2）绝对值编程和增量值编程不能在同一个程序段中使用。（　　）

（3）M02 与 M30 均为程序结束，没有区别。（　　）

（4）后置指令在编程时可写可不写。（　　）

（5）G99 F100 表示进给量为 100mm/r。（　　）

（6）O0101 可以写为 O101。（　　）

CHAPTER 2

项目二　数控车削加工工艺与编程

本书配套资源

任务一　简单轮廓精车加工

一、学习目标

1. 知识目标

（1）熟悉夹具、车刀、切削用量的选择原则。
（2）掌握 G00、G01 指令的用法。
（3）了解倒角编程方法。

2. 能力目标

（1）具备选择夹具、车刀、切削用量的能力。
（2）具备编写简单轮廓精加工程序的能力。

二、工学任务

如图 2-1 所示的工件，材料为 45 钢，粗加工已完成，各个位置留有 0.5mm 余量，右端面不加工，左端面不切断，编写精加工程序。

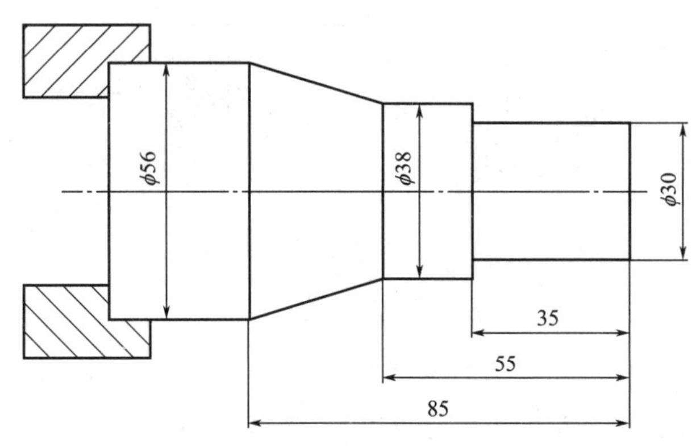

图 2-1　简单轮廓精加工实例

三、相关知识

1. 夹具的选择

（1）三爪自定心卡盘

如图 2-2 所示，三爪自定心卡盘是车床上最常用的自定心夹具。它夹持工件时一般不需要找正，装夹速度较快，把它略加改进，还可以方便地装夹方料及其他形状的材料，同时还可以装夹小直径的圆棒。

（2）四爪卡盘

如图 2-3 所示，四爪卡盘也是车床上较常用的夹具，适用于装夹形状不规则或大型的工件，夹紧力较大，装夹精度较高，不受卡爪磨损的影响，但装夹不如三爪自定心卡盘方便，每次装夹工件时都必须仔细校正工件位置，使工件的旋转轴线与车床主轴的旋转轴线重合。装夹圆棒料时，如在四爪单动卡盘内放上一块 V 形架，装夹就快捷多了。

图 2-2　三爪自定心卡盘

图 2-3　四爪卡盘

（3）尾座顶尖装夹

对于长度尺寸较大或加工工序较多的轴类工件，为保证每次装夹时的装夹精度，可用两顶尖装夹，如图 2-4 所示。两顶尖装夹方便，不需要找正，装夹精度高。但必须在工件的两端面钻出中心孔。该装夹方式适用于多工序加工或精加工。

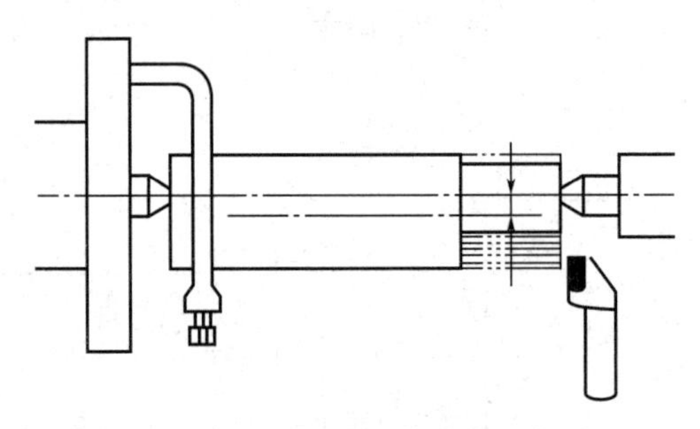

图 2-4　两顶尖装夹

（4）液压动力卡盘

液压动力卡盘主要由固定在主轴后端的液压缸和固定在主轴前端的卡盘两部分组成，其夹紧力的大小通过调整液压系统的压力进行控制，具有结构紧凑、动作灵敏、能够实现较大夹紧力的特点。

2. 车削刀具的选择

由于工件材料、生产批量、加工精度以及机床类型、工艺方案的不同，车刀的种类也异常繁多。根据刀片与刀体连接固定方式的不同，车刀主要可分为焊接式车刀与机夹式可转位车刀两大类。

（1）焊接式车刀

将硬质合金刀片用焊接的方法固定在刀体上的车刀称为焊接式车刀。这种车刀的优点是结构简单，制造方便，刚性较好；缺点是由于存在焊接应力，刀片材料的使用性能受到影响，甚至出现裂纹。另外，刀杆不能重复使用，硬质合金刀片不能充分回收利用，造成刀具材料的浪费。

（2）机夹式可转位车刀

机夹式可转位车刀由刀杆、刀片、刀垫及夹紧元件等组成。刀片每边都有切削刃，当某切削刃磨损钝化后，只需松开夹紧元件，将刀片转一个位置即可继续使用。

根据工件加工表面以及用途的不同，车刀又可分为外圆车刀、端面车刀、内孔车刀、切断刀、螺纹车刀以及成形车刀等，如图 2-5 所示。

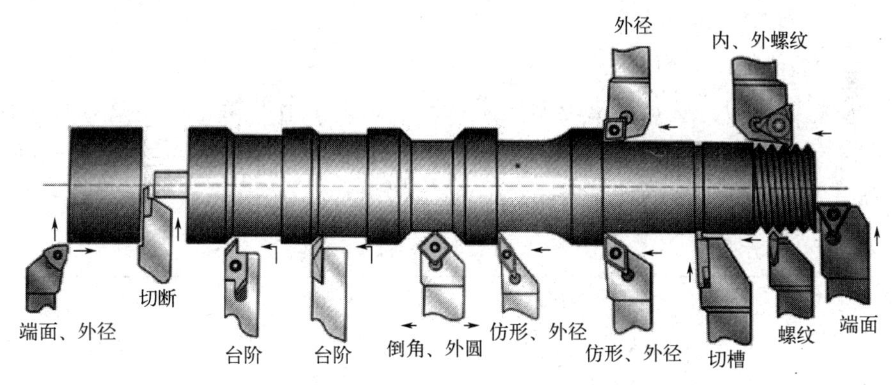

图 2-5　机夹式可转位车刀

3. 切削用量的选择

切削用量包括主轴转速 n（切削速度 v）、背吃刀量 a_p、进给量 f。切削用量的选择是否合理，对于能否充分发挥机床潜力与刀具切削性能，实现优质、高产、低成本和安全操作具有很重要的意义。

合理选择切削用量的原则是：

粗车时，首先考虑选择一个尽可能大的背吃刀量 a_p，其次选择一个较大的进给量 f，最后确定一个合适的切削速度 v。增大背吃刀量 a_p 可使走刀次数减少，增大进给量 f 有利于断屑，因此根据以上原则选择粗车切削用量对于提高生产效率、减少刀具消耗、降低加工成本是有利的。

精车时，加工精度和表面粗糙度要求较高，加工余量不大且较均匀，选择精车切削用量时，应着重考虑如何保证加工质量，并在此基础上尽量提高生产率。因此，精车时应选用较小（但不太小）的背吃刀量 a_p 和进给量 f，并选用切削性能高的刀具材料和合理的几何参数，以尽可能提高切削速度 v。

（1）**背吃刀量**

在工艺系统刚度和机床功率允许的情况下，尽可能选取较大的背吃刀量 a_p，以减少进给次数。当零件精度要求较高时，则应考虑留出精车余量，其所留的精车余量一般比普通车削时所留余量小，常取 0.1～0.5mm。

（2）**进给量（进给速度）**

车削时，进给量为工件每转一转，车刀沿进给方向移动的距离，其单位为 mm/r。进给量 f 的选取应该与背吃刀量 a_p 和主轴转速 n 相适应。在保证工件加工质量的前提下，可以选择较高的进给速度。在切断、车削深孔或精车时，应选择较低的进给速度。当刀具空行程特别是远距离“回零”时，可以设定尽量高的进给速度。粗车时，一般取 $f=0.3$～0.8mm/r，精车时常取 $f=0.1$～0.3mm/r，切断时 $f=0.05$～0.20mm/r。

（3）**切削速度**

切削速度指切削刀刃上的选定点相对于工件主运动的瞬时速度，是衡量主运动大小的参数，单位为 m/min。

车削加工的主轴转速计算公式为：

$$n=1000v/(\pi d)$$

式中　n——主轴转速，r/min；

　　　d——工件待加工表面直径，mm。

总之，切削用量的具体数值应根据机床性能、相关手册并结合实际经验用类比方法确定。同时，使主轴转速、切削深度及进给速度三者能相互适应，以形成最佳切削用量。表 2-1 为数控车削用量推荐表。

表 2-1　数控车削用量推荐表

工件材料	加工内容	背吃刀量 /mm	切削速度 /(m/min)	进给量 /(mm/r)	刀具材料
碳素钢 σ_b>600MPa	粗加工	5～7	60～80	0.2～0.4	YT 类
	粗加工	2～3	80～120	0.2～0.4	
	精加工	0.2～0.3	120～150	0.1～0.2	
	车螺纹		70～100	导程	
	钻中心孔		500～800 r/min		W18Cr4V
	钻孔		≈30	0.1～0.2	
	切断(宽度<5mm)		70～110	0.1～0.2	YT 类
合金钢 σ_b=1470MPa	粗加工	2～3	50～80	0.2～0.4	YT 类
	精加工	0.10～0.15	60～100	0.1～0.2	
	切断(宽度<5mm)		40～70	0.1～0.2	
铸铁 200HBS 以下	粗加工	2～3	50～70	0.2～0.4	CBN
	精加工	0.10～0.15	70～100	0.1～0.2	
	切断(宽度<5mm)		50～70	0.1～0.2	
铝	粗加工	2～3	600～1000	0.2～0.4	PCBN
	精加工	0.2～0.3	800～1200	0.1～0.2	
	切断(宽度<5mm)		600～1000	0.1～0.2	

续表

工件材料	加工内容	背吃刀量/mm	切削速度/(m/min)	进给量/(mm/r)	刀具材料
黄铜	粗加工	2～4	400～500	0.2～0.4	YG类
	精加工	0.1～0.15	450～600	0.1～0.2	
	切断(宽度＜5mm)		400～500	0.1～0.2	

4. 快速点定位指令 G00

G00 指令控制刀具以点位控制的方式快速移动到目标位置，其移动速度由参数来设定。

指令格式：G00 X(U)_Z(W)_;

说明：

① X、Z 表示绝对编程时，快速定位目标点在工件坐标系中的坐标值；U、W 表示增量编程时，快速定位目标点相对于起点的坐标增量。

② 运动轨迹不一定是直线：执行 G00 时，*X*、*Z* 轴分别以该轴设定的快进速度向目标点移动，行走路线通常为折线。

图 2-6 所示的 *AB* 段，在 G00 时，刀具先以 *X*、*Z* 的合成速度方向移到 *C* 点，然后再由余下行程的某轴单独地快速移动而走到 *B* 点。

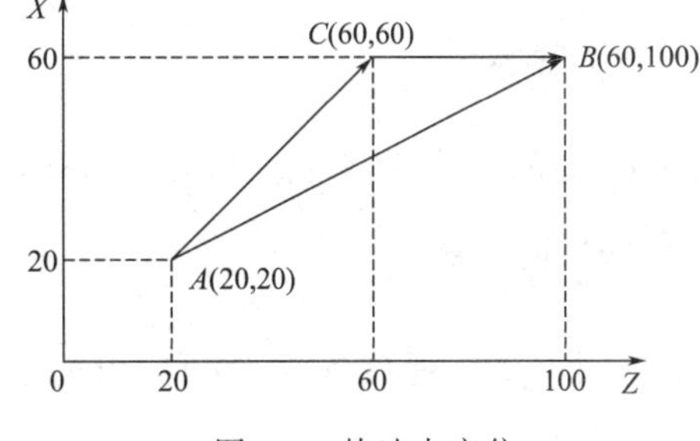

图 2-6　快速点定位

③ 执行 G00 时，各坐标轴移动速度由机床参数设定，不能由 F 指令来指定，有些机床中 G00 移动速度也受快速修调倍率的影响。

④ G00 为模态指令，只有遇到同组指令（G01、G02、G03）时才会被取替。

⑤ G00 只能用于加工前、后的快速进刀和退刀，不能用于工件的切削行程中。

5. 直线插补指令 G01

指令刀具以直线移动到所给出的目标位置，主要应用于端面、内外圆柱和圆锥面的加工。

指令格式：G01 X(U)_Z(W)_F_;

说明：

① X(U)、Z(W) 表示目标点的坐标，F 表示切削进给速度。

② G01 为模态指令，使刀具从当前点沿直线移动到指令中给出的目标点。

③ 进给速度 F，若在前面已经指定，可以省略。F 指定的进给速度一直有效，直到指定新的进给 F 值。在执行 G01 时，机床的实际进给速度等于 F 指定的速度与进给速度倍率的乘积。

【例 2-1】 刀具从图 2-7 中当前位置运动到指令终点，分别用绝对编程、增量编程和混合编程。

【解】

绝对编程：G01 X60 Z-80 F0.2;	绝对编程：G01 X80 Z-80 F0.2;
增量编程：G01 U0 W-80 F0.2;	增量编程：G01 U20 W-80 F0.2;
混合编程：G01 X60 W-80 F0.2;	混合编程：G01 X80 W-80 F0.2;
或：G01 U0 Z-80 F0.2;	或：G01 U20 Z-80 F0.2;

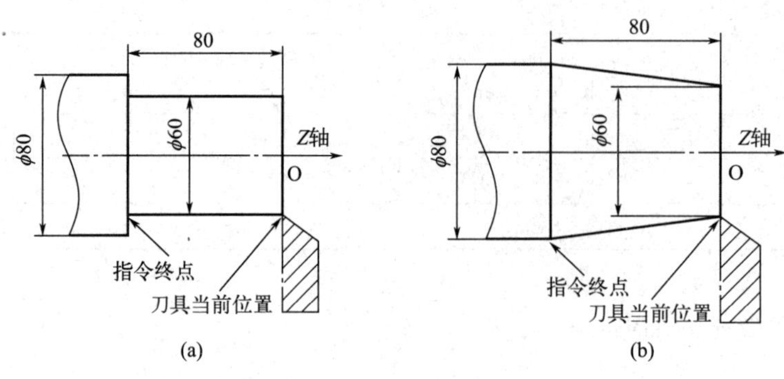

图 2-7　G01 编程

四、任务实施

1. 装夹方案

工学任务中工件外形较为规则，装夹时采用三爪自定心卡盘装夹。

2. 刀具选择

采用机夹式外圆车刀，如图 2-8 所示。

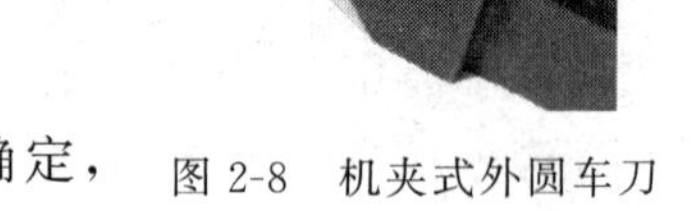

图 2-8　机夹式外圆车刀

3. 切削用量

切削用量根据该机床性能、相关手册并结合实际经验确定，详见表 2-2。

表 2-2　刀具切削参数表

零件号		零件名称			轴	零件材料	45 钢
程序名	O2002	机床型号			CK6140	制表日期	
工步号	工步内容	夹具	刀具号及类型	主轴转速 /(r/min)	进给速度 /(mm/r)	背吃刀量 /mm	补偿号
1	精车外轮廓	三爪卡盘	T01 外圆车刀	800	0.1	0.5	01

4. 走刀路线

该零件车刀的走刀路线如图 2-9 所示，车刀以 G00 方式从 A 点到 B 点（工件右端面附近），不能直接到 C 点，防止车刀以高速撞到工件上。再以 G01 方式从 $B \rightarrow D \rightarrow E \rightarrow F \rightarrow G$ 点，最后再以 G00 方式返回 A 点，程序结束。

5. 加工程序

确定以工件右端面与轴心线的交点为工件原点，建立 XOZ 工件坐标系，采用手动试切对刀方法，把原点作为对刀点。加工程序见表 2-3。

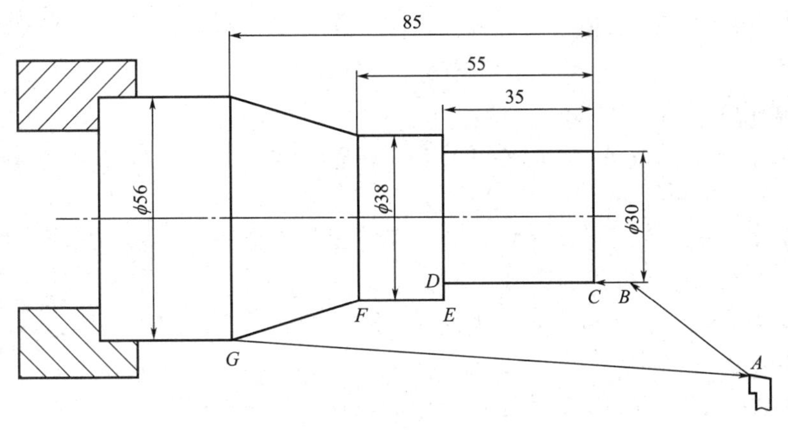

图 2-9　走刀路线

表 2-3　简单轮廓精加工程序

程序	注释
O2002；	程序名
N10 M03 S800；	主轴正转
N20 T0101；	调用 1 号外圆粗车刀，1 号刀补
N30 G00 X30 Z5；	快进到 B 点
N40 G01 Z-35 F0.1；	加工到 D 点
N50 X38；	从 D 点加工到 E 点
N60 Z-55；	从 E 点加工到 F 点
N70 X56 Z-85；	从 F 点加工到 G 点
N80 G00 X100 Z50；	快进到 A 点
N90 M30；	程序结束

6. 仿真操作

（1）对刀

参照项目一任务三，选择 FANUC 0i 前置刀架机床、毛坯 φ56mm×120mm、外圆车刀，然后进行对刀操作。

（2）输入程序

① 点击操作面板上的编辑键，编辑状态指示灯变亮，此时已进入编辑状态。再点击键，CRT 界面转入编辑界面，如图 2-10 所示。

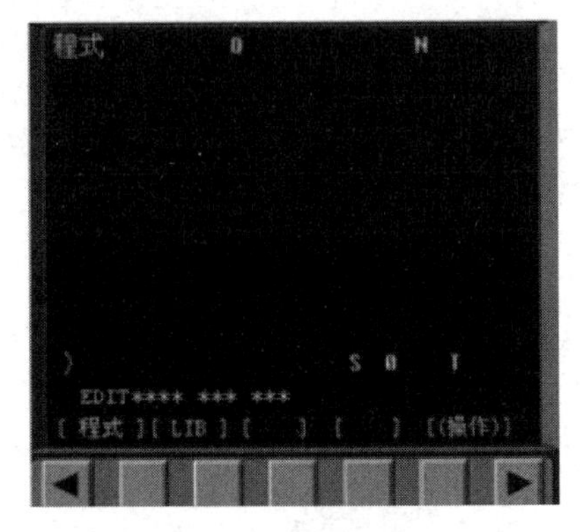

图 2-10　编辑界面

② 输入程序指令

点击数控机床 MDI 键盘，将数控加工程序输入到数控装置，也可以直接使用电脑键盘输入。输入“O1、O01、O001、O0001”这四个任何一个都可以，例如输入的是“O1”，自动在前面补零，数字只要少于四位数，这四个表示的都是一个程序名，按插入键，然后再点击EOB、INSERT插入键；其他每行程序不需要分开插入，只需要输入整行程序（包括结束符号“;”），然后再按INSERT插入键，直至程序结束。

（3）修改程序

① 如果程序中出现错误，可以移动光标，按PAGE↑和PAGE↓键翻页，按光标键↑、↓、←、→移动到程序中相应的位置。

② 插入字符，先将光标移到所需位置，将需要的指令输入到输入域中，按INSERT键，把输入域的内容插入到光标所在指令后面。

③ 替换，先将光标移到所需替换字符的位置，将需要的指令输入到输入域中，按ALTER键，把输入域的内容替代光标所在处的指令。

④ 删除操作，按CAN键用于删除输入域中的数据。删除程序字符，先将光标移到所需删除字符的位置，按DELETE键，删除光标所在的指令。

（4）自动运行

按下⊡按钮，再按下⊡按钮，开始自动加工。如果执行不下去，可以从程序头开始使用⊡单节执行，运行一行程序，按一下⊡，检查哪个地方出现问题。加工工件如图 2-11 所示。

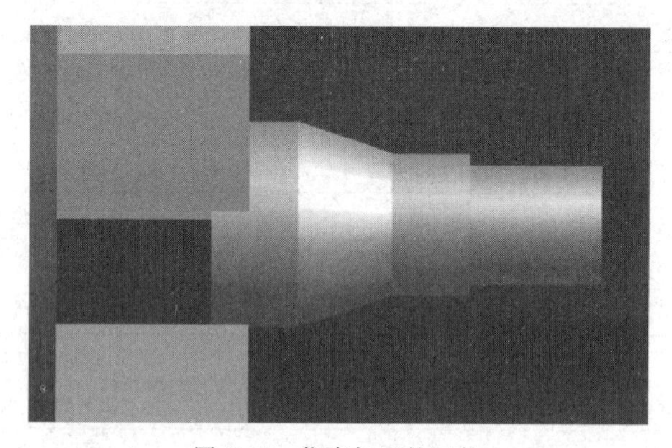

图 2-11　仿真加工的工件

在程序运行过程中，注意观察车刀刀尖在工件坐标系中的实际位置与程序中的指定位置是否相同，如果不同，说明对刀存在问题。在采用单段执行方式进行精加工时，会留下接刀痕，所以精车时一般不使用单段执行。

五、拓展提升

倒角编程

1. $Z \rightarrow X$ 的倒角

指令格式：G01 Z(W)_C($\pm i$)；

其中　Z——指定的终点的 Z 坐标；

W——终点相对起点的 Z 方向增量；

$\pm i$——倒角沿 X 轴移动的方向和长度。

指令功能：沿 Z 轴方向车削并完成边长为 i 的 45°倒角。

走刀路线：如图 2-12(a) 所示，A 为车削的起点，走刀路线为 $A \rightarrow D \rightarrow C$，倒角如果沿 X 轴正向切削，则 i 为正值，反之 i 为负值，该指令中倒角必须是 45°。

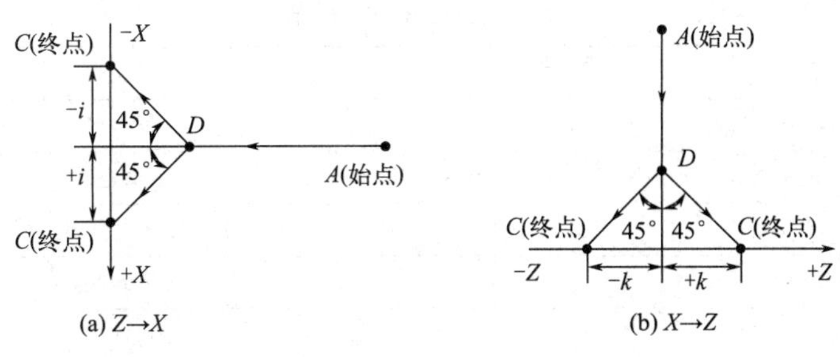

图 2-12 倒角

2. X→Z 的倒角

指令格式：G01 X(U)_C(±k)；

其中 X——指定的终点的 X 坐标；

U——终点相对起点的 X 方向增量；

±k——倒角沿 X 轴移动的方向和长度。

指令功能：沿 X 轴方向车削并完成边长为 k 的 45°倒角。

走刀路线：如图 2-12(b) 所示，A 为车削的起点，走刀路线为 A→D→C，倒角如果沿 Z 轴正向切削，则 k 为正值，反之 k 为负值，该指令中倒角必须是 45°。

3. 任意角度倒角

在直线进给程序段尾部加上 C_，可自动插入任意角度的倒角。C 的数值是从假设没有倒角的拐角交点距倒角始点或与终点之间的距离，如图 2-13 所示。例：

```
G01 X50 C20;
X90 Z-50;
```

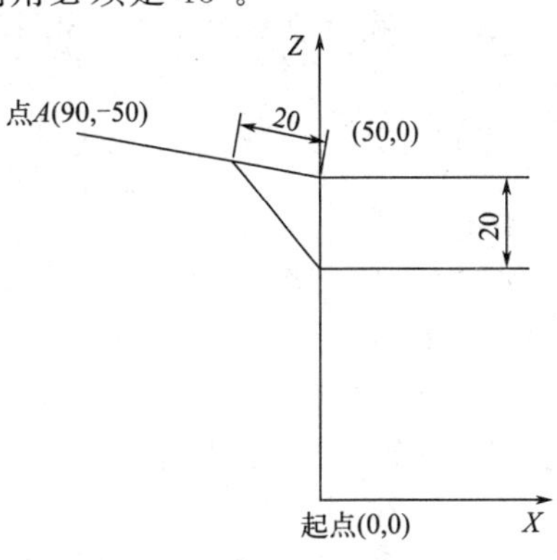

图 2-13 任意角度倒角

【例 2-2】试编写如图 2-14 所示零件的程序。

【解】倒角加工程序见表 2-4。

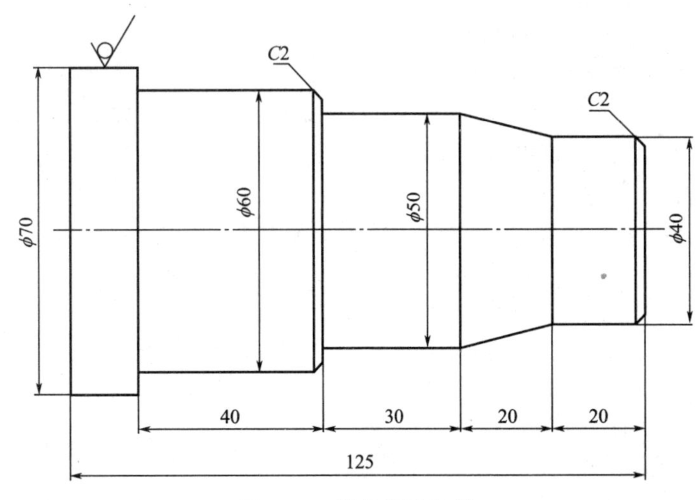

图 2-14 倒角编程实例

表 2-4　倒角加工程序

程序	注释
O2001；	程序名
N10 M03 S800；	主轴正转
N20 T0101；	调用 1 号外圆粗车刀，1 号刀补
N30 G00 X0 Z2；	快进到起点
N40 G01 Z0 F0.1；	到达端面
N50 X40 C-2；	加工倒角
N60 Z-20；	加工 ϕ40 外圆
N70 X50 W-20；	加工圆锥面
N80 W-30；	加工 ϕ50 外圆
N90 X60 C-2；	加工倒角
N100W-3；	加工 ϕ60 外圆
N110 X70；	加工 ϕ70 右端面
N120 G00 X100 Z50；	快进到安全点
N130 M30；	程序结束

注：宇龙仿真软件不具备倒角功能，斯沃数控仿真软件可以。

六、思考练习

1. 选择题

(1) 在 FANUC 系统的数控车床中，已知 A (X20,Z50)，B (X10,Z60)，则从点 A 直线插补到点 B 的程序正确的是（　　）。

A. G01 X20 Z50 F0.1　　B. G00 X10 Z60 F0.1　　C. G01 U-10 W10 F0.1

(2) 当数控车床执行完程序段“G00 X50 Z5；G01 X45 Z-50 F0.2；”后，刀尖的位置是（　　）。

A. X45 Z-50　　B. X50 Z5　　C. X45 Z5

(3) CNC 铣床加工程序中，下列何者为 G00 指令动作的描述？（　　）

A. 刀具移动路径必为一直线　　B. 进给速率以 F 值设定

C. 刀具移动路径依其终点坐标而定

(4) 以下属于混合编程的程序段是（　　）。

A. G00 X100 Z100 F0.1　　B. G02 U-10 W-5 R30 F0.1　C. G03 X5 W-10 R30 F0.1

(5) 在 G00 程序段中，（　　）值将不起作用。

A. X　　B. S　　C. F

(6) 设 G01 X30 Z6 执行 G01 W15 后，正方向实际移动量为（　　）。

A. 9mm　　B. 15mm　　C. 21mm

(7) G00 的指令移动速度值是（　　）。

A. 机床参数指定　　B. 数控程序指定　　C. 操作面板

2. 判断题

(1) G00 指令也可用于工件的切削行程中。（　　）

(2) G00 运动轨迹一定是直线。（　　）

(3) 宇龙仿真软件不具备倒角功能。（　　）

(4) G00、G01 指令都能使机床坐标轴准确到位，因此它们都是插补指令。(　　)

(5) 插补运动的实际插补轨迹始终不可能与理想轨迹完全相同。(　　)

3. 综合题

如图 2-15 所示，刀具从 1 点运动到 2 点，直线插补，分别用绝对编程、增量编程和混合编程。

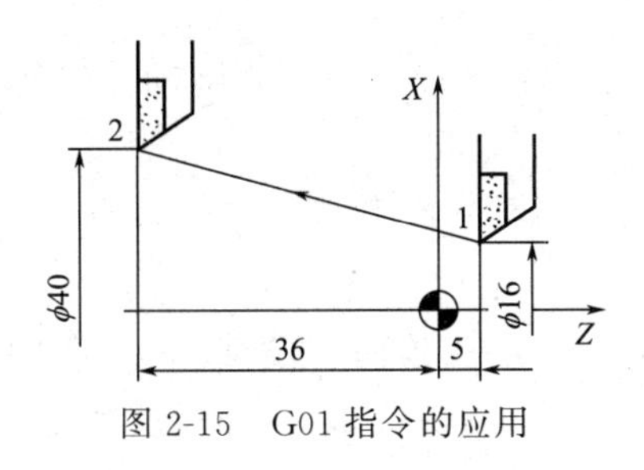

图 2-15　G01 指令的应用

任务二　圆弧面精车加工

一、学习目标

1. 知识目标

(1) 掌握 G02、G03 指令的用法。

(2) 掌握刀尖半径补偿的编程方法。

(3) 了解倒圆编程方法。

2. 能力目标

具备编写圆弧面精加工程序的能力。

二、工学任务

如图 2-16 所示的工件，材料为 45 钢，粗加工已完成，各个位置留有 0.5mm 余量，右端面不加工，左端面不切断，应用刀具半径补偿指令编写精加工程序（ϕ35 外圆已加工完成）。

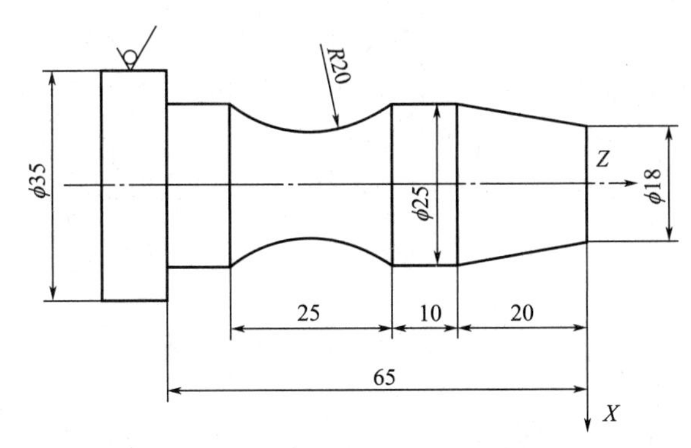

图 2-16　圆弧面精加工实例

三、相关知识

1. 圆弧插补指令 G02/G03

刀具在指定平面内按给定的进给速度 F 作圆弧运动，切削出圆弧轮廓。

指令格式：$\begin{Bmatrix}G02\\G03\end{Bmatrix}$X(U)_Z(W)_$\begin{Bmatrix}R_\\I_K_\end{Bmatrix}$F_；

说明：

① G02 为顺时针圆弧插补，G03 为逆时针圆弧插补。圆弧顺、逆方向的判别：沿着不在圆弧平面内的坐标轴，由正方向向负方向看，顺时针方向为 G02，逆时针方向为 G03。在数控车削编程中，圆弧的顺、逆方向，根据操作者与车床刀架的位置（前置刀架和后置刀架）来判断，如图 2-17 所示。

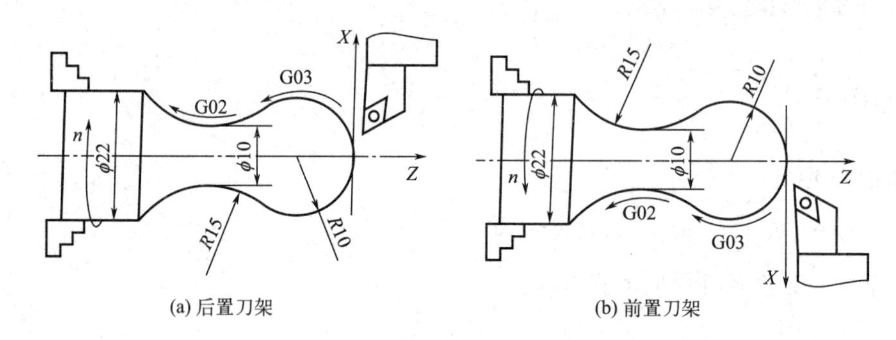

图 2-17　圆弧顺逆方向的判断

② X(U)、Z(W) 表示目标点的坐标。

③ R 表示圆弧半径，车削加工 R 始终为正。

④ I、K 表示圆心相对圆弧起点的增量坐标，与绝对值、增量值编程无关，为零时可省略。

⑤ 同一程序段中，I、K、R 同时出现时，R 优先，I、K 无效。

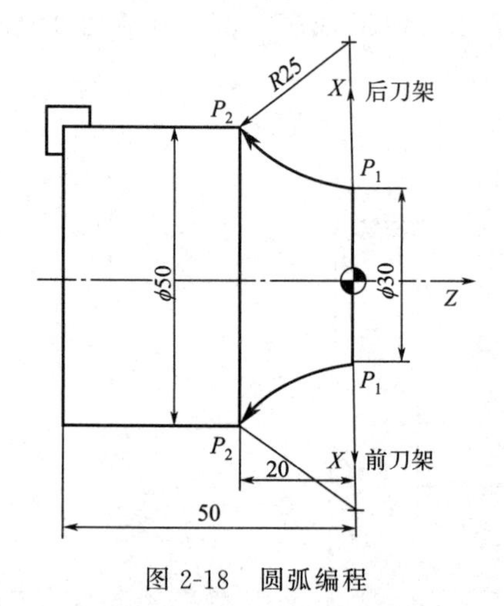

图 2-18　圆弧编程

【例 2-3】 如图 2-18 所示，刀具从 P_1 点沿圆弧运动到 P_2 点，编写其加工程序。

【解】 ① 采用后置刀架加工。

G02 X50 Z-20 R25 F0.1；或 G02 U20 W-20 R25 F0.1；

或 G02 X50 Z-20 I25 F0.1；或 G02 U20 W-20 I25 F0.1；

② 采用前置刀架加工。

G02 X50 Z-20 R25 F0.1；或 G02 U20 W-20 R25 F0.1；

或 G02 X50 Z-20 I25 F0.1；或 G02 U20 W-20 I25 F0.1；

2. 刀尖圆弧半径补偿

（1）刀尖圆弧半径补偿的意义

编制数控车削加工程序时，车刀刀尖被看作一个点（假想刀尖 *A* 点），但实际上为了提高刀具的使用寿命和降低工件表面粗糙度，车刀刀尖被磨成半径不大的圆弧（刀尖 *BC* 圆弧），如图 2-19 所示，这必将产生加工工件的形状误差。另一方面，车刀的形状对工件加工也将产生影响，而这些可采用刀尖圆弧半径补偿来解决。

当加工与坐标轴平行的圆柱面时，刀尖圆弧并不影响其尺寸和形状，但当加工锥面、圆弧等轮廓时，由于刀具切削点在刀尖圆弧上变动，刀尖圆弧将引起尺寸和形状误差，造成少切或多切，如图 2-20 所示。

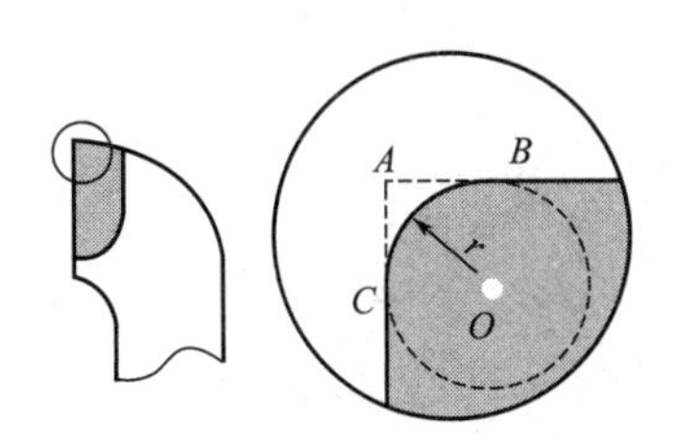

图 2-19　假象刀尖示意图

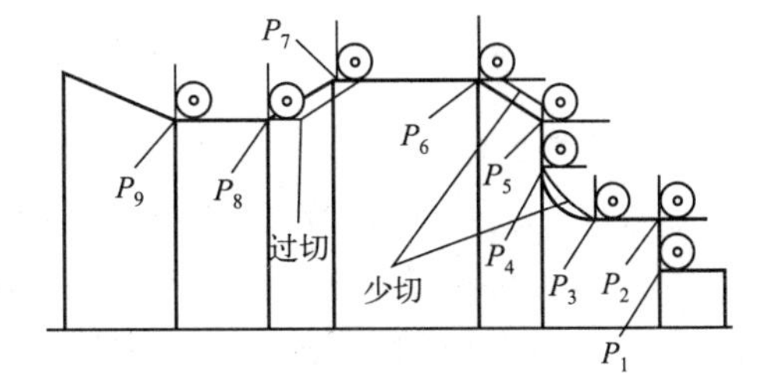

图 2-20　刀尖圆弧引起的过切和少切现象

（2）刀尖圆弧半径补偿指令 G40、G41/G42

指令格式：$\left\{\begin{matrix}G40\\G41\\G42\end{matrix}\right\}\left\{\begin{matrix}G00\\G01\end{matrix}\right\}X(U)\_Z(W)\_F\_;$

其中　G41——刀尖圆弧半径左补偿（称为左刀补）；

G42——刀尖圆弧半径右补偿（称为右刀补）；

G40——取消刀尖圆弧半径补偿。

左刀补、右刀补的判别方法：从垂直于加工平面坐标轴的正方向朝负方向看过去，沿着刀具的运动方向向前看（假设工件不动），刀具位于零件左侧的为左刀补，刀具位于零件右侧的为右刀补，如图 2-21 所示。

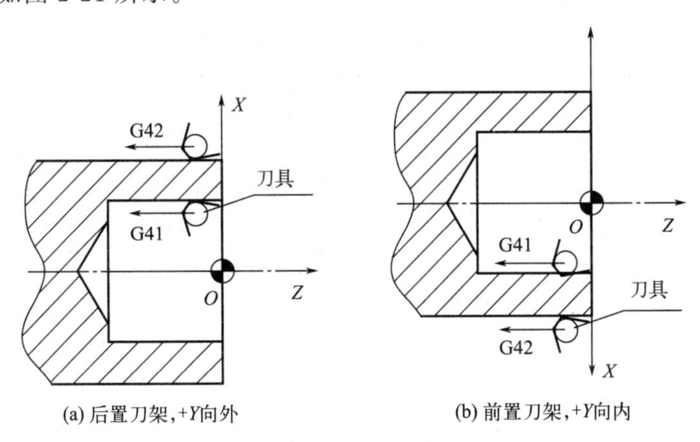

(a) 后置刀架,+*Y*向外　　(b) 前置刀架,+*Y*向内

图 2-21　刀尖半径补偿方向的判断

（3）圆弧车刀刀尖位置的确定

根据各种刀尖形状及刀尖位置的不同，数控车刀的刀尖位置如图 2-22 所示，共 9 种。

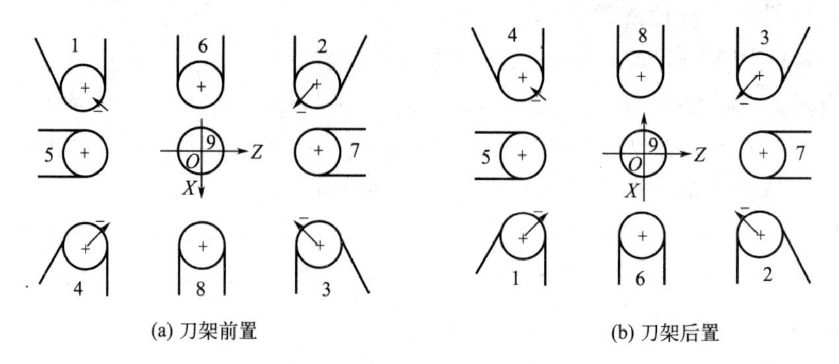

图 2-22　刀尖方向位置

（4）注意事项

① G40、G41、G42 都是模态指令，可相互注销。

② 刀尖圆弧半径补偿的建立与取消只能用 G00 或 G01 指令，不得是 G02 或 G03。

③ G41、G42 不带参数，其补偿号（代表所用刀具对应的刀尖圆弧半径补偿值）由 T 指令指定，其刀尖圆弧半径补偿号与刀具偏置补偿号对应。

④ 为了防止在刀尖圆弧半径补偿建立与取消过程中刀具产生过切现象，刀尖圆弧半径补偿建立在切削加工之前完成，同样要在切削加工之后取消。

⑤ 在选择刀尖圆弧半径补偿方向和刀尖位置时，要特别注意前置刀架和后置刀架的区别。

四、任务实施

1. 数控加工工序卡片

工学任务中工件外形较为规则，装夹时采用三爪自定心卡盘装夹，机夹式外圆车刀加工。切削用量根据该机床性能、相关手册并结合实际经验确定，详见表 2-5。

表 2-5　刀具切削参数表

零件号		零件名称			轴	零件材料	45 钢
程序名	O2003	机床型号			CK6140	制表日期	
工步号	工步内容	夹具	刀具号及类型	主轴转速 /(r/min)	进给速度 /(mm/r)	背吃刀量 /mm	补偿号
1	精车外轮廓	三爪卡盘	T01 外圆车刀	800	0.1	0.5	01

2. 加工程序

确定以工件右端面与轴心线的交点为工件原点，建立 *XOZ* 工件坐标系，采用手动试切对刀方法，把原点作为对刀点。加工程序见表 2-6。

表 2-6　圆弧面精加工程序

程序	注释
O2003；	程序名
N10 M03 S800；	主轴正转，转速为 800r/min
N20 T0101；	建立工件坐标系，调用 1 号刀具 1 号刀补
N30 G00 X25 Z2；	快进到起点
N40 G42 G01 X18 Z0 F0.1；	建立刀尖圆弧半径补偿
N50 X25 Z-20；	加工圆锥面
N60 W-10；	加工 ϕ25 外圆
N70 G02 W-25 R20；	加工 R20 圆弧
N80 G01 Z-65；	加工 ϕ25 外圆
N90 X40；	加工 ϕ35 右端面
N100 G40 G00 Z2；	取消刀尖圆弧半径补偿
N110 G00 X50 Z50；	快进到安全点
N120 M30；	程序结束

五、拓展提升

倒圆编程

1. $Z \to X$ 的倒圆

指令格式：G01 Z(W)_R($\pm r$)；

其中　Z——指定的终点的 Z 坐标；

W——终点相对起点的 Z 方向增量；

$\pm r$——倒圆的方向及倒圆半径，倒圆向 X 轴正向延伸为正值，反之为负值。

指令功能：沿 Z 轴方向车削并完成半径为 r 的倒圆。

走刀路线：如图 2-23 所示，A 为车削的起点，走刀路线为 $A \to D \to C$，倒圆如果向 X 轴正向切削，则 r 为正值，反之 r 为负值，该指令中圆角必须是 90°。

2. $X \to Z$ 的倒圆

指令格式：G01 X(U)_R($\pm r$)；

其中　X——指定的终点的 X 坐标；

U——终点相对起点的 X 方向增量；

$\pm r$——倒圆的方向及倒圆半径，倒圆向 Z 轴正向延伸为正值，反之为负值。

指令功能：沿 X 轴方向车削并完成半径为 r 的倒圆。

走刀路线：如图 2-24 所示，A 为车削的起点，走刀路线为 $A \to D \to C$，倒角如果向 X 轴正向切削，则 r 为正值，反之 r 为负值，该指令中圆角必须是 90°。

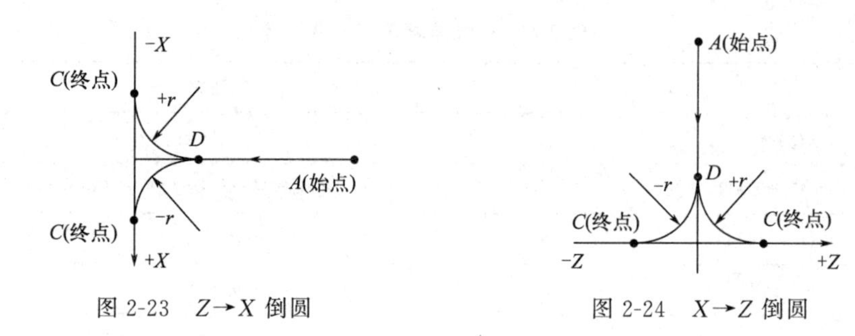

图 2-23　$Z \to X$ 倒圆　　　　图 2-24　$X \to Z$ 倒圆

对于倒角或倒圆的移动，必须是在 G01 指令中沿 X 轴或 Z 轴的单个移动，下一个程序段必须是沿 X 轴或 Z 轴的垂直于前一个程序段的单个移动。

六、思考练习

1. 选择题

（1）圆弧插补方向（顺时针和逆时针）的规定与（　　）有关。

A. X 轴　　B. Z 轴　　C. 不在圆弧平面内的坐标轴

（2）刀尖圆弧半径右补偿方向的规定是（　　）。

A. 沿刀具运动方向看，工件位于刀具右侧

B. 沿刀具运动方向看，刀具位于工件右侧

C. 沿工件运动方向看，刀具位于工件右侧

（3）G02 X_Z_I_K_F_中的 I 表示（　　）。

A. 圆弧起点指向圆心的矢量在 X 轴上的分量

B. 圆心指向圆弧起点的矢量在 X 轴上的分量

C. X 轴终点坐标

（4）数控车床在加工中为了实现对车刀刀尖磨损量的补偿，可沿假设的刀尖方向，在刀尖半径值上，附加一个刀具偏移量，这称为（　　）。

A. 刀具位置补偿　　B. 刀具半径补偿　　C. 刀具长度补偿

（5）在数控加工中，刀具补偿功能除对刀具半径进行补偿外，在用同一把刀进行粗、精加工时，还可进行加工余量的补偿，设刀具半径为 r，粗加工时，半径方向余量为 Δ，则最后一次粗加工走刀的半径补偿量为（　　）。

A. Δ　　B. $r+\Delta$　　C. $2r+\Delta$

（6）加工曲线轮廓时，对于有刀具半径补偿的数控系统，只需按照（　　）的轮廓曲线编程。

A. 刀具补偿　　B. 被加工工件　　C. 刀具中心

2. 判断题

（1）在加工锥面时，刀尖圆弧 R 不影响加工尺寸和形状。（　　）

（2）刀尖半径左补偿使用 G42。（　　）

（3）刀具半径补偿存储器中存放的一定是实际刀具半径。（　　）

（4）G40～G42 只能与 G00 或 G01 连用，不能与 G02 或 G03 连用。（　　）

（5）刀尖圆弧半径补偿建立在切削加工之前完成。（　　）

3. 综合题

如图 2-25 所示的简单圆柱零件，工件材料为 Q235，按照数控工艺要求，分析加工工艺及编写精加工程序。

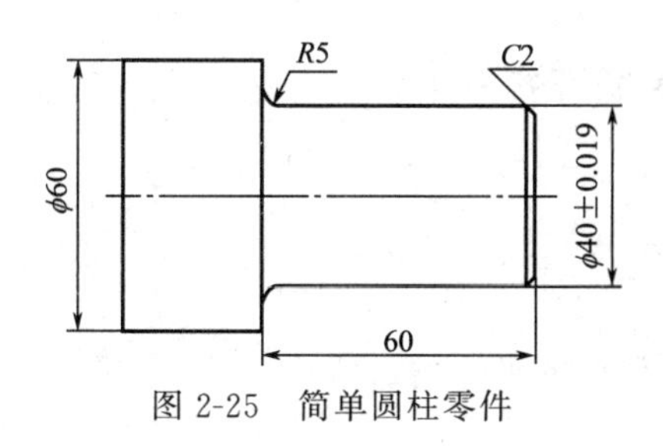

图 2-25　简单圆柱零件

任务三　简单阶梯轴车削加工

一、学习目标

1. 知识目标

（1）掌握单一固定循环切削指令 G90、G94 的编程格式。
（2）掌握使用 G90、G94 指令车削外圆、车削端面的编程方法。

2. 能力目标

具备编写简单阶梯轴粗加工程序的能力。

二、工学任务

如图 2-26 所示，简单阶梯轴的工件材料为 Q235，毛坯为 ϕ55mm 的棒料，按照数控工艺要求，分析其加工工艺，并编写外轮廓加工程序。

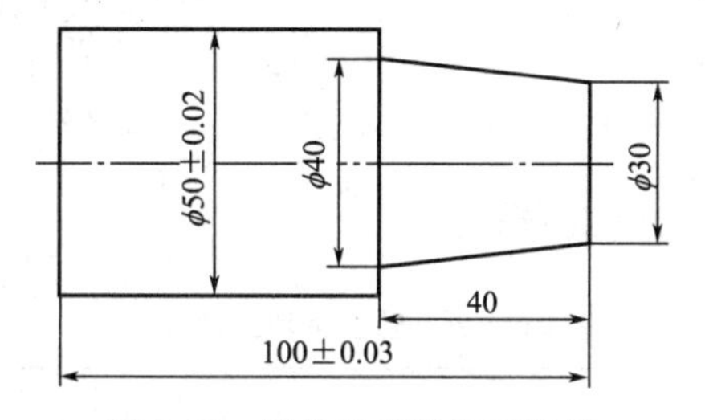

图 2-26　简单阶梯轴加工实例

三、相关知识

数控车床上被加工工件的毛坯常用棒料或铸、锻件，加工余量大，一般需要多次重复循环加工，才能去除全部余量。为简化编程，数控系统提供了不同形式的固定循环功能，以缩短程序段的长度，减少程序所占内存。

FANUC 0i 系列数控车床固定循环指令分为单一形状固定循环指令和复合形状固定循环指令，分别对应于不同形状和不同类型毛坯的零件加工。我们先学习单一固定循环指令。

单一固定循环是指：将一系列连续加工动作，如“切入→切削→退刀→返回”，用一个循环指令完成，以简化程序。使用循环指令时，刀具必须先定位至循环起点，再给循环切削指令，且完成一循环切削后，刀具仍回到此循环起点，循环切削指令皆为模态指令。

1. 圆柱面切削单一固定循环指令 G90

(1) 车削圆柱面

指令格式：G90 X(U)_Z(W)_F_；

其中　X、Z——终点坐标；

U、W——终点相对于起点的坐标增量值；

F——进给速度。

走刀路线：切削过程如图 2-27 所示，沿刀具进给方向，按矩形 1R→2F→3F→4R 循环，最后又回到循环起点完成一次循环切削。其中，第一刀为 G00 方式动作，第二刀以 G01 方式切削工件外圆，第三刀以 G01 方式切削工件端面，第四刀以 G00 方式快速退刀回起点。图中标注的 R 表示快速移动，F 表示按指定的进给速度移动。

当工件毛坯的轴向余量比径向多，且对零件的径向尺寸要求精度较高时，应选用 G90 指令。

【例 2-4】 如图 2-28 所示的工件，从 $\phi50$ 的毛坯加工到 $\phi35$ 的外圆面，分 4 次切削，背吃刀量分别为 2.5、2.5、2、0.5，编写其加工程序。

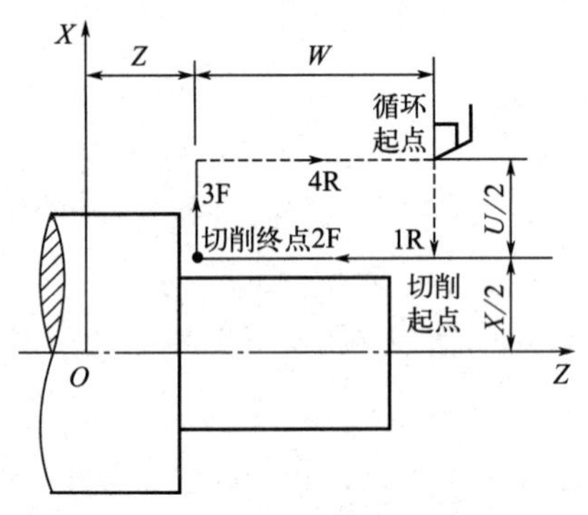

图 2-27　G90 车削圆柱面走刀路线

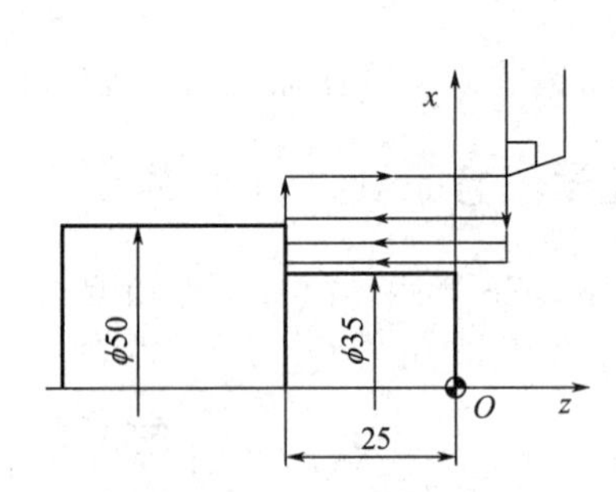

图 2-28　圆柱面切削循环实例

【解】 圆柱面加工程序如表 2-7 所示。

表 2-7　圆柱面加工程序

程序	注释
O2004；	程序名
N10 M03 S600；	主轴正转
N20 T0101；	调用 1 号外圆粗车刀，1 号刀补
N30 G00 X50 Z2；	快进到循环起点
N40 G90 X45 Z-25 F0.3；	第一刀粗车至 $\phi45$
N50 X40；	第二刀粗车至 $\phi40$
N60 X36；	第三刀粗车至 $\phi36$
N70 X35 F0.1；	精车到 $\phi35$
N80 G00 X100 Z50；	快进到安全点
N90 M30；	程序结束

（2）车削圆锥面

指令格式：G90 X(U)_Z(W)_R_F_；

其中　R——切削起点与切削终点的半径差，圆台直径左大右小，R 为正值；圆台直径左小右大，则 R 为负值。

走刀路线：切削过程如图 2-29 所示，沿刀具进给方向，刀具从循环起点开始按梯形 1R→2F→3F→4R 循环，最后又回到循环起点完成一次循环切削。

为保证刀具起点与工件间的安全间隙，刀具起点的 Z 向坐标值宜取 Z1～Z5，而不是 Z0，因此，应该计算出锥面起点与终点处的实际半径差，否则会导致锥度错误。

【例 2-5】 如图 2-30 所示的工件，将圆锥小端从 ϕ30 的毛坯加工至 ϕ15，分 4 次切削，背吃刀量分别为 2.5、2.5、2、0.5，编写其加工程序。

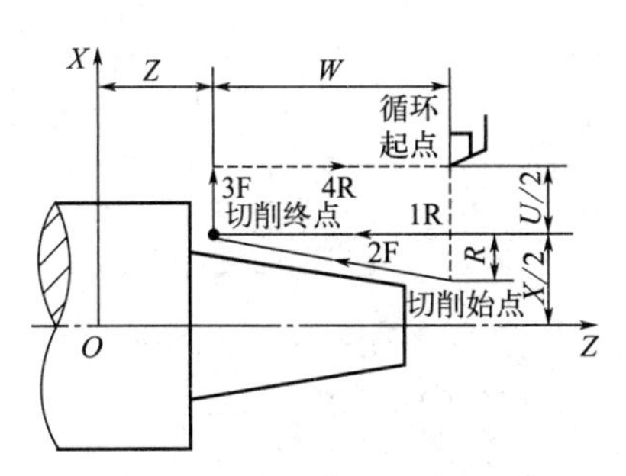

图 2-29　G90 车削圆锥面走刀轨迹

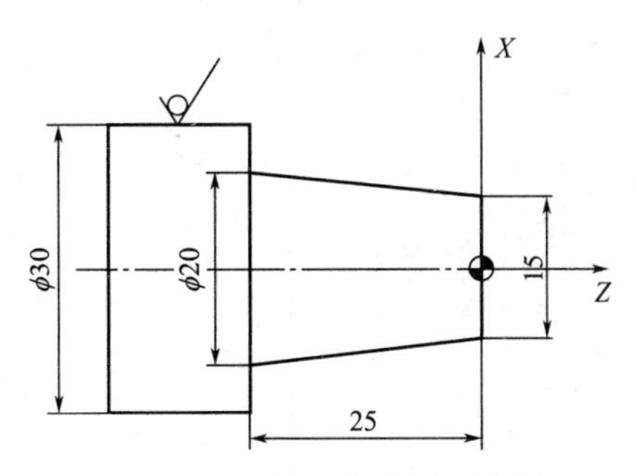

图 2-30　圆锥面切削循环实例

【解】 使用 G90 车削，毛坯为 ϕ30 棒料，可选择 G90 循环起始点 X、Z 坐标为（32，2）。在编程时，R 值应取刀具起始点 Z2 处锥面与终点 Z-25 处锥面的半径差，其加工程序见表 2-8。

表 2-8　圆锥面加工程序

程序	注释
O2005；	程序名
N10 M03 S600；	主轴正转
N20 T0101；	调用 1 号外圆粗车刀，1 号刀补
N30 G00 X32 Z2；	快进到循环起点
N40 G90 X30 Z-25 R-2.7 F0.3；	第一刀将圆锥小端粗车至 ϕ25
N50 X25；	第二刀将圆锥小端粗车至 ϕ20
N60 X21；	第三刀将圆锥小端粗车至 ϕ16
N70 X20 F0.1；	第四刀将圆锥小端精车至 ϕ15
N80 G00 X100 Z50；	快进到安全点
N90 M30；	程序结束

2. 端面切削单一固定循环指令 G94

（1）车削端面

指令格式：G94 X(U)_Z(W)_F_；

其中　X、Z——端面切削终点坐标值；

U、W——端面切削终点相对循环起点的增量值。

走刀路线：切削过程如图 2-31 所示，G94 是先沿 Z 方向快速进给，再车削工件端面，退刀光整外圆，再快速退刀回起点。刀具走一个矩形循环，其中第一刀为 G00 方式动作，第二刀以 G01 方式切削工件端面，第三刀以 G01 方式切削光整外圆，第四刀以 G00 方式快速退刀回起点。图中标注的 R 表示快速移动，F 表示按指定的进给速度移动。沿刀具进给方向，按矩形 1R→2F→3F→4R 循环，最后又回到循环起点完成一次循环切削。

G94 指令主要用于加工长径比较小的盘类零件，它的车削特点是利用刀具的端面切削刃作为主切削刃。

【例 2-6】 应用端面切削循环功能加工图 2-32 所示零件。Z 向分 4 次切削，每次背吃刀量分别为 3、3、3、1，编写其加工程序。

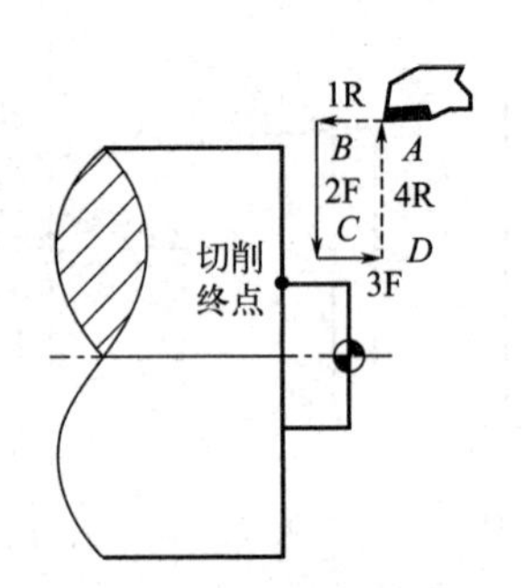

图 2-31　G94 车削端面走刀轨迹

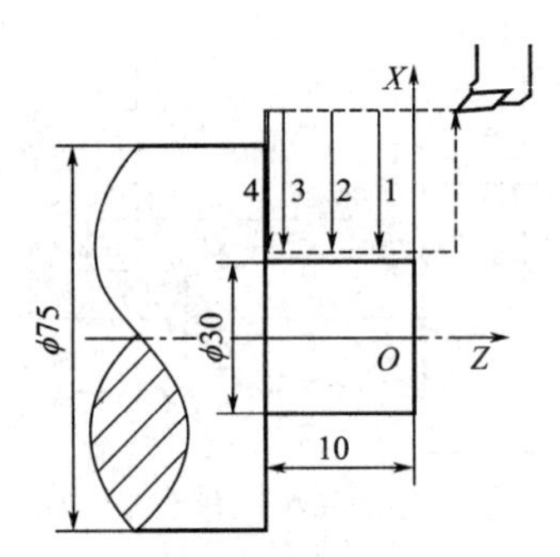

图 2-32　端面切削循环实例

【解】 端面加工程序如表 2-9 所示。

表 2-9　端面加工程序

程序	注释
O2006；	程序名
N10 M03 S600；	主轴正转
N20 T0101；	调用 1 号外圆粗车刀，1 号刀补
N30 G00 X80 Z2；	快进到循环起点
N40 G94 X30 Z-3 F0.2；	第一刀粗车，背吃刀量 3mm
N50 Z-6；	第二刀粗车，背吃刀量 3mm
N60 Z-9；	第三刀粗车，背吃刀量 3mm
N70 Z-10 F0.1；	第四刀精车，背吃刀量 1mm
N80 G00 X100 Z50；	快进到安全点
N90 M30；	程序结束

（2）车削锥端面

指令格式：G94 X(U)_Z(W)_R_F_；

其中，R 为锥面切削起点与切削终点的 Z 坐标差值。锥面起点坐标大于终点坐标时 R 为正，反之为负。一般只在内孔中出现此结构，但用镗刀 X 向进刀车削并不妥当。

走刀路线：切削过程如图 2-33 所示，沿刀具进给方向，刀具从循环起点开始按梯形

1R→2F→3F→4R 循环，最后又回到循环起点完成一次循环切削。

【例 2-7】 如图 2-34 所示的工件，将圆锥小端从 ϕ50 的毛坯加工至 ϕ20，分 6 次切削，背吃刀量分别为 2、2、2、2、1.5、0.5，编写其加工程序。

【解】 使用 G94 车削，毛坯为 ϕ50 棒料，可选择 G94 循环起始点 X、Z 坐标为（53，3）。在编程时，R 值应取刀具起始点 X53 处锥面与终点 X20 处锥面的 Z 坐标差，其加工程序如表 2-10 所示。

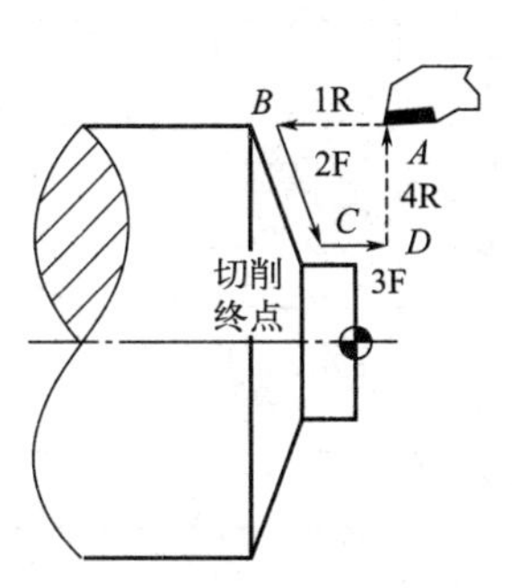

图 2-33　G94 车削锥端面走刀轨迹

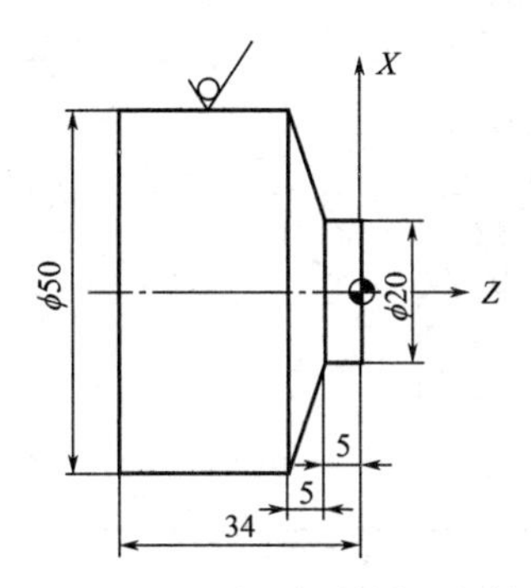

图 2-34　锥端面切削循环实例

表 2-10　锥端面加工程序

程序	注释
G00 X53 Z3；	快进到循环起点
G94 X20.3 Z3 R-5.5 F0.3；	第一刀粗车，背吃刀量 2mm
Z1；	第二刀粗车，背吃刀量 2mm
Z-1；	第三刀粗车，背吃刀量 2mm
Z-3；	第四刀精车，背吃刀量 2mm
Z-4.5	第五刀粗车，背吃刀量 1.5mm
X20 Z-5 F0.2；	第六刀精车，背吃刀量 0.5mm

四、任务实施

1. 数控加工工序卡片

工学任务中工件外形较为规则，装夹时采用三爪自定心卡盘装夹，机夹式外圆车刀加工。切削用量根据该机床性能、相关手册并结合实际经验确定，详见表 2-11 数控加工工序卡片。

表 2-11　数控加工工序卡片

<table>
<tr><td rowspan="2">工厂名称</td><td rowspan="2">数控加工工序卡片</td><td>产品及型号</td><td>零件名称</td><td>零件图号</td><td>材料名称</td><td>材料牌号</td><td>第　页</td><td>共　页</td></tr>
<tr><td></td><td></td><td></td><td>钢</td><td>Q235</td><td></td><td></td></tr>
<tr><td>工序号</td><td>工序名称</td><td>程序编号</td><td>夹具名称</td><td>夹具编号</td><td>设备名称</td><td>设备型号</td><td>设备规格</td><td>加工车间</td></tr>
<tr><td></td><td></td><td></td><td>三爪自定心卡盘</td><td></td><td>数控车床</td><td></td><td></td><td>实训中心</td></tr>
</table>

续表

工步号	工步内容	刀具名称	刀具号	主轴转速 /(r/min)	进给量 /(mm/r)	背吃刀量 /mm	备注
1	平端面	90°硬质合金外圆车刀	01	800	0.2	0.5	手动
2	圆锥面粗车	90°硬质合金外圆车刀	01	800	0.3	2.5	留 0.5mm 余量(双边)
3	圆柱面粗车	90°硬质合金外圆车刀	01	800	0.3	2.25	留 0.5mm 余量(双边)
4	外圆柱面精车	90°硬质合金外圆车刀	01	1000	0.1	0.25	
5	切断	4mm 宽切断刀	02	400	0.1		
编制	抄写		校对		审核		批准

2. 走刀路线

确定以工件右端面与轴心线的交点为工件原点，建立 XOZ 工件坐标系，如图 2-35 所示。采用手动试切对刀方法，把原点作为对刀点。

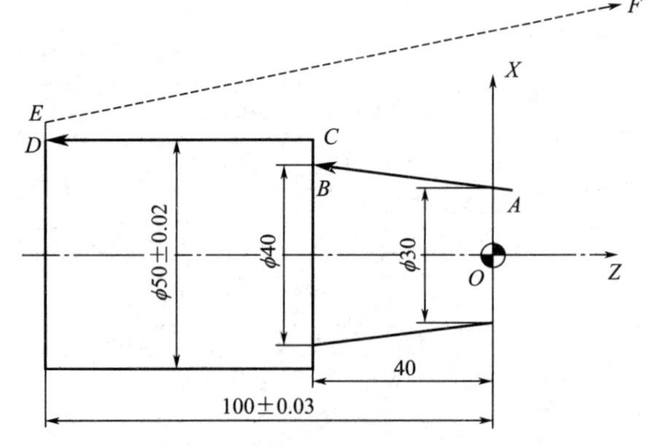

图 2-35　工件坐标系设置及精车加工路线

此零件为轴类零件，故采用 G90 指令分别粗车圆锥面和圆柱面，车圆锥面时循环起始点 X、Z 坐标取为（57，4)，车圆柱面时循环起始点 X、Z 坐标取为（57，−38)。精车零件时沿图 2-36 所示的 A→B→C→D→E→F 走刀。精车起点 X、Z 坐标取为（57,−38)。精车起点 X、Z 坐标取为（29,4)。

3. 加工程序

加工程序见表 2-12。

表 2-12　简单阶梯轴加工程序

程序	注释
O2007;	程序名
N10 T0101;	建立工件坐标系，调用 1 号刀具 1 号刀补
N20 G00 X100 Z100 M08;	定义起点的位置，开冷却液
N30 M03 S800;	主轴正转，转速为 800r/min
N40 X57 Z4;	车削圆锥面循环起点
N50 G90 X60 Z-40.3 R5.5 F0.3;	粗车锥面，每次背吃刀量为 2.5mm

续表

程序	注释
N60 X55；	
N70 X50；	
N80 X45；	
N90 X40.5；	
N100 G00 X57 Z-38；	车削圆柱面循环起点
N110 G90 X50.5 Z-100；	粗车圆柱面，每次背吃刀量为 2.5mm
N120 G00 Z4 S1000；	
N130 X29；	定义精车起点
N140 G01 X40 Z-40 F0.1；	精车圆锥 *A* 点到 *B* 点
N150 X50；	精车 ϕ50 外圆右端面，即从 *B* 点至 *C* 点
N160 Z-100；	精车 ϕ50 外圆，即从 *C* 点至 *D* 点
N170 X57；	退刀，即从 *D* 点至 *E* 点
N180 G00 X100 Z100；	快进到安全点，即从 *E* 点至 *A* 点
N190 M30；	程序结束

五、思考练习

拓展阅读

榜样的力量

1. 选择题

(1) 采用固定循环编程，可以（　　）。

A. 缩短程序的长度，减少程序所占内存

B. 减少换刀次数，提高切削速度

C. 减少吃刀深度，保证加工质量

(2) G90 X50 Z20 R5.5 F0.1 中，R5.5 为（　　）。

A. 切削起点与切削终点的半径差

B. 圆弧半径

C. 切削起点与切削终点的直径差

(3) G90 X(U)_Z(W)_R_F_锥面起点坐标大于终点坐标时 R 为（　　）。

A. 负值　　B. 正值　　C. 无正负之分

(4) 对于 G94 指令的描述正确的是（　　）。

A. 非模态指令

B. 只能用来车圆柱面

C. 主要用于加工长径比较小的盘类零件

(5) 对于 G90 指令的描述正确的是（　　）。

A. 与 G94 为同组指令

B. 只能用来车圆锥面

C. 主要用于加工长径比较小的盘类零件

2. 综合题

如图 2-36 所示的零件，材料为 45 钢，未注长度尺寸允许偏差±0.1mm，未注倒角为 *C*0.5，表面粗糙度值全部为 *Ra*1.6，毛坯为 ϕ45mm×110mm。分析零件的加工工艺，编制程序。

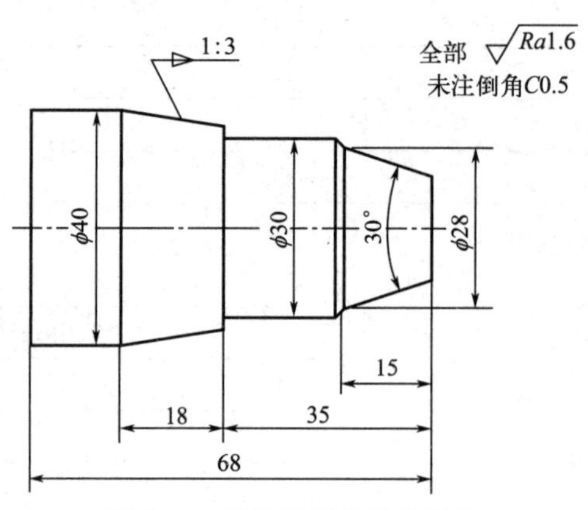

图 2-36 简单轮廓的轴类零件

任务四 轴类零件车削加工

一、学习目标

1. 知识目标

（1）掌握内外径粗车复合循环指令 G71、成形加工复合循环指令 G73、精加工循环指令 G70 的编程格式。

（2）掌握使用 G71、G73、G70 指令车削轴类零件的编程方法。

2. 能力目标

具备编写复杂轴类零件粗加工程序的能力。

二、工学任务

如图 2-37 所示的零件，工件材料为 Q235，毛坯为 ϕ50mm 棒料，按照数控工艺要求，分析加工工艺及编写外轮廓加工程序。

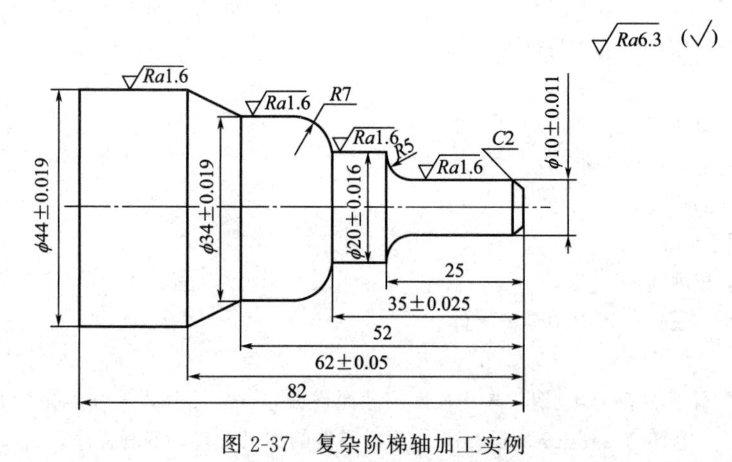

图 2-37 复杂阶梯轴加工实例

三、相关知识

复合固定循环又称多重固定循环。应用 G90、G94 时，已经使程序得到一些简化，但在数控车床上加工的零件毛坯通常是棒料或铸、锻件，需要多次重复切削，加工余量较大。利用复合固定循环，只要编出最终走刀路线，给出每次切削的背吃刀量或切除全部余量的走刀次数，数控系统便可自动计算出粗加工的刀具路径，自动完成从粗加工到精加工的全过程，使程序得到进一步简化。复合固定循环指令主要有 G71、G72、G73、G75、G76。

1. 内、外圆粗车复合循环指令 G71

该指令适用于需要多次进给才能够完成外圆柱棒料毛坯粗车或内孔粗车的情形，工件轮廓呈单调性。

指令格式：G71 U(Δd)R(e)；

G71 P(ns)Q(nf)U(Δu)W(Δw)F(f)S(s)T(t)；

其中 Δd——每次切削深度，半径值，无正负号，该值是模态值；

e——退刀量，半径值，该值为模态值；

ns——指定精加工路线的第一个程序段段号；

nf——指定精加工路线的最后一个程序段段号；

Δu——X 方向上的精加工余量，直径值指定，车削外轮廓时取正值，车削内轮廓时取负值，具体符号判断如图 2-38 所示；

Δw——Z 方向上的精加工余量，车削内、外轮廓均取正值；

F、S、T——粗加工过程中的切削用量及使用刀具。

走刀路线：如图 2-39 所示为 G71 粗车外圆加工进给路线。刀具从循环起点 A 开始，快速退至 C 点，退刀量由 Δw 和 $\Delta u/2$ 确定；再快速沿 X 方向进给 Δd 深度，按照 G01 切削加工，然后沿 45°方向快速退刀，X 方向退刀量为 e，再沿 Z 方向快速退刀，第一次切削加工结束；再沿 X 方向进行第二次切削加工，进给量为 $e+\Delta d$，如此循环直至粗车结束；再进行平行于精加工表面的半精加工，刀具沿精加工表面分别留 Δw 和 $\Delta u/2$ 的加工余量。半精加工完成后，刀具快速退至循环起点，结束粗车循环所有动作。图中标注的 R 表示快速移动，F 表示按指定的进给速度移动。

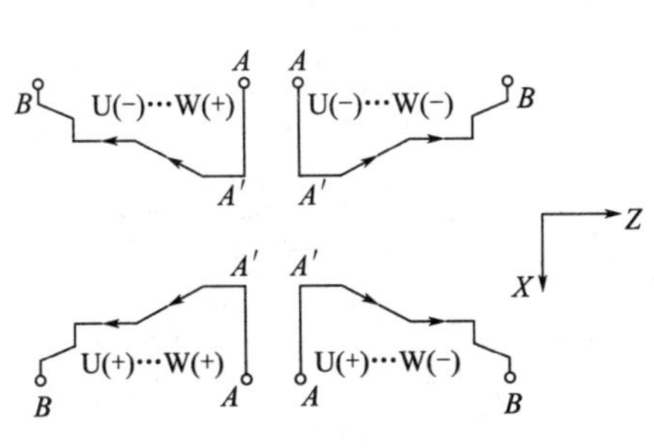

图 2-38 Δu、Δw 符号判断

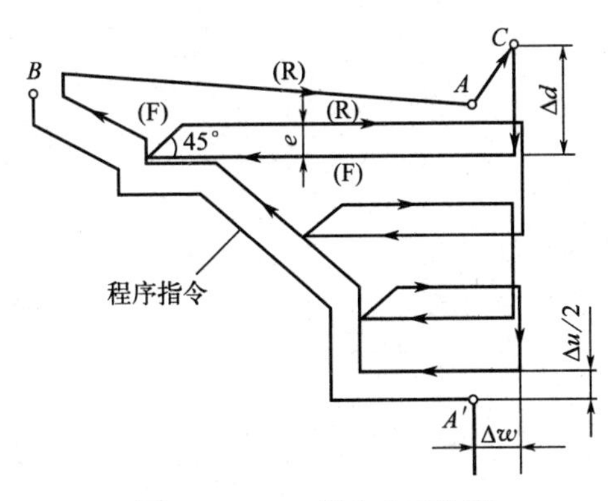

图 2-39 G71 指令走刀轨迹

注意事项：

① ns～nf 程序段中的 F、S、T 功能，即使被指定也对粗车循环无效。

② G71 指令必须带有 P、Q 地址 ns、nf，且与精加工路径起、止顺序号对应，否则不能进行该循环加工。

③ ns 的程序段必须为 G00/G01 指令，即从 A 到 A' 动作必须是直线或点定位运动，且该程序段中不应编有 Z 向移动指令。

④ 在顺序号为 ns 到顺序号为 nf 的程序段中，不能调用子程序，不能使用固定循环指令。

⑤ 零件轮廓必须符合 X 轴、Z 轴方向同时单调增大或单调减小，即不可有内凹的轮廓形状，如图 2-40 所示。

【例 2-8】 加工如图 2-41 所示的零件，循环起点为（84,3），试编写其粗精加工程序。

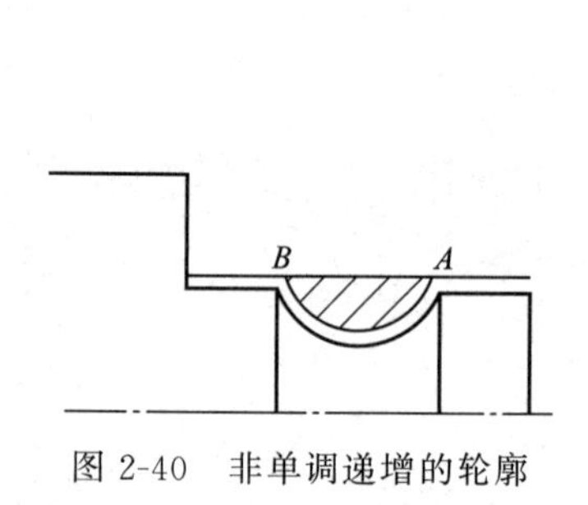

图 2-40　非单调递增的轮廓

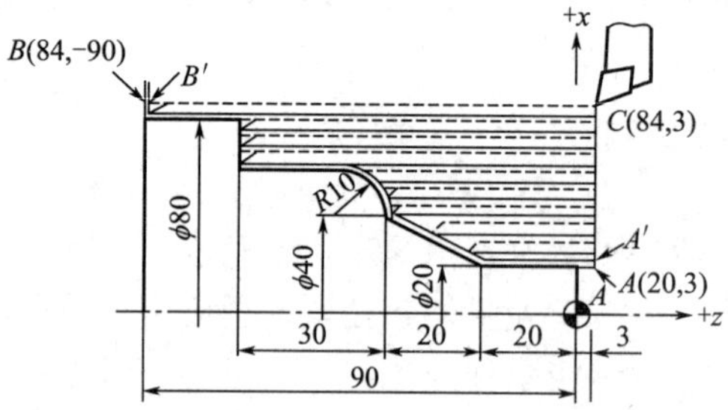

图 2-41　G71 外圆粗车循环实例

【解】 加工程序如表 2-13 所示。

表 2-13　G71 加工程序

程序	注释
O2008；	程序名
N10 S800 M03；	主轴正转，转速为 800r/min
N20 T0101 M08；	选择 1 号刀具，切削液开
N30 G00 X84 Z3；	定义粗车循环起点
N40 G71 U3 R1；	背吃刀量为 3mm，每次切削退刀量为 1mm
N50 G71 P60 Q130 U0.2 W0.05 F0.2；	精加工程序段 N60～N130 之间
N60 G42 G00 X20；	建立刀尖圆弧半径右补偿，X 向走刀
N70 G01 Z-20 F0.1 S1000；	加工 ϕ20 外圆
N80 X40 Z-40；	加工圆锥面
N90 G03 X60 Z-50 R10；	加工 R10 圆弧
N100 G01 Z-70；	加工 ϕ60 外圆
N110 X80；	加工 ϕ80 右端面
N120 Z-90；	加工 ϕ80 外圆
N130 G40 X84；	取消刀尖圆弧半径补偿
N140 G70 P60 Q130；	执行精车循环指令，精车外轮廓
N150 G00 X100 Z100；	快进到安全点
N160 M30；	程序结束

程序中，G70 P60 Q130 为精加工循环指令，其用法和含义见后述。

2. 固定形状粗车循环指令编程 G73

G73 适合于轮廓形状与零件轮廓形状基本接近的铸件、锻件毛坯的粗加工，可以加工轮廓不呈单调性的工件，克服 G71 的缺陷。

指令格式：G73 U(Δi)W(Δk)R(d)；

G73 P(ns)Q(nf)U(Δu)W(Δw)F(f)S(s)T(t)；

其中 Δi——粗车时 X 轴方向退刀余量（半径值）；

Δk——粗车时 Z 轴方向退刀余量；

d——重复加工的次数；

ns——精加工路线的第一个程序段的顺序号；

nf——精加工路线的最后一个程序段的顺序号；

Δu——X 轴方向精加工余量（直径值）；

Δw——Z 轴方向精加工余量；

F、S、T——粗加工过程中的切削用量及使用刀具。

走刀路线：G73 指令走刀路线如图 2-42 所示，执行该指令时每一循环切削路线的轨迹形状是相同的，只是位置不断向工件轮廓推进，这样就可以将成形毛坯（铸件或锻件）待加工表面上的加工余量分层均匀切削掉，留出精加工余量。

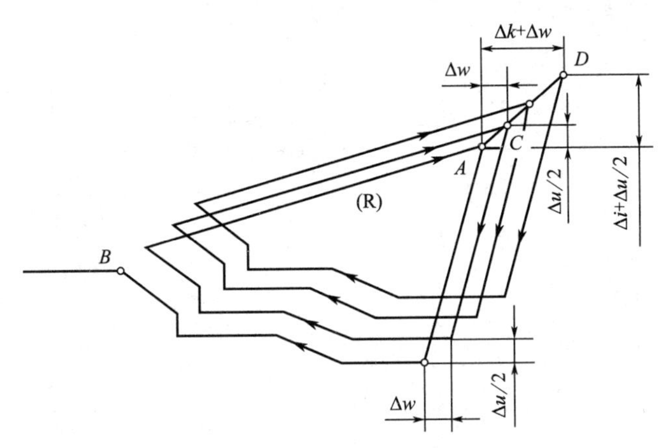

图 2-42 G73 指令走刀轨迹

注意事项：

① G73 指令只适用于已经初步成形的毛坯工件粗加工。对于不具备类似成形条件的工件，如果采用 G73 指令编程加工，则反而会增加刀具切削时的空行程，而且不便于计算粗加工余量。

② ns 程序段允许有 X、Z 方向的移动。

③ 背吃刀量分别通过 X 轴方向总退刀量 Δi 和 Z 轴方向总退刀量 Δk 除以循环次数 d 求得。

④ 总退刀量 Δi 与 Δk 值的设定与工件的切削深度有关。

⑤ 循环起点应高于毛坯最大直径，否则退刀时，将会撞到工件上，刀具的选择要防止干涉。

⑥ 直径方向的总切削余量 Δi 确定原则为：余量较均匀毛坯件切削余量＝各轴段轮廓最大余量处余量；棒类零件毛坯件切削余量＝1/2（棒料毛坯直径－轮廓最小直径处直径）。

⑦ 循环次数 R 值确定原则为：切削余量除以每刀切削量（取整）。

【例 2-9】 加工如图 2-43 所示的手柄，毛坯尺寸接近工件的成品尺寸，试编写其粗精加工程序。

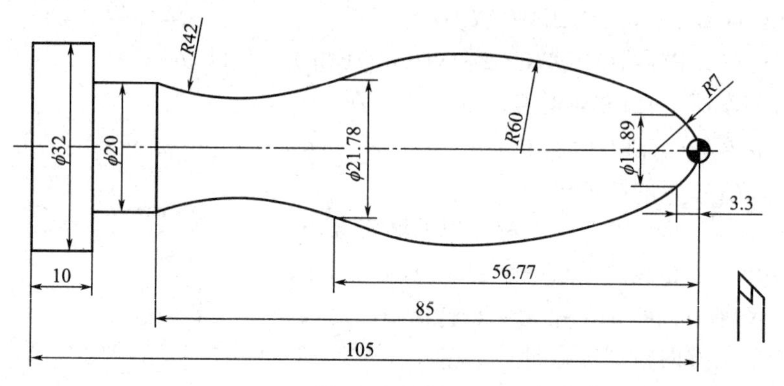

图 2-43　手柄

【解】 该零件由三段相切圆弧面和两段圆柱面组成，直径尺寸沿轴向变化较多，并且直径大小不是单调递增或单调递减。如果使用 G71 指令进行粗加工，需要分成几段进行，对于这样的零件，特别是直径尺寸不是单调递增或单调递减的轴类零件，可以使用 G73 指令进行粗加工，程序见表 2-14。

表 2-14　G73 加工程序

程序	注释
O2009；	程序名
N10 G50 S2000；	主轴限制最高转速为 2000r/min
N20 G99 M03 S800；	每转进给，主轴转速为 800r/min
N30 T0101 M08；	切削液开
N40 G00 X35 Z3；	定义粗车循环起点
N50 G73 U18 W1 R9；	X 方向总的切削深度 35/2＝17.5，取 18
N60 G73 P70 Q150 U0.2 W0.2 F0.3；	精加工程序段 N70～N150 之间
N70 G96 G42 G00 X0 Z2 S100；	恒线速度 100m/min，建立刀尖圆弧半径右补偿
N80 G01 Z0 F0.1；	与工件接触
N90 G03 X11.89 Z-3.3 R7；	加工 R7 圆弧
N100 X21.78 Z-56.77 R60；	加工 R60 圆弧
N110 G02 X20 Z-85 R42；	加工 R42 圆弧
N120 G01 Z-95；	精车 ϕ20 圆柱
N130 X32；	精车 ϕ32 右端面
N140 Z-110；	精车 ϕ32 圆柱
N150 G40 X40；	取消刀尖圆弧半径补偿
N160 G70 P70 Q150；	执行精车循环指令，精车外轮廓

续表

程序	注释
N170 G00 X50 Z50；	快速退刀
N180 G97 M03 S400 T0202；	恒转速控制在 400r/min，2 号切断刀 2 号刀补
N190 G01 X0 F0.05；	切断工件
N200 G00 X100 Z100；	快进到安全点
N210 M30；	程序结束

程序中 G70 P70 Q150 为精加工循环指令，其用法和含义见后述。

3. 精车循环指令 G70

指令格式：G70 P(*ns*)Q(*nf*)；

其中　*ns*——精加工路线的第一个程序段段号；

nf——精加工路线的最后一个程序段段号。

注意事项：

① 必须先使用 G71、G72 或 G73 指令，才可使用 G70 指令。

② G70 指令的 *ns*～*nf* 之间精车程序段中，不能调用子程序。

③ *ns*～*nf* 之间精车程序段所指令的 F、S 是给 G70 精车时使用的，且 S 指令的位置比较灵活。

四、任务实施

1. 数控加工工序卡片

工学任务中工件外形较为规则，装夹时采用三爪自定心卡盘装夹，机夹式外圆车刀加工。切削用量根据该机床性能、相关手册并结合实际经验确定，详见表 2-15 数控加工工序卡片。

表 2-15　数控加工工序卡片

工厂名称	数控加工工序卡片	产品及型号	零件名称	零件图号	材料名称	材料牌号	第　页	共　页
					钢	Q235		
工序号	工序名称	程序编号	夹具名称	夹具编号	设备名称	设备型号	设备规格	加工车间
			三爪自定心卡盘		数控车床			实训中心
工步号	工步内容	刀具名称	刀具号	主轴转速/(r/min)	进给量/(mm/r)	背吃刀量/mm	备注	
1	平端面	90°硬质合金外圆车刀	01	800	0.1	1	手动	
2	外圆柱面粗车	90°硬质合金外圆车刀	01	800	0.3	2	留 0.5mm 余量(双边)	

续表

工厂名称	数控加工工序卡片	产品及型号	零件名称	零件图号	材料名称	材料牌号	第　页	共　页
					钢	Q235		
3	外圆柱面精车	90°硬质合金外圆车刀	01	1000	0.1	0.25		
4	切断	4mm 宽切断刀	02	400	0.1			
编制		抄写	校对		审核		批准	

2. 走刀路线

编程零点取在右端面中心，工件坐标系设置如图 2-44 所示。该零件属于轴类零件，毛坯余量较大，故可使用 G71 指令粗车，G71 循环起点 *X*、*Z* 坐标为（52,3）。精车轮廓时，刀具从 *A* 点开始沿图 2-45 所示的加工路线走刀至 *B* 点。

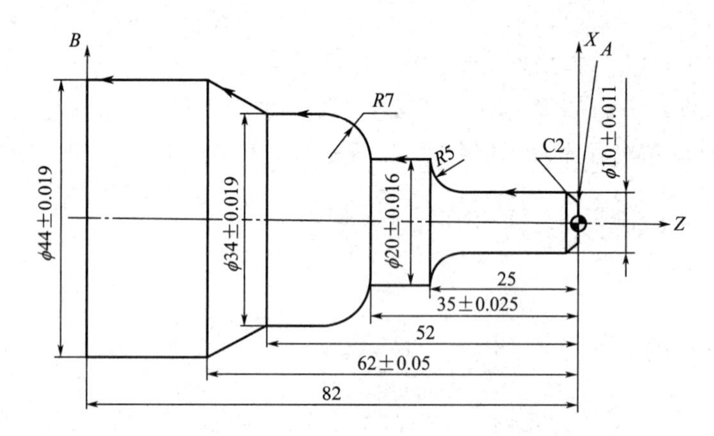

图 2-44　工件坐标系设置及精车加工路线

3. 加工程序

加工程序见表 2-16。

表 2-16　复杂阶梯轴加工程序

程序	注释
O2010；	程序名
N10 T0101；	建立工件坐标系，选 1 号刀
N20 M03 S800；	主轴正转，转速为 800r/min
N30 G00 X100 Z100；	定义起点的位置
N40 X52 Z3 M08；	定义循环起始点，开冷却液
N50 G71 U2 R0.5；	粗车外轮廓，吃刀深度为 2mm，每次切削退刀量为 0.5mm
N60 G71 P70 Q160 U0.5 W0.3 F0.3；	精车余量 *X* 轴为 0.5mm，*Z* 轴为 0.3mm，粗车进给量为 0.3mm/r

续表

程序	注释
N70 G42 G01 X6 Z0 F0.1;	加工轮廓起始行,到倒角开始点,精车进给量为 0.1mm/r
N80 X10 W-2;	加工 $C2$ 倒角
N90 Z-20;	加工 ϕ10mm 外圆
N100 G02 X20 Z-25 R5;	加工 $R5$ 圆弧
N110 G01 Z-35;	加工 ϕ20mm 外圆
N120 G03 X34 W-7 R7;	加工 $R7$ 圆弧
N130 G01 Z-52;	加工 ϕ34mm 外圆
N140 X44 Z-62;	加工圆锥面
N150 Z-82;	加工 ϕ44mm 外圆
N160 G40 X52;	退刀
N170 S1000;	主轴转速为 1000r/min
N180 G70 P70 Q160;	执行精车循环指令,精车外轮廓
N190 G00 X100 Z100;	快进到安全点
N200 M30;	程序结束

五、思考练习

拓展阅读
榜样的力量

1. 选择题

(1) 用棒料毛坯，加工余量较大且不均匀的轴类零件，应选用的复合循环指令是（　　）。

A. G71　　B. G72　　C. G73

(2) 下列指令属于精加工循环指令的是（　　）。

A. G71　　B. G70　　C. G73

2. 判断题

(1) 在 FANUC 数控车系统中，G71、G73 指令可以进行刀尖圆弧半径补偿。（　　）

(2) G71 可以加工轮廓不呈单调性的工件。（　　）

(3) $ns \sim nf$ 程序段中的 F、S、T 功能对粗车循环无效。（　　）

3. 综合题

工件材料为 Q235，毛坯为 ϕ50mm 棒料，工件坐标系设在右端面回转中心处，用 G71 指令编制如图 2-45 所示零件的外圆车削程序。

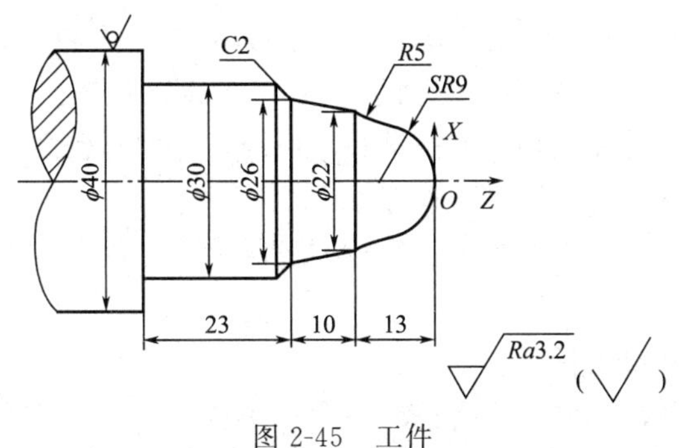

图 2-45　工件

任务五　盘类零件车削加工

一、学习目标

1. 知识目标

（1）掌握端面粗车复合循环指令 G72 的编程格式。

（2）掌握使用 G72、G70 指令车削盘类零件的编程方法。

2. 能力目标

具备编写盘类零件粗加工程序的能力。

二、工学任务

如图 2-46 所示的零件，工件材料为 Q235，毛坯为 ϕ65mm 棒料，按照数控工艺要求，分析加工工艺及编写外轮廓加工程序。

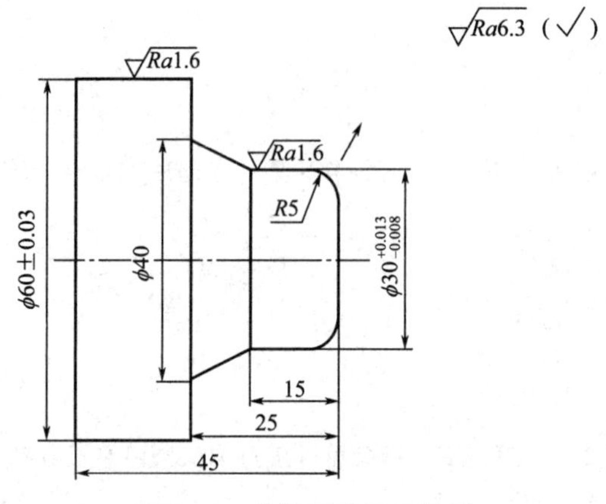

图 2-46　盘类零件加工实例

三、相关知识

（1）盘类零件的作用及结构特点

盘类零件是机械加工中常见的典型零件之一，通常起支撑和导向作用，应用范围很广。图 2-47 所示为支撑传动轴的各种形式的轴承、夹具上的导向套、气缸套等。不同的盘类零件也有很多相同点，如主要表面基本上都是圆柱形的，它们有较高的尺寸精度、形状精度和表面粗糙度要求，而且有高的同轴度要求等。

盘类零件一般直径较大，长度较短，在数控机床上加工盘类零件与加工轴类零件存在着较大的不同。

（2）盘类零件加工基准选择

根据零件不同的作用，零件的主要基准会有所不同。一是以端面为主（如支撑块），其

图 2-47　盘类零件

零件加工中的主要定位基准为平面；二是以内孔为主，由于盘的轴向尺寸小，往往在以孔为定位基准（径向）的同时，辅以端面的配合；三是以外圆为主（较少），与内孔定位同样的原因，往往也需要有端面的辅助配合。

（3）盘类零件的安装方案

① 用三爪自定心卡盘安装。用三爪自定心卡盘装夹外圆时，常采用反爪装夹（共限制工件除绕轴转动外的 5 个自由度），定位稳定可靠；装夹内孔时，以卡盘的离心力作用（共限制除绕轴转动外的 5 个自由度）。

② 用专用夹具安装。以外圆作径向定位基准时，可用定位环作定位件；以内孔作径向定位基准时，可用定位销（轴）作定位件。根据零件构形特征及加工部位、要求，选择径向夹紧或端面夹紧。

③ 用台虎钳安装。生产批量小或单件生产时，根据加工部位、要求的不同，可采用台虎钳装夹（如支撑块上侧面、十字槽加工）。

（4）盘类零件的表面加工方法选择

零件上回转面的粗、半精加工仍以车为主，精加工则根据零件材料、加工要求、生产批量大小等因素选择磨削、精车、拉削或其他。零件上非回转面加工，则根据表面形状选择恰当的加工方法，一般安排于零件的半精加工阶段。

（5）端面粗车复合循环指令 G72

端面粗车复合循环适用于 Z 向余量小，X 向余量大的棒料，且对零件的轴向尺寸要求精度较高的零件的粗加工。

编程格式：G72 W(Δd)R(e)；

G72 P(ns)Q(nf)U(Δu)W(Δw)F(f)S(s)T(t)；

其中　Δd——Z 向背吃刀量；

e——退刀量；

ns——精加工轮廓程序段中开始程序段的段号；

nf——精加工轮廓程序段中结束程序段的段号；

Δu——X 轴向精加工余量，直径值，外圆加工为正，内孔加工为负；

Δw——Z 轴向精加工余量；

F、S、T——粗加工过程中的切削用量及使用刀具。

其功能与 G71 基本相同，不同之处在于该循环是沿 Z 向进行分层切削的，其刀具循环路径如图 2-48 所示，从外径方向往轴心方向车削端面。

注意事项：

① ns～nf 程序段中的 F、S、T 功能，即使被指定也对粗车循环无效。

② G72 指令必须带有 P、Q 地址 ns、nf，且与精加工路径起、止顺序号对应，否则不能进行该循环加工。

③ ns 的程序段必须为 G00/G01 指令，即从 A 到 A' 的动作必须是直线或点定位运动，且该程序段中不应编有 X 向移动指令。

④ 在顺序号为 ns 到顺序号为 nf 的程序段中，不能调用子程序，不能使用固定循环指令。

⑤ 零件轮廓必须符合 X 轴、Z 轴方向同时单调增大或单调减小，即不可有内凹的轮廓形状。

【例 2-10】 对图 2-49 所示零件进行加工，毛坯为 $\phi160$ 的棒料，粗车背吃刀量为 2mm，退刀量为 1mm，精车余量 X 向为 0.2mm，Z 向为 0.5mm，编写其加工程序。

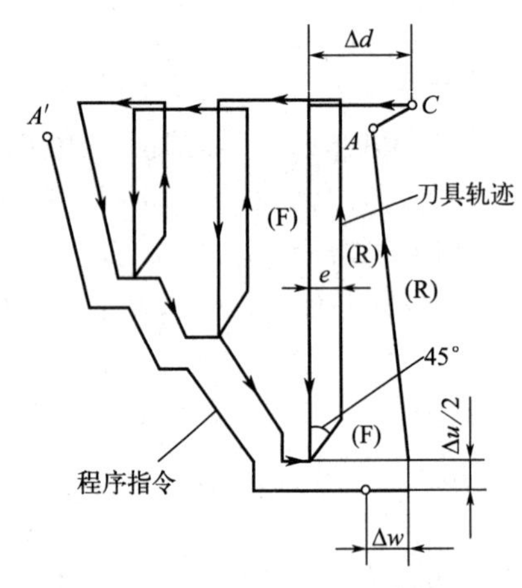

图 2-48 G72 指令走刀轨迹

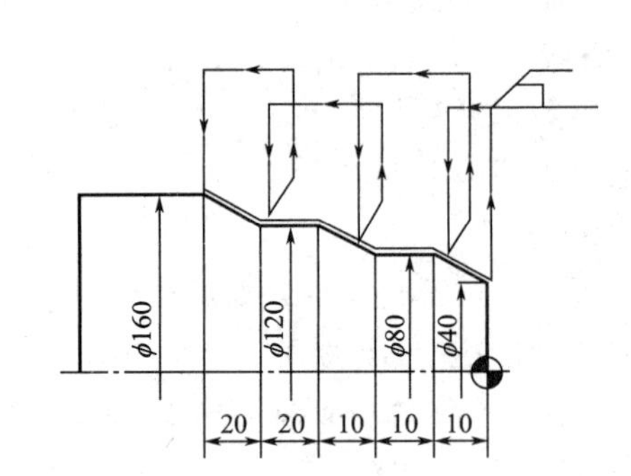

图 2-49 G72 外圆粗车循环实例

【解】 加工程序如表 2-17 所示。

表 2-17 加工程序

程序	注释
O2011;	程序名
N10 M03 S600;	主轴正转
N20 T0101;	调用 1 号外圆粗车刀,1 号刀补
N30 G00 X165 Z2;	快进到循环起点
N40 G72 W2 R1;	端面粗车复合循环
N50 G72 P60 Q130 U0.2 W0.5 F0.3;	N60～N130 精车程序
N60 G00 Z-70 G96 S120;	恒线速度加工
N70 G42 G01 X160 F0.1;	接触到工件
N80 X120 W20;	加工圆锥面
N90 W20;	加工 ϕ120mm 外圆
N100 X80 W10;	加工圆锥面
N110 W10;	加工 ϕ80mm 圆柱面
N120 X40 Z0;	加工圆锥面

续表

程序	注释
N130 G40 Z10；	取消刀尖圆弧半径补偿
N130 G70 P60 Q130；	执行精车循环指令，精车外轮廓
N140 G00 X100 Z100；	快进到安全点
N150 M30；	程序结束

四、任务实施

1. 数控加工工序卡片

工学任务中工件外形较为规则，装夹时采用三爪自定心卡盘装夹，机夹式外圆车刀加工。切削用量根据该机床性能、相关手册并结合实际经验确定，详见表 2-18 数控加工工序卡片。

表 2-18　数控加工工序卡片

工厂名称	数控加工工序卡片	产品及型号	零件名称	零件图号	材料名称	材料牌号	第　页	共　页
					钢	Q235		
工序号	工序名称	程序编号	夹具名称	夹具编号	设备名称	设备型号	设备规格	加工车间
			三爪自定心卡盘		数控车床			实训中心
工步号	工步内容	刀具名称	刀具号	主轴转速/(r/min)	进给量/(mm/r)	背吃刀量/mm	备注	
1	平端面	90°硬质合金外圆车刀	01	800	0.1	0.5	手动	
2	外圆柱面粗车	90°硬质合金外圆车刀	01	800	0.3	2	留 0.5mm 余量(双边)	
3	外圆柱面精车	90°硬质合金外圆车刀	01	1000	0.1	0.2		
4	切断	4mm 宽切断刀	02	400	0.1			
编制		抄写	校对		审核		批准	

2. 走刀路线

编程零点取在右端面中心，工件坐标系设置如图 2-50 所示。该零件属于盘类零件，毛坯余量较大，故可使用 G72 指令粗车，G72 循环起点 X、Z 坐标为（66,2）。精车轮廓时，刀具从 A 点开始沿图 2-53 所示的加工路线走刀至 B 点。

3. 加工程序

加工程序如表 2-19 所示。

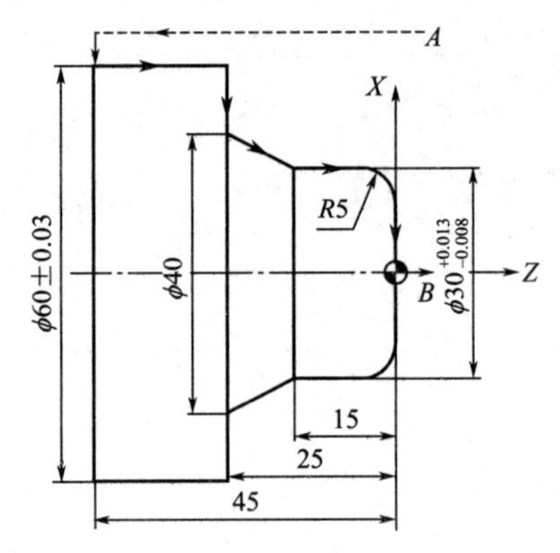

图 2-50　工件坐标系设置及精车加工路线

表 2-19　盘类零件加工程序

程序	注释
O2012；	程序名
N10 M03 S800；	主轴正转
N20 T0101；	调用 1 号外圆粗车刀，1 号刀补
N30 G00 X100 Z100；	快进到起点
N40 G00 X66 Z2；	快进到循环起点
N50 G72 W2 R0.5；	端面粗车复合循环
N60 G72 P70 Q150 U0.2 W0.5 F0.3；	N70～N150 精车程序
N70 G00 Z-45 S1000；	恒线速度加工
N80 G42 G01 X60 F0.1；	接触到工件
N90 Z-25；	加工 ϕ60 外圆
N100 X40；	加工 ϕ60 右端面
N110 X30 Z-15；	加工圆锥面
N120 Z-5；	加工 ϕ30mm 外圆
N130 G02 X20 Z0 R5；	加工 R5 圆弧
N140 G01 X0；	加工右端面
N150 G40 Z5；	取消刀尖圆弧半径补偿
N160 G70 P70 Q150；	执行精车循环指令，精车外轮廓
N170 G00 X100 Z100；	快进到安全点
N180 M30；	程序结束

五、思考练习

拓展阅读
榜样的力量

1. 选择题

(1) 对于 Z 向余量小、X 向余量大的棒料，且对零件的轴向尺寸要求精度较高的零件，应选用的复合循环指令是（　　）。

A. G71　　　　B. G72　　　　C. G73

(2) 对于 G73 指令，下列说法不正确的是（　　）。

A. 主要用于加工盘类零件　　B. 沿 Z 向进行分层切削

C. 可以加工有内凹的轮廓

2. 判断题

(1) 在 FANUC 数控车系统中，G72 指令可以进行刀尖圆弧半径补偿。（　　）

(2) G72 可以加工轮廓不呈单调性的工件。（　　）

(3) G71 与 G72 两个指令的走刀路径没有区别。（　　）

3. 综合题

工件材料为 Q235，毛坯为 ϕ112mm×60mm 的棒料，工件坐标系设在右端面回转中心处，用 G72 指令编制如图 2-51 所示零件的外圆车削程序。

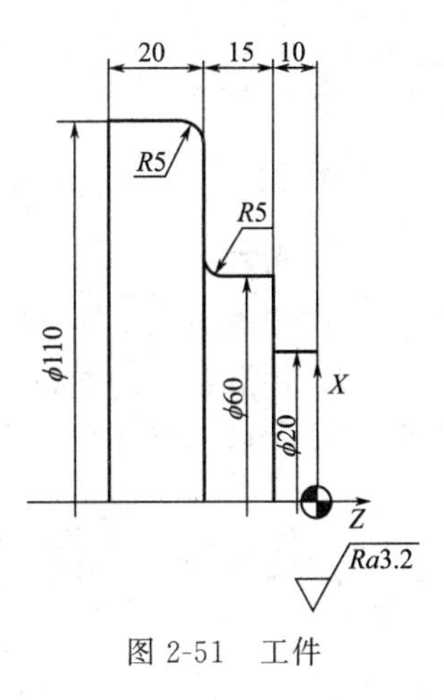

图 2-51　工件

任务六　切槽及切断车削加工

一、学习目标

1. 知识目标

(1) 掌握暂停指令 G04 的应用。

(2) 掌握端面沟槽复合循环与深孔钻循环指令 G74 和内外径沟槽复合循环指令 G75 的编程格式。

(3) 掌握切槽及切断车削加工的编程方法。

2. 能力目标

具备编写切槽和切断加工程序的能力。

二、工学任务

如图 2-52 所示的零件，工件材料为 Q235，毛坯为 ϕ30mm 棒料，按照数控工艺要求，分析加工工艺及编写槽加工程序。

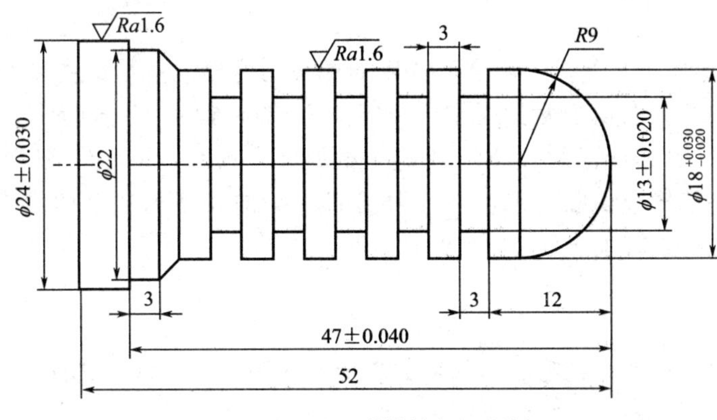

图 2-52　多槽轴加工实例

三、相关知识

1. 切槽

（1）槽的类型

在工件表面上车沟槽的方法叫切槽，槽的形状有外槽、内槽和端面槽。加工外槽时用外切槽刀，且沿着工件中心方向切削；加工内槽时用内切槽刀，且沿着工件大径方向切削；加工端面槽时可用外切槽刀、内切槽刀或自磨刀具。槽的类型如图 2-53 所示。

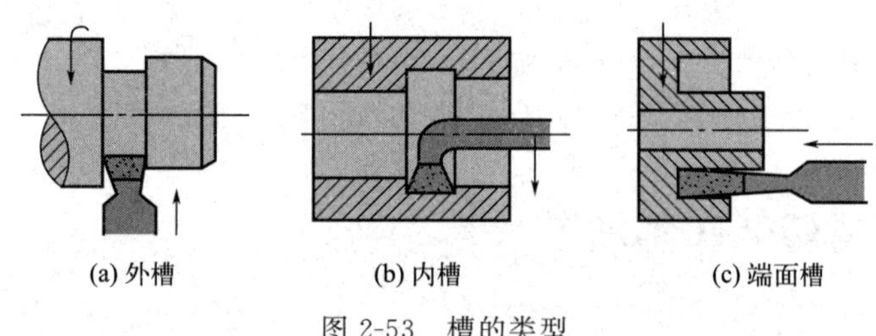

图 2-53　槽的类型

（2）切槽的方法

① 简单槽加工：宽度、深度值相对不大，且精度要求不高的槽加工可采用与槽等宽的刀具，直接切入一次成形的方法加工，如图 2-54 所示刀具切入槽底后可利用延时暂停指令 G04，使刀具短暂停留以修光槽的底部，退刀时考虑槽两侧平面的精度要求，若精度要求高，则退出时用 G01 退刀，若精度要求不高则用 G00 快速退刀。

② 深槽加工：对于宽度值不大，但深度值较大的深槽零件，为避免切槽过程中由于排屑不畅，使刀具前刀面压力过大出现扎刀和折断刀具的现象，应采用分次进刀的方式，刀具在切入工件一定深度后，停止进刀并回退一段距离，以达到断屑和排屑的目的，如图 2-55 所示，同时注意选择强度较高的刀具。

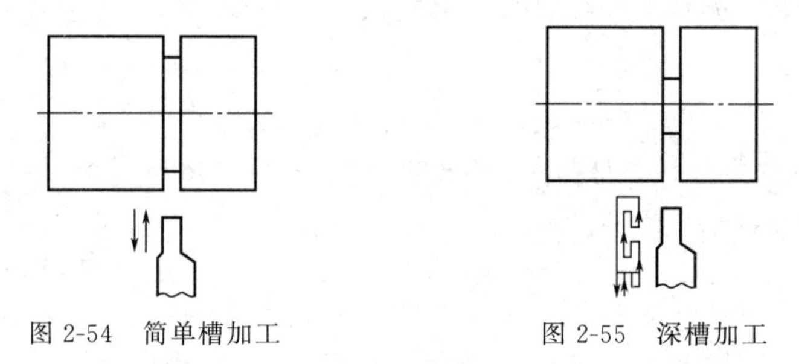

图 2-54　简单槽加工　　　图 2-55　深槽加工

③ 宽槽加工：通常把大于一个切槽刀宽度的槽称为宽槽。宽槽的宽度和深度的精度要求及表面质量相对较高，在切削宽槽时常用排刀的方式进行粗切，如图 2-56 所示，然后再用精切槽刀沿槽的一侧切至槽底，精加工槽底至槽的另一侧面，并对其进行精加工。

对于一般的单一切槽或切断，采用 G01 指令即可；对于宽槽或多槽加工，可采用子程序及复合循环指令进行编程加工。

2. 切断

切断要用切断刀，切断刀的形状与切槽刀相似。常用的切断方法有直进法和左右借刀法两种。

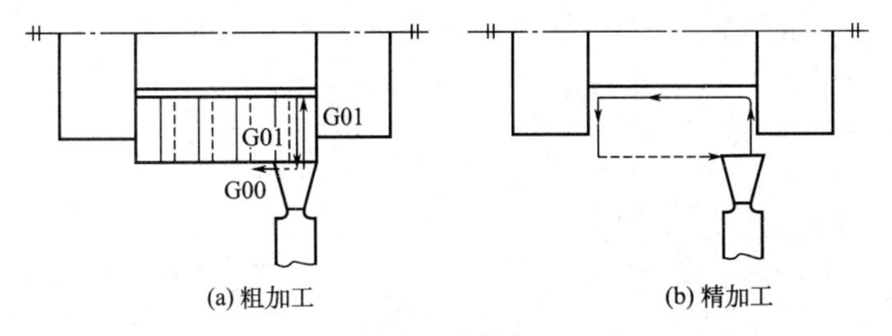

图 2-56　宽槽加工

（1）用直进法切断工件

所谓直进法，是指垂直于工件轴线方向进行切断，常用于切断铸铁等脆性材料，如图 2-57 所示。这种方法切断效率高，但对车床、切断刀的刃磨和安装都有较高的要求，否则容易造成刀头折断。

（2）左右借刀法切断工件

在切削系统（刀具、工件、车床）刚性不足的情况下，可采用左右借刀法切断，常用于切断钢等塑性材料，如图 2-58 所示。这种方法是指切断刀在轴线方向反复地往返移动，随之两侧径向进给，直至工件切断。

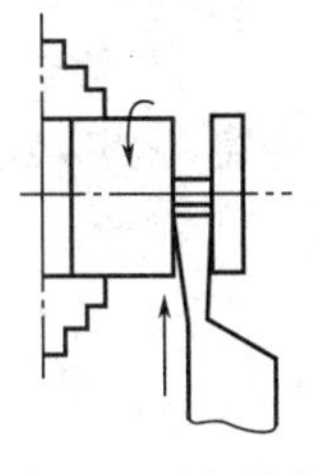

图 2-57　直进法

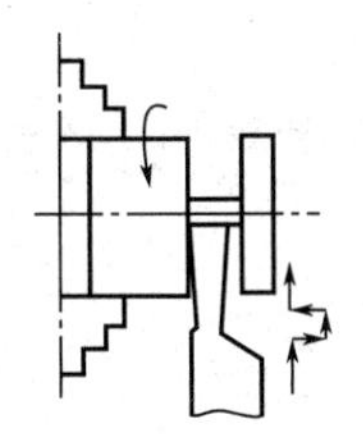

图 2-58　左右借刀法

3. 切削用量的选择

选择切槽的切削用量时，切削速度通常取外圆切削速度的 60%～70%；进给量一般取 0.05～0.3mm/r；背吃刀量受切槽刀宽度的影响，调节范围较小。

① 用高速钢切槽刀车钢料时：进给量 $f=0.05\sim0.1$mm/r；切削速度 $v=30\sim40$m/min；

② 用高速钢切槽刀车铸铁时：进给量 $f=0.1\sim0.2$mm/r；切削速度 $v=15\sim25$m/min；

③ 用硬质合金切槽刀车钢料时：进给量 $f=0.1\sim0.2$mm/r；切削速度 $v=80\sim120$m/min；

④ 用硬质合金切槽刀车铸铁时：进给量 $f=0.15\sim0.25$mm/r；切削速度 $v=60\sim100$m/min。

4. 暂停指令 G04

G04 指令的作用是按指定的时间延迟执行下一个程序段。

格式：G04 X(U)_；或 G04 P_；

说明：X(U) 或 P 为暂停时间；X 后用小数表示，单位为 s；P 后用整数表示，单位为 ms。

例如：G04 X2.0 表示暂停 2s；G04 P1000 表示暂停 1000ms。

【例 2-11】 加工如图 2-59 所示的零件，毛坯为 ϕ40 的棒料，材料为 45 钢，编写外圆的粗、精加工和槽的加工程序。

【解】

(1) 加工工艺分析

① 刀具选择

1 号刀为 95°右偏外圆硬质合金粗车刀；

2 号刀为 95°右偏外圆硬质合金精车刀；

3 号刀为切槽刀，刀宽 4mm，以左刀尖为刀位点。

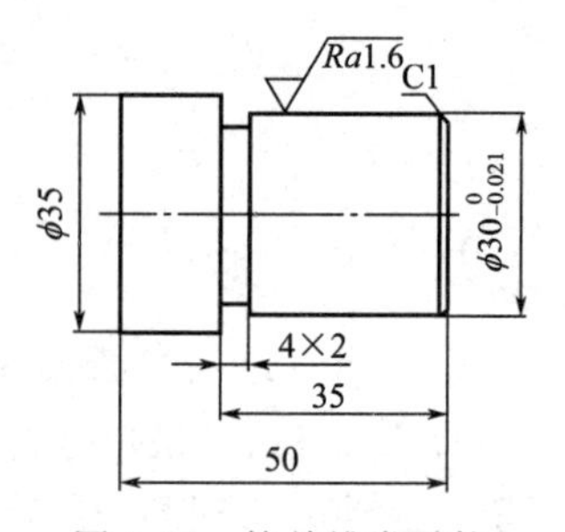

图 2-59 简单槽类零件

② 加工参数选择

粗加工主轴转速选择 700r/min；进给速度选择 0.3mm/r；

精加工主轴转速选择 1000r/min；进给速度选择 0.1mm/r。

切槽及切断时，由于车刀刀刃较宽，切削力大，容易产生切削热，所以切削速度即主轴转速应该低一些，切削进给速度也应该小一些，具体选择如下：主轴转速选择 500r/min，进给速度选择 0.05mm/r。

③ 走刀路线

精加工余量 X 向留 0.5mm，Z 向留 0.2mm；用 G90 指令进行粗加工，粗加工 ϕ35 外圆→粗加工 ϕ30 外圆→换精车刀精加工倒角→精加工外轮廓→换切槽刀切槽，最后切断工件。

(2) 编写加工程序

简单槽类零件加工程序如表 2-20 所示。

表 2-20 简单槽类零件加工程序

程序	注释
O2013；	程序名
N10 M03 S700；	主轴正转，转速为 700r/min
N20 T0101；	建立工件坐标系，调用 1 号刀具 1 号刀补
N30 G00 X40 Z2；	快给到循环起点
N40 G90 X35.5 Z-55 F0.3；	粗加工 ϕ35 外圆
N50 X30.5 Z-34.8；	粗加工 ϕ30 外圆
N60 G00 X70 Z70；	快进到换刀点
N70 T0202 S1000；	调用 2 号精刀具 2 号刀补
N80 G00 X28 Z2；	快进到工件附近
N90 G01 X29.990 Z-1 F0.1；	加工倒角
N100 Z-35；	精加工 ϕ30 外圆
N110 X35；	退刀
N120 Z-55；	精加工 ϕ35 外圆
N130 G00 X70 Z70；	快进到换刀点
N140 T0303 S500；	调用 3 号切槽刀具 3 号刀补
N150 G00 X35 Z-35；	快进到切槽点位点

续表

程序	注释
N160 G01 X26 F0.05；	切槽
N170 G04 P1000；	延时 1s,使槽底光整
N180 G01 X42 F0.3；	退刀
N190 G00 Z-54；	快进到切断处
N200 G01 X0 F0.05；	切断
N210 G00 X50 Z50；	快速退刀
N220 M30；	程序结束

5. 端面沟槽复合循环和深孔钻循环指令 G74

G74 指令可实现端面深孔和端面槽的断屑加工，Z 向切进一定的深度，再反向退刀一定的距离，实现断屑。指定 X 轴地址和 X 轴向移动量，就能实现端面槽的加工；若不指定 X 轴地址和 X 轴向移动量，则为端面深孔钻加工。

（1）端面沟槽循环

指令格式：G74 R(e)；

G74 X(U)_Z(W)_P(Δi)Q(Δk)R(Δd)F(f)；

其中 e——每次啄式退刀量；

X(U)——X 向终点坐标值，为实际 X 向终点尺寸减去双边刀宽；

Z(W)——Z 向终点坐标值；

Δi——X 向每次的移动量，单位为 μm；

Δk——Z 向每次的切入量，单位为 μm；

Δd——切削到终点时的 X 轴退刀量（可以省略）；

f——进给速度。

（2）对啄式钻孔循环（深孔钻循环）

指令格式：G74 R(e)；

G74 Z(W)_Q(Δk)F(f)；

其中 e——每次啄式退刀量；

Z(W)——Z 向终点坐标值（孔深）；

Δk——Z 向每次的切入量（啄钻深度），单位为 μm。

G74 的运动轨迹及参数如图 2-60 所示。

【例 2-12】 如图 2-61 所示，工件端面已加工，所用切槽刀刀宽为 4mm，编写端面槽的加工程序。

【解】 端面槽的加工程序段如下：

G00 X30 Z2 M03 S300;(运动到 G74 循环起始点,启动主轴正转,转速为 300r/min)

G74 R1;(切槽时每次退刀量为 1mm)

G74 X62 Z-5 P3500 Q3000 F0.1;(定义切槽终点坐标,X 向每次移动 3.5mm,Z 向每次切入 3mm,进给速度 0.1mm/r)

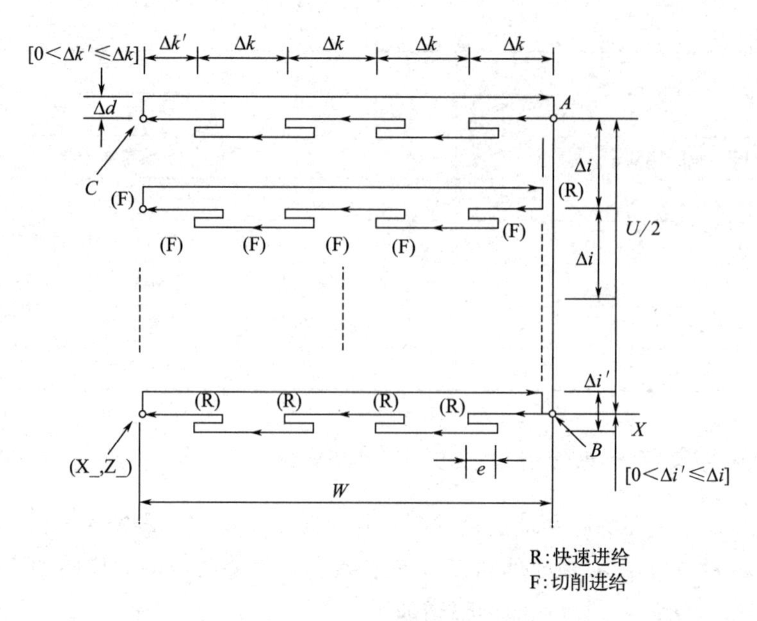

图 2-60　端面沟槽复合循环与深孔钻循环

【例 2-13】如图 2-62 所示，工件端面及中心孔已加工，试写出孔的加工程序。

【解】孔的加工程序段如下：

```
G00 X0 Z0 M03 S300;(运动到 G74 循环起始点,启动主轴正转,转速为 300r/min)
G74 R1;(钻孔时每次退刀量为 1mm)
G74 Z-60 Q6000 F0.1;(定义孔终点坐标,Z 向每次切入 6mm,进给速度为 0.1mm/r)
```

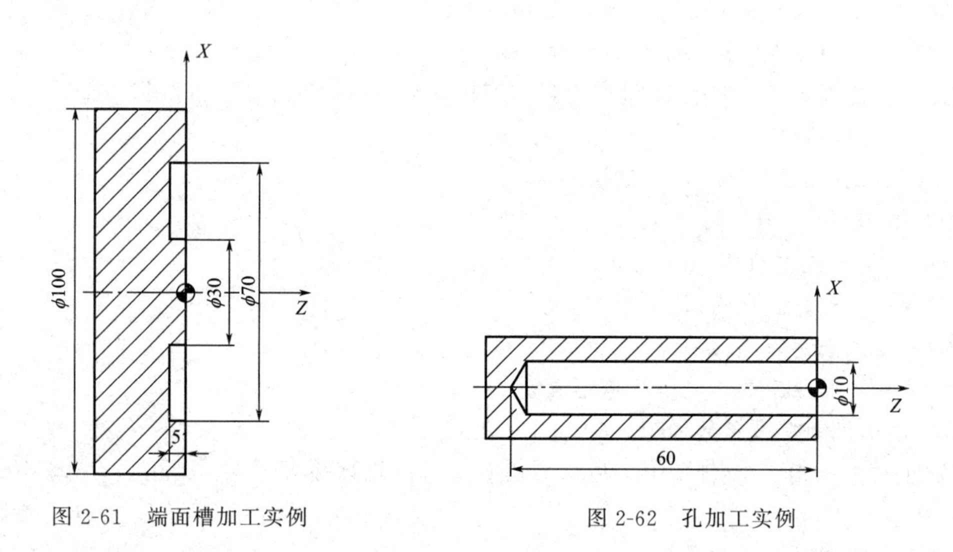

图 2-61　端面槽加工实例　　　　图 2-62　孔加工实例

6. 内、外径沟槽复合循环——G75

外径切槽复合循环功能适合于在外圆柱面上切削沟槽或切断加工，断续分层切入时便于处理深沟槽的断屑和散热，也可用于内沟槽加工。当循环起点 X 坐标值小于 G75 指令中的 X 向终点坐标值时，自动为内沟槽加工方式。

指令格式：G75 R(e)；

G75 X(U)_Z(W)_P(Δi)Q(Δk)R(Δd)F(f)；

其中 e——分层切削每次退刀量；

X(U)——X 向终点坐标值；

Z(W)——Z 向终点坐标值；

Δi——X 向每次的切入量，单位为 μm；

Δk——Z 向每次的移动量，单位为 μm；

Δd——切削到终点时的 Z 轴退刀量（可以省略）；

f——进给速度。

G75 指令与 G74 指令动作类似，只是切削方向旋转 90°，其走刀轨迹如图 2-63 所示。

【例 2-14】 如图 2-64 所示，工件外圆已加工，所用切槽刀刀宽为 4mm，以切槽刀右边为基准，编写零件沟槽的加工程序。

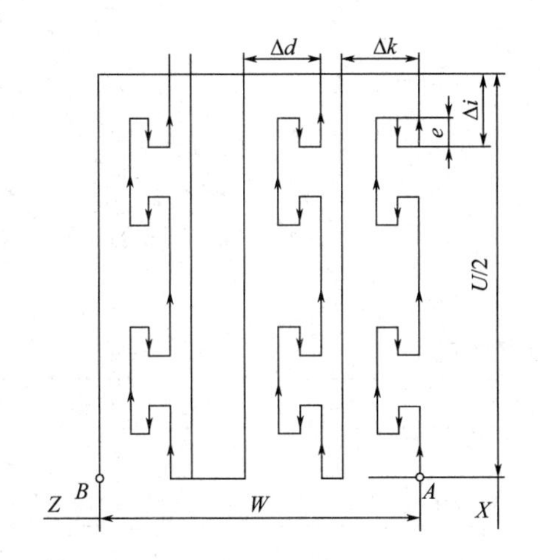

图 2-63　内外径沟槽复合循环

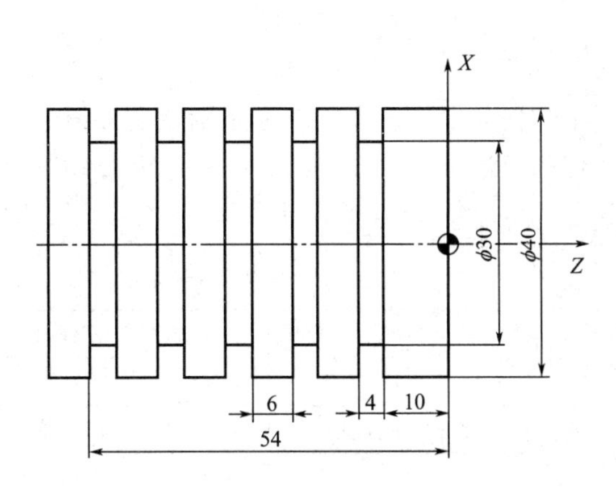

图 2-64　多槽加工实例

【解】 沟槽的加工程序段如下：

G00 X42 Z-10 M03 S300;(运动到 G75 循环起始点,启动主轴正转,转速为 300r/min)

G75 R1;(切槽时每次退刀量为 1mm)

G75 X30 Z-50 P3000 Q10000 F0.1;(定义切槽终点坐标,X 向每次切入 3mm,Z 向每次移动 10mm,进给速度为 0.1mm/r)

注意：编程时 Z 坐标的取值，都以切槽刀右边为基准，也可都以切槽刀左边为基准计算 Z 坐标值编制程序。

【例 2-15】 如图 2-65 所示，工件外圆已加工，所用切槽刀刀宽 5mm，以切槽刀右边为基准，编写零件沟槽的加工程序。

【解】 沟槽的加工程序段如下：

G00 X52 Z-15 M03 S300;(运动到 G75 循环起始点,启动主轴正转,转速为 300r/min)

G75 R1;(切槽时每次退刀量为 1mm)

G75 X30 Z-50 P3000 Q4500 F0.1;(定义切槽终点坐标,X 向每次切入 3mm,Z 向每次移动 4.5mm,进给速度为 0.1mm/r)

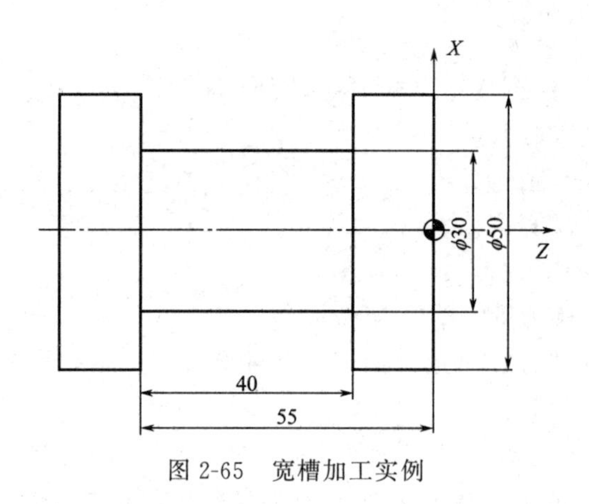

图 2-65　宽槽加工实例

四、任务实施

1. 数控加工工序卡片

工学任务中工件外形较为规则，装夹时采用三爪自定心卡盘装夹，机夹式外圆车刀加工。切削用量根据该机床性能、相关手册并结合实际经验确定，详见表 2-21 数控加工工序卡片。

表 2-21　数控加工工序卡片

工厂名称	数控加工工序卡片	产品及型号	零件名称	零件图号	材料名称	材料牌号	第　页	共　页
					钢	Q235		
工序号	工序名称	程序编号	夹具名称	夹具编号	设备名称	设备型号	设备规格	加工车间
			三爪自定心卡盘		数控车床			实训中心
工步号	工步内容	刀具名称	刀具号	主轴转速/(r/min)	进给量/(mm/r)	背吃刀量/mm	备注	
1	平端面	90°硬质合金外圆车刀	01	800	0.1	1	手动	
2	外圆柱面粗车	90°硬质合金外圆车刀	01	800	0.3	2	留 0.5mm 余量(双边)	
3	外圆柱面精车	90°硬质合金外圆车刀	01	1000	0.1	0.25		
4	切槽	3mm 宽切断刀	02	400	0.1			
5	切断	3mm 宽切断刀	02	400	0.1			
编制	抄写		校对		审核		批准	

2. 走刀路线

编程零点取在右端面中心，工件坐标系设置如图 2-66 所示。该零件具有多个沟槽，故可使用 G75 指令加工，G75 循环起点 X、Z 坐标为（20，－12）。相邻沟槽之间的距离为 6mm，槽深 2.5mm，所以 X 向每次切入 2mm，Z 向每次移动 6mm。

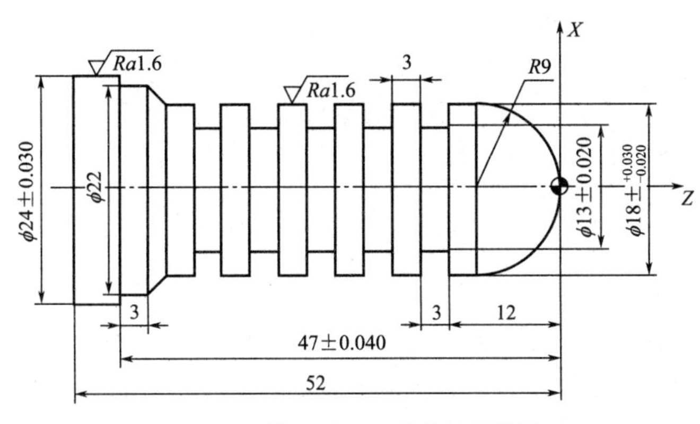

图 2-66　工件坐标系设置

3. 加工程序

多槽轴加工程序如表 2-22 所示。

表 2-22　多槽轴加工程序

程序	注释
O2014；	程序名
N10 T0202；	建立工件坐标系，选 2 号刀
N20 G00 X100 Z100 M03 S400；	定义起点的位置，启动主轴正转，转速为 400r/min
N30 G00 X20 Z-12 M08；	运动到 G75 循环起始点，开冷却液
N40 G75 R0.5；	切槽时每次退刀量为 0.5mm
N50 G75 X13 Z-36 P2000 Q6000 F0.1；	定义切槽终点坐标，X 向每次切入 2mm，Z 向每次移动 6mm，进给速度为 0.1mm/r
N60 G00 X100 Z100；	返回起始点
N70 M30；	程序结束

五、拓展提升

子程序编程

为了简化程序，多次运行相同的轨迹时，可以将这段轨迹编成一个独立的程序存储在机床的存储器中，被别的程序所调用，这样的程序叫作子程序。

1. 子程序格式

子程序是相对于主程序而言的，子程序和主程序一样都是独立的程序，都必须符合程序的一般结构，由程序名、加工程序段和程序结束符三部分组成。不同的是主程序可以调用子程序，子程序结束必须返回到主程序的原来位置并执行主程序的一下段程序。

子程序格式如下：

```
O××××;(子程序开始符及子程序名)
……
M99;(子程序结束)
```

2. 子程序调用

```
M98 PΔΔΔΔ××××
```

其中，ΔΔΔΔ 表示子程序被重复调用的次数，最多可调用 9999 次，当调用次数为 1 次时，可省略，并且导零可略；××××表示被调用的子程序名，如果调用的次数多于 1 次，需用导零补足 4 位子程序名，如果调用 1 次时，子程序名的导零可略。

3. 子程序嵌套

子程序可由主程序调用，已被调用的子程序也可以调用其他子程序，这种子程序调用另一个子程序的功能，称为子程序的嵌套。图 2-67 所示为子程序的嵌套及执行顺序。从主程序调用子程序称为一重，子程序最多可以嵌套 4 级。

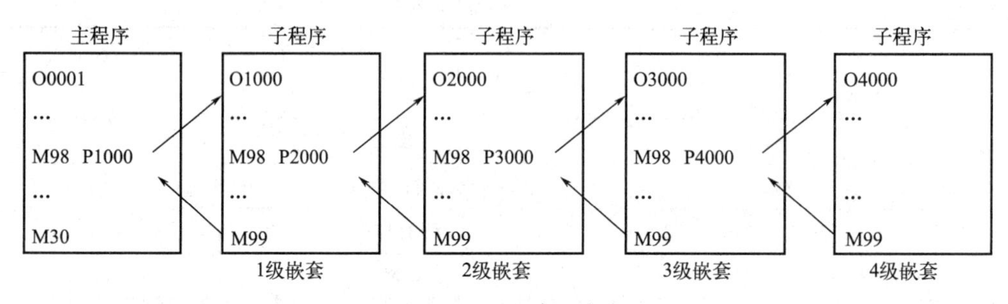

图 2-67 子程序的嵌套

本任务中槽的加工除了可以采用内、外径沟槽复合循环 G75 指令外，还可以采用子程序编程，程序如表 2-23、表 2-24 所示。

表 2-23 槽加工主程序

程序	注释
O2015;	主程序名
N10 T0202;	建立工件坐标系，选 2 号刀
N20 G00 X100 Z100 M03 S600	定义起点的位置，启动主轴正转，转速为 400r/min
N30 G00 X20 Z-9 M08;	运动到车槽的起始点，开冷却液
N40 M98 P52016;	车槽
N50 G00 X100 Z100;	快速退刀
N60 M30;	返回起始点

表 2-24 槽加工子程序

程序	注释
O2016；	子程序名
N10 G00 W-3；	*Z* 方向移刀
N20 G01 X13 F0.1；	切槽
N30 X20；	抬刀
N40 M99；	子程序结束

注意：加工槽时，每加工完一个槽，刀具沿 *Z* 轴方向的运动，编程应采用相对坐标。同时，注意加工槽的起点位置 *Z* 坐标值的计算。

六、思考练习

1. 选择题

(1) 暂停指令 G04 的功能是（　　）。

A. 暂时停止机床的主运动　　B. 暂时停止程序的执行　　C. 暂时停止进给运动

(2) G04 X2.0 指令的意思（　　）。

A. 主轴暂停 2s　　B. 刀具进给暂停 2s　　C. X 进给直径为 2mm

(3) 下列指令具有非模态功能的指令是（　　）。

A. G41　　B. G00　　C. G04

(4) 子程序调用指令 M98 P30005 的含义为（　　）。

A. 调用 5 号子程序 3 次　　B. 调用 3 号子程序 5 次　　C. 调用 O0005 子程序 3 次

(5) 对于宽度值不大，但深度较大的深槽零件，应采用（　　）的方式加工。

A. 分次进刀　　B. 直接切入一次成形　　C. 排刀

(6) 在数控车床加工过程中零件长度为 50mm，切刀宽度为 2mm，若以切刀的左刀尖为刀位点，则在编程时 *Z* 方向应定位在（　　）处切断。

A. 48mm　　B. 50mm　　C. 52mm

2. 判断题

(1) 程序段 M98 P0033 的含义是调用 1 次程序名为 O0033 的子程序。（　　）

(2) 子程序的最后一个程序段以 M98 结束子程序。（　　）

(3) G04 为非模态指令，G04 X1.6 中的 1.6 表示 1.6s。（　　）

(4) 一个主程序中只能有一个子程序。（　　）

3. 程序分析题

假设切槽刀宽度为 4mm，以切槽刀左边为基准，其切槽加工的程序段如下：

```
G00 X42 Z-14 M03 S300;
G75 R1;
G75 X30 Z-54 P3000 Q10000 F0.05;
```

试分析上述程序加工了______个槽，槽宽是______ mm。若将上述程序中的 Q10000 改为 Q3500，则加工了______个槽，槽宽是______ mm。

4. 综合题

如图 2-68 所示的多槽轴零件，毛坯为 ϕ35mm×85mm 棒料，材料为 45 钢，未注倒角全部为 *C*1，未注长度尺寸允许偏差±0.1mm。分析零件的加工工艺，编写槽的加工程序。

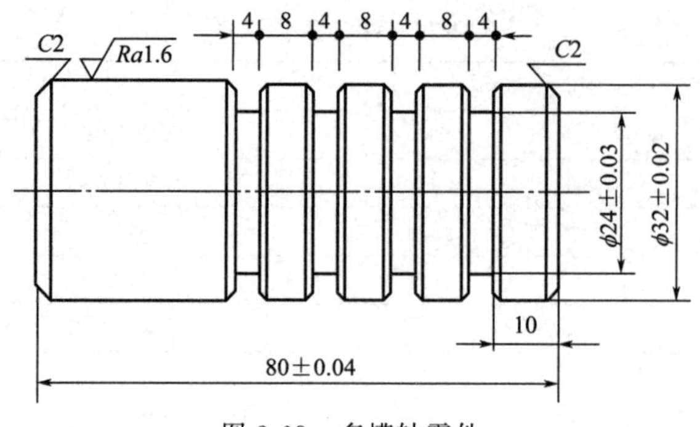

图 2-68　多槽轴零件

任务七　螺纹车削加工

一、学习目标

1. 知识目标

（1）在熟知螺纹结构特点的基础上，掌握螺纹加工的工艺知识。
（2）掌握螺纹加工的工艺编程。
（3）掌握螺纹加工指令 G32、G92、G76 的编程格式和编程方法。

2. 能力目标

能熟练应用螺纹加工指令 G32、G92、G76 对指定螺纹进行编程。

二、工学任务

如图 2-69 所示的零件，工件材料为 Q235，毛坯为 ϕ40mm 棒料，按照数控工艺要求，分析加工工艺及编写螺纹加工程序。

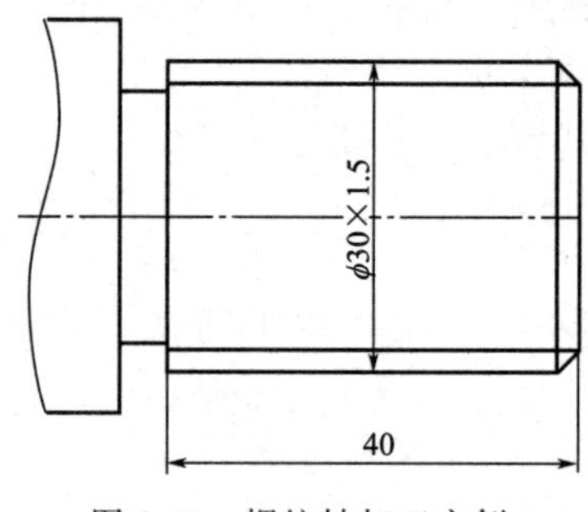

图 2-69　螺纹轴加工实例

三、相关知识

1. 普通螺纹尺寸计算

普通螺纹是我国应用最广泛的一种三角形螺纹，牙型角为 60°。粗牙普通螺纹代号用字母 M 及公称直径表示，如 M8、M16 等；细牙普通螺纹代号用字母 M 及公称直径×螺距表示，如 M10×1、M20×1.5 等。普通螺纹各基本尺寸在牙型上的标注如图 2-70 所示。

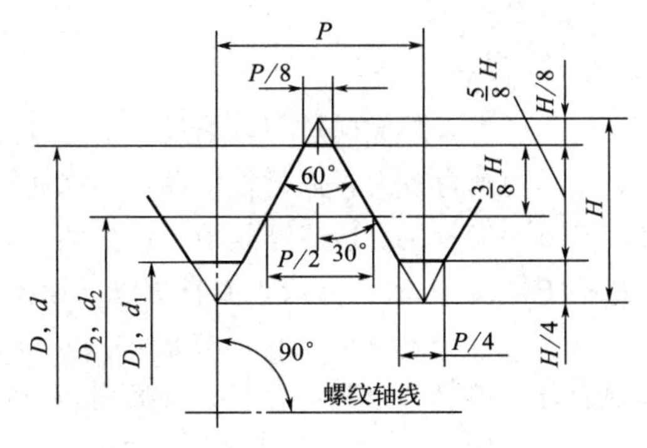

图 2-70　常见螺纹基本尺寸

在三角形螺纹的理论牙型中，D 是内螺纹大径，d 是外螺纹大径。

(1) 螺纹公称直径

螺纹公称直径（d 或 D）是螺纹大径的基本尺寸。

(2) 螺距

螺距（P）是螺纹上相邻两牙在中径上对应点间的轴向距离。

(3) 导程

导程（L）是一条螺纹旋线上相邻两牙在中径上对应点间的轴向距离。

(4) 螺纹中径

螺纹中径（d_2、D_2）是假想圆柱的直径，该圆柱剖切面牙型的沟槽和凸起宽度相等，同规格的外螺纹中径 d_2 和内螺纹中径 D_2 公称尺寸相等。

螺纹中径表达式为：

$$d_2 = D_2 = d - 0.6495P$$

(5) 螺纹小径

螺纹小径（d_1、D_1）也称为外螺纹底径或内螺纹顶径。

外螺纹小径表达式为：

$$d_1 = d - 1.0825P$$

内螺纹小径的基本尺寸与外螺纹小径相同（$D_1 = d_1$）。

(6) 原始三角形高度 H

原始三角形高度 H 的表达式为：

$$H = \frac{\sqrt{3}}{2}P = 0.866P$$

(7) 削平高度

外螺纹牙顶和内螺纹牙底均在 H/8 处削平；外螺纹牙底和内螺纹牙顶均在 H/4 处削平。

(8) 牙型高度 h_1

牙型高度表达式为：

$$h_1 = \frac{5}{8}H = 0.5143P$$

2. 螺纹加工工艺设计

(1) 螺纹的进刀方式

① 直进法

车削过程是在每次往复行程后车刀沿横向进刀，通过多次行程把螺纹车削好。这种加工方法由于刀具两侧刃同时工作，切削力较大，而且排屑困难，因此在切削时，两切削刃容易磨损。由于切削深度较大，刀刃磨损较快，造成螺纹中径产生误差；但是其加工的牙型精度较高，因此一般用于车削螺距 $P<3\text{mm}$ 时，一般采用直进法，如图 2-71 所示。

② 斜进法

斜进法（图 2-72）车削螺纹，刀具是单侧刃加工，排屑顺利，不易扎刀，这种加工方法适用于粗加工 $P\geqslant 3\text{mm}$ 螺纹，在螺纹精度要求不是很高的情况下加工更为方便，可以做到一次成形。在加工较高精度螺纹时，可以先采用斜进法进行粗加工，然后用直进法进行精加工。但要注意刀具起始点定位要准确，否则会产生“乱牙”现象，造成零件报废。

数控机床螺纹加工常用直进法（G32、G92）和斜进法（G76）两种方式进刀。

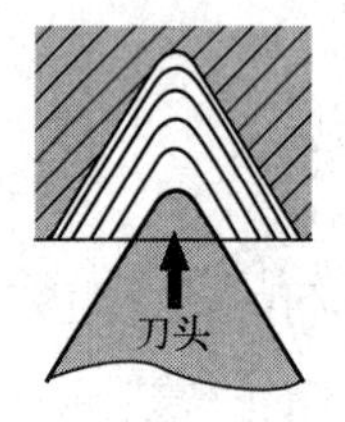

图 2-71　直进法

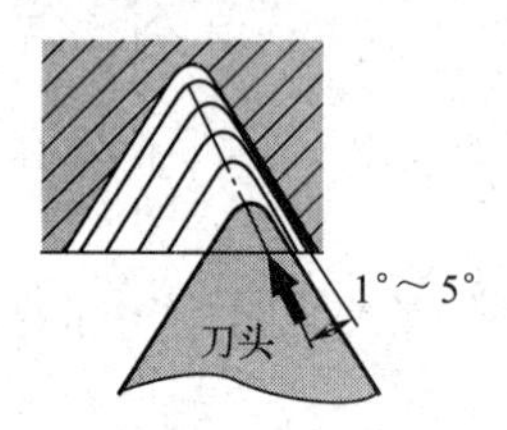

图 2-72　斜进法

(2) 切削用量的选用

① 主轴转速

主轴转速是由刀具和工件的材料确定的，螺纹的主轴转速一般比普通车削低 25%～50%。螺纹加工过程中，主轴转速必须保持为一常数，否则螺距将发生变化。所以只能采用恒转速切削，不能采用恒线速度切削。车螺纹时，主轴转速将受到螺纹的螺距（或导程）大小、驱动电动机的升降频率特性及螺纹插补运算速度等多种因素影响，大多数经济型数控系统推荐车螺纹时主轴转速计算如下：

$$n\leqslant\frac{1200}{P}-k$$

式中　P——工件螺纹的螺距或导程，mm；

　　k——保险系数，一般取 80。

② 进给速度

在车床上车削单头螺纹时，工件每旋转一圈，刀具前进一个螺距，这是根据螺纹线原理进行加工的，据此单头螺纹加工的进给速度一定是螺距的数值，多头螺纹的进给速度一定是导程的数值。

③ 背吃刀量

螺纹牙型较深、螺距较大，可分几次进给，每次进给的背吃刀量用螺纹深度减精加工背吃刀量所得的差按递减规律分配。常见公制螺纹切削进给次数及背吃刀量见表 2-25。

表 2-25　常用螺纹切削的进给次数与背吃刀量　mm

螺距		1.0	1.5	2.0	2.5	3.0	3.5	4.0
牙深(半径量)		0.649	0.974	1.299	1.624	1.949	2.273	2.598
切削次数及背吃刀量直径值	1 次	0.7	0.8	0.9	1.0	1.2	1.5	1.5
	2 次	0.4	0.6	0.6	0.7	0.7	0.7	0.8
	3 次	0.2	0.4	0.6	0.6	0.6	0.6	0.6
	4 次		0.16	0.4	0.4	0.4	0.6	0.6
	5 次			0.1	0.4	0.4	0.4	0.4
	6 次				0.15	0.4	0.4	0.4
	7 次					0.2	0.2	0.4
	8 次						0.15	0.3
	9 次							0.2

（3）车削螺纹前圆柱体（孔）预加工尺寸控制

① 外螺纹加工前圆柱体直径尺寸控制

车削螺纹时因工件材料受车刀挤压影响，会导致螺纹大径变大，因此车削螺纹前大径尺寸应控制在比基本尺寸小 0.2～0.4mm，一般取 $d_{预}=d-0.1P$；如果是用板牙套加工不大于 M16 的螺纹，同样是考虑加工变形的原因，螺纹大径应车到螺纹大径下偏差。

② 内螺纹加工前圆柱体直径尺寸控制

在车床上用丝锥攻内螺纹前，应先进行钻孔，孔口倒角要大于内螺纹大径尺寸，攻螺纹前钻底孔所选用钻头的直径依据工件材料和导程不同分别选用下面公式进行计算：

$P \leqslant 1$mm 时，$d_z=d-P$；

$P>1$mm 时，钢等韧性材料 $d_z=d-P$；

$P>1$mm 时，铸铁等脆性材料 $d_z=d-(1.05\sim1.1)P$，

式中　P——螺纹螺距；

d_z——攻螺纹前钻头直径；

d——螺纹公称直径。

③ 螺纹车刀切入与切出空行程量的确定

在数控车床上车螺纹时，沿螺距方向的进给应和车床主轴的旋转保持严格的速比关系，考虑到刀具从停止状态到达指定的进给速度或从指定的进给速度降为零，驱动系统必有一个过渡过程，所以实际加工螺纹的长度 W 应包括切入和切出的空行程量，如图 2-73 所示。L_1 为切入空刀行程量，一般取 2～5mm，对大螺距和高精度的螺纹取大值；L_2 为切出空刀行程量，一般为退刀槽宽度的一半左右，取 1～3mm，当螺纹收尾处没有退刀槽时，收尾处的形状与数控系统有关，一般按 45°退刀收尾。

3. 螺纹加工指令

数控车床可以加工直螺纹、锥螺纹和端面螺纹。加工方法上分为单段行程螺纹切削、螺纹单一切削循环和螺纹切削复合循环。

（1）单段行程螺纹切削指令 G32

G32 指令能够切削圆柱螺纹、圆锥螺纹、端面螺纹（涡形螺纹），实现刀具直线移动，

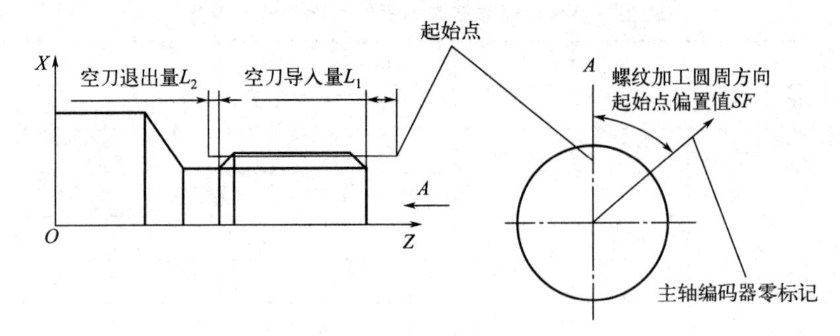

图 2-73　螺纹的切入和切出距离

并使刀具的移动和主轴旋转保持同步，即主轴转一转，刀具移动一个导程。该指令只包含切螺纹动作，螺纹车刀的进刀、退刀、返回等均需另外编写程序。

编程格式：G32 X(U)_Z(W)_F_；

其中　X、Z——螺纹终点的绝对坐标值；

U、W——螺纹终点相对螺纹起点的增量值；

F——螺纹导程 L，如果是单线螺纹，则为螺纹的螺距 P。对于锥螺纹，螺纹斜角 α 在 45°以下时，螺纹导程以 Z 轴方向指定；螺纹斜角 α 在 45°～90°时螺纹导程以 X 轴方向指定。

G32 的执行轨迹如图 2-74 所示，刀具从 B 点以每转进给一个导程的速度切削至 C 点。其切削前的进刀和切削后的退刀都要通过其他程序段来实现，如图中的 AB、CD、DA 程序段。从图 2-77 中可看出，G32 切削螺纹实际上仅切削 1 次。之所以多次走刀，完全是人为给定的，即每次切削的背吃刀量可以根据切削刃和工件的接触长度逐渐减小（见表 2-25），从而均化切削抗力，防止崩刀。

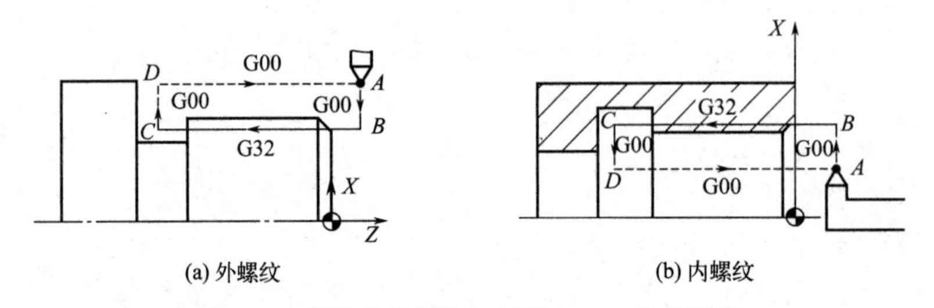

图 2-74　单段行程螺纹切削指令 G32 执行轨迹

【例 2-16】 如图 2-75 所示 M20×1 的螺纹，编写其加工程序。

【解】 螺纹加工部分的程序如下：

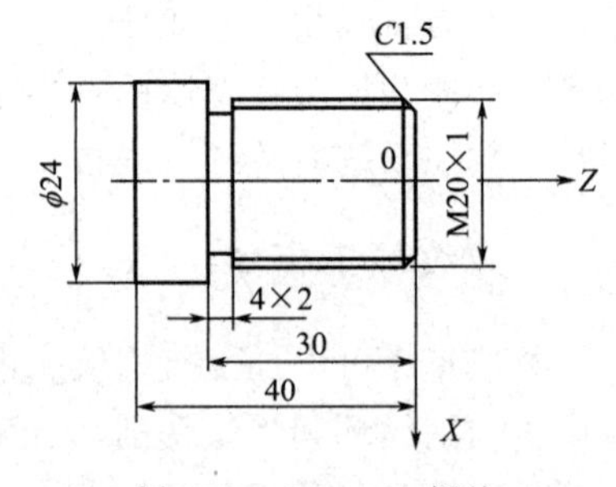

图 2-75　M20×1 螺纹

```
…
M03 S400;
G00 X25 Z3;
G00 X19.3;
G32 Z-28 F1;
G00 X25;
Z3;
X18.9;
```

```
G32 Z-28 F1;
G00 X25;
Z3;
X18.7;
G32 Z-28 F1;
G00 X25;
X100 Z100;
…
```

(2) 螺纹单一切削循环指令 G92

该指令可完成圆柱螺纹和圆锥螺纹的循环切削，把 G32 螺纹切削的 4 个动作“切入—螺纹切削—退刀—返回”作为一个循环执行。

编程格式：G92 X(U)_Z(W)_R_F_;

其中 X、Z——车削到达的终点坐标；

U、W——切削终点相对循环起点的增量坐标；

F——螺纹导程；

R——锥螺纹切削终点半径与切削起点半径的差值，当锥面起点坐标大于终点坐标时，该值为正，反之为负，切削圆柱螺纹时 R 值为 0，可以省略。

如图 2-76 所示为 G92 圆柱螺纹切削循环路径和 G92 圆锥螺纹切削循环路径。

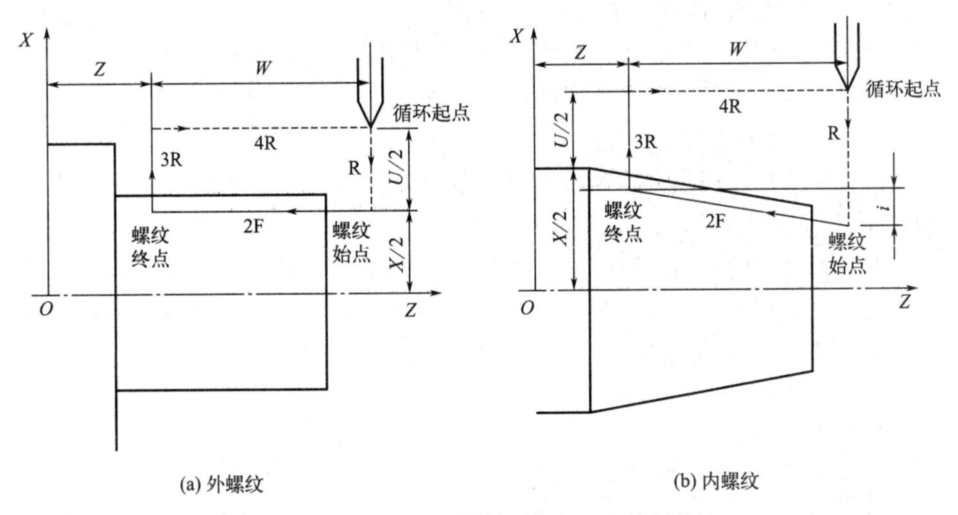

图 2-76 螺纹单一切削循环指令 G92 执行轨迹

使用 G92 指令时，需要注意以下事项：

① 在螺纹切削过程中，按下循环暂停键时，刀具立即按斜线回退，先回到 X 轴起点，再回到 Z 轴起点。在回退过程中，不能进行另外的暂停。

② 如果在单段方式下执行 G92 循环，则每执行一次循环必须按 4 次循环启动按钮。

③ G92 指令是模态指令，当 Z 轴移动量没有变化时，只需对 X 轴指定其移动指令即可重复执行固定循环动作。

④ 在 G92 指令执行过程中，进给速度倍率和主轴速度倍率均无效。

⑤ 执行 G92 循环指令时，在螺纹切削的收尾处，刀具沿接近 45°的方向斜向退刀，Z 方

向退刀距离由系统参数设定。

（3）螺纹切削复合循环指令 G76

G76 螺纹切削多次循环指令较 G32、G92 指令简洁，在程序中只需指定一次有关参数，则螺纹加工过程自动进行。

编程格式：G76 P(m)(r)(α)Q(Δd_{min})R(d)；

G76 X(U)_Z(W)_R(i)P(k)Q(Δd)F(f)；

其中 m——精加工重复次数。

r——螺纹尾端倒角量，该值的大小可设置在 $0.01P \sim 9.9P$，P 为螺距（表达时用两位数表示，从 00 到 99）。

α——刀尖角，可从 80°、60°、55°、30°、29°和 0°六个角度中选择，用两位数表示；m、r、α 用同地址 P 指定，如 $m=2$、$r=1.2P$、$\alpha=60°$表示为 P021260。

Δd_{min}——最小背吃刀量，半径值，单位为 μm。

d——精加工余量，半径值。

X(U)、Z(W)——螺纹终点坐标。

i——螺纹部分半径之差，即螺纹切削起始点与切削终点的半径差。加工圆柱螺纹时，$i=0$；加工圆锥螺纹时，当 X 向切削起始点坐标小于切削终点坐标时，i 为负，反之为正。

k——螺纹牙型高度（X 轴方向的半径值），单位为 μm。

Δd——第一次切入量（X 轴方向的半径值），单位为 μm。

f——螺纹导程。

走刀路线：G76 螺纹切削复合循环的运动轨迹如图 2-77(a) 所示，刀具从循环起点 A 处，以 G00 方式沿 X 向进给至螺纹牙顶 X 坐标处（B 点，该点的 X 坐标=小径+$2k$），然后沿基本牙型一侧平行的方向进给，如图 2-77(b) 所示，X 向切深为 Δd，再以螺纹切削方式切削至离 Z 向终点距离为 r 处，倒角退至 D 点的 Z 坐标处，再沿 X 向退刀至 E 点，最后返回 A 点，准备第二刀切削循环。如此分多刀切削循环，直至循环结束。

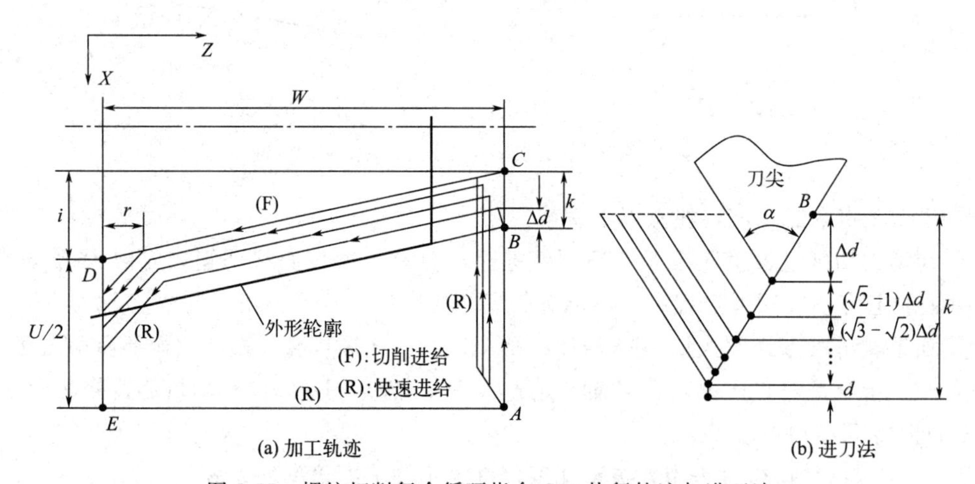

图 2-77 螺纹切削复合循环指令 G76 执行轨迹与进刀法

第一刀切削循环时，背吃刀量为 Δd，如图 2-80(b) 所示，第二刀的背吃刀量为（-1）Δd，第 n 刀的背吃刀量为 $(\sqrt{n}-\sqrt{n-1})\Delta d$。因此，执行 G76 循环的背吃刀量是逐步递减的。

螺纹车刀向深度方向并沿基本牙型一侧的平行方向进刀，从而保证了螺纹粗车过程中始终用一个刀刃进行切削，减小了切削阻力，提高了刀具寿命，为螺纹的精车质量提供了保证。

使用 G76 指令时，需要注意以下事项：

① 指令中最小切削深度 Q（$\Delta d_{\min}$）、螺纹牙高 P（k）、第一刀切削深度 Q（Δd）单位为 0.001mm。

② 使用该指令时也要有切入与切出空行程量 L_1 与 L_2。

③ m、r、α 用同一个指令地址 P 一次输入，m、r、α 必须输入两位数字，即使值为 0 也不能省略。

【例 2-17】 如图 2-78 所示 M24×1.5 螺纹，编写其加工程序。

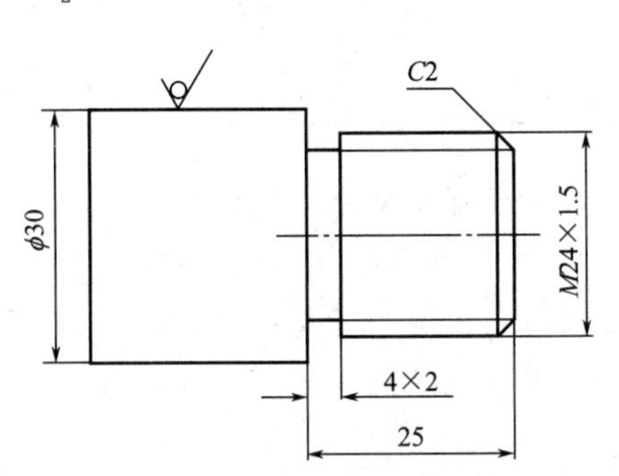

图 2-78　M24×1.5 零件图

【解】 该零件形状比较简单，可以用 G90 单一固定循环进行外圆的粗加工，单边切深为 1.5mm、1.2mm。所采用的刀具有外圆车刀（T0101）、切槽刀（T0202，刀宽 4mm）以及 60°螺纹车刀（T0303）。

以工件右端面中心点为坐标原点，程序编写如表 2-26 所示。

表 2-26　程序

程序	注释
O2017;	程序名
N10 M03 S800;	主轴正转，转速为 800r/min
N20 T0101;	建立工件坐标系，调用 1 号刀具 1 号刀补
N30 G00 X30 Z2;	快给到循环起点
N40 G90 X27 Z-25 F0.2;	第一次粗加工
N50 X24.6;	第二次粗加工
N60 G00 X18 Z1;	快进到倒角延长线上
N70 G01 X23.8 Z-2 F0.1;	精加工倒角
N80 Z-25;	精车螺纹大径
N90 G00 X50 Z50;	快速退刀
N100 T0202;	换第二把切槽刀
N110 M03 S400;	
N120 G00 X32 Z-25;	到达切削起点
N130 G01 X20 F0.05;	切槽
N140 G04 P1000;	暂停 1s
N150 G01 X32;	沿 X 方向退刀

续表

程序	注释
N160 G00 X50 Z50；	快速退刀
N170 T0303；	换第三把刀螺纹车刀
N180 M03 S600；	
N190 G00 X24 Z2；	循环起点
N200 G92 X23.2 Z-23 F1.5；	螺纹加工循环指令
N210 X22.6；	
N220 X22.2；	
N230 X22.04；	
N240 G00 X50 Z50；	快速退刀
N250 M30；	程序结束

对于螺纹部分，精加工次数取1次，由于有退刀槽，螺纹收尾长度为0mm，螺纹车刀刀尖角度为60°，最小背吃刀量取0.1mm，精加工余量取0.3mm，螺纹牙型高度为0.974mm，第一次背吃刀量半径值取0.4mm，通过计算可得螺纹小径为22.04mm。把螺纹加工部分换成G76编程，编程如下：

```
G76 P010060 Q100 R300；
G76 X22.04 Z-23 P974 Q400 F1.5；
```

四、任务实施

1.数控加工工序卡片

工学任务中工件外形较为规则，装夹时采用三爪自定心卡盘装夹，机夹式外圆车刀加工。切削用量根据该机床性能、相关手册并结合实际经验确定，详见表2-27数控加工工序卡片。

表2-27　数控加工工序卡片

工厂名称	数控加工工序卡片	产品及型号	零件名称	零件图号	材料名称	材料牌号	第　页	共　页
					钢	Q235		
工序号	工序名称	程序编号	夹具名称	夹具编号	设备名称	设备型号	设备规格	加工车间
			三爪自定心卡盘		数控车床			实训中心
工步号	工步内容	刀具名称	刀具号	主轴转速/(r/min)	进给量/(mm/r)	背吃刀量/mm	备注	
1	平端面	90°硬质合金外圆车刀	01	800	0.1	0.5	手动	
2	外圆柱面粗车	90°硬质合金外圆车刀	01	800	0.2	2	留0.5mm余量(双边)	

续表

工厂名称	数控加工工序卡片	产品及型号	零件名称	零件图号	材料名称	材料牌号	第　页	共　页
					钢	Q235		
3	外圆柱面精车	90°硬质合金外圆车刀	01	1000	0.1	0.25		
4	车退刀槽	4mm 宽切断刀	02	400	0.1			
5	车螺纹	60°螺纹车刀	03	500	螺纹参数	逐刀递减		
编制		抄写	校对		审核		批准	

2. 走刀路线

编程零点取在右端面中心，工件坐标系设置如图 2-79 所示。该螺纹规格为 M30×1.5，由表 2-25 查得，螺纹加工可分 4 次走刀，背吃刀量分别为 0.8mm、0.6mm、0.4mm 和 0.16mm。螺纹加工可采用 G32 指令、G92 指令或 G76 指令。

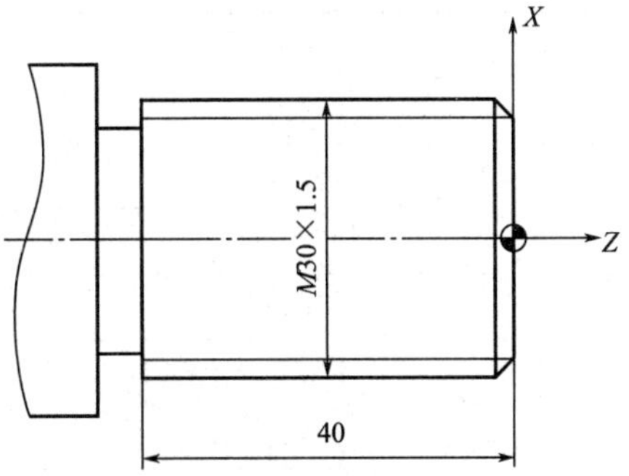

图 2-79　工件坐标系设置

3. 加工程序

（1）使用 G32 指令编程

G32 指令加工程序如表 2-28 所示。

表 2-28　G32 指令加工程序

程序	注释
O2018；	程序名
N10 T0303；	建立工件坐标系，选 3 号刀
N20 G00 X100 Z100 M03 S500；	定义起点的位置，启动主轴正转，转速为 500r/min
N30 G00 X29.2 Z4 M08；	刀具运动到第一刀车螺纹的起始点，开冷却液
N40 G32 Z-43 F1.5；	车螺纹，进给速度为 1.5mm/r
N50 G00 X40；	X 方向退刀
N60 Z4；	返回车螺纹起始位置
N70 X28.6；	
N80 G32 Z-43 F1.5；	第二刀车螺纹
N90 G00 X40；	
N100 Z4；	
N110 X28.2；	
N120 G32 Z-43 F1.5；	第三刀车螺纹
N130 G00 X40；	
N140 Z4；	

续表

程序	注释
N150 X28.04；	
N160 G32 Z-43 F1.5；	第四刀车螺纹
N170 G00 X40；	
N180 X100 Z100；	返回起始点
N190 M30；	程序结束

（2）使用 G92 指令编程

G92 指令加工程序如表 2-29 所示。

表 2-29 G92 指令加工程序

程序	注释
O2019；	程序名
N10 T0303；	建立工件坐标系，选 3 号刀
N20 G00 X100 Z100 M03 S500；	定义起点的位置，启动主轴正转，转速为 500r/min
N30 G00 X32 Z4 M08；	运动到 G92 循环起始点，开冷却液
N40 G92 X29.2 Z-43 F1.5；	执行四次 G92 循环车螺纹
N50 X28.6；	
N60 X28.2；	
N70 X28.04；	
N80 G00 X100 Z100；	返回起始点
N90 M30；	程序结束

（3）使用 G76 指令编程

G76 指令加工程序如表 2-30 所示。

表 2-30 G76 指令加工程序

程序	注释
O2020；	程序名
N10 T0303；	建立工件坐标系，选 3 号刀
N20 G00 X100 Z100 M03 S500；	定义起点的位置，启动主轴正转，转速为 500r/min
N30 G00 X3. Z4 M08；	运动到 G76 循环起始点，开冷却液
N40 G76 P010060 Q80 R80；	
N50 G76 X28.4 Z-43 P974 Q400 F1.5；	车螺纹
N60 G00 X100 Z100；	返回起始点
N70 M30；	程序结束

通过比较以上三种编程方式可知，采用 G76 指令编程能大大简化程序。因此，在数控系统支持的情况下，要尽可能采用能够简化程序的编程方式。

五、拓展提升

端面螺纹零件的加工

1. 端面矩形螺纹加工方法

端面矩形螺纹是在盘类零件的端面上加工成矩形螺纹，通常称为盘丝。端面矩形螺纹主要应用于自定心夹具和其他自定心夹压锁紧装置。端面螺纹在普通车床上加工时是采用配换挂轮箱挂轮的方法来加工的，但是加工时不是利用丝杠传动而是利用齿轮传动，齿轮间的间隙大，传动精度较低，那样加工出来的螺纹精度低。相对于普通车床，数控车床自动化程度高，传动精度高，加工端面螺纹在数控机床上不但易于操作，而且加工精度可以根据实际要求修调参数来保证要求，加工效率及精度大大提高。使用数控车床加工端面螺纹的具体内容是：需合理选用刀具，根据公式对螺纹尺寸进行计算，根据实际需求作出工艺安排，在以上步骤的基础上编写出正确、简便的加工程序，最后加工出工件。

2. 刀具的选用

在加工端面螺纹时，刀具可以选择机夹刀和手磨刀。

选用机夹刀时结合数控刀具的类型以及生产厂家提供的刀具参数，根据加工的最大直径、最小直径与螺纹牙深的加工范围进行选择。

鉴于端面螺纹形状的特殊性，手磨刀更能灵活地适应较大范围的加工，手磨刀的刀具材料一般使用高速钢。端面矩形螺纹车刀与端面车槽刀的形状相似，如图 2-80 所示。

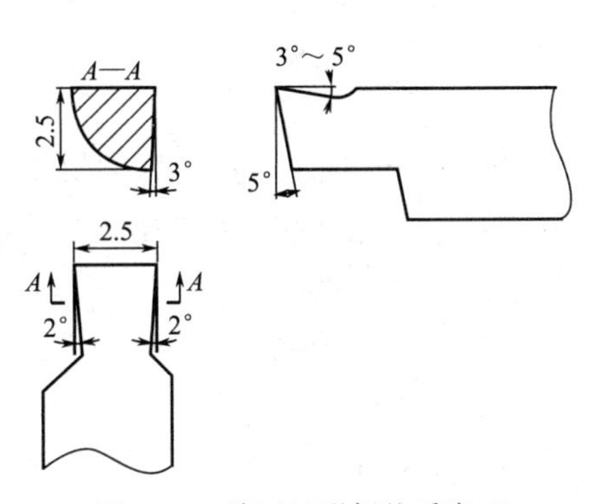

图 2-80　端面矩形螺纹手磨刀

3. 端面矩形螺纹的尺寸计算

矩形螺纹也称方牙螺纹，是一种非标准螺纹，传动效率高，但对中精度低，牙根强度弱。矩形螺纹各部分尺寸的计算公式如表 2-31 所示。

表 2-31　矩形螺纹各部分尺寸的计算公式

基本参数符号	计算公式	基本参数符号	计算公式
牙型角 α	$\alpha=0°$	螺纹小径 d_1	$d_1=d-2h$
牙型高度 h	$h=0.5p+ac$	螺纹槽宽 b	$b=0.5p+(0.02-0.04)$
螺纹大径 d	公称直径	外螺纹牙宽 α	$\alpha=p-h$
螺纹中经 d_2	$d_2=d-h$	牙顶间隙 p	0.1～0.2mm

4. 加工端面螺纹的工艺安排

端面矩形螺纹牙型宽而深，然而刀具受到承载力限制，无法一次切削完成，需要多次分层切削。为保证加工效率和螺纹尺寸精度及表面粗糙度，先采用 0.1mm 的背吃刀量进行粗加工，留下 0.2mm 的精加工余量，再用 0.05mm 的背吃刀量进行精加工。关于刀宽的问题，需要注意以下两点。

① 使用刀宽与槽宽一致的刀具只运行一次程序便可车出。也可以先选择刀宽小于螺旋槽宽度的刀具进行粗加工，再选择刀宽跟槽宽一致的刀具进行二次加工。

② 难以保证刀宽与槽宽一致时，可采用刀宽小于槽宽的刀具，运行程序粗加工出一条螺旋槽。然后根据刀宽与槽宽的差值，改变 X 方向的磨耗，重新运行一次程序使槽宽达到图纸要求。

5. 编程方法

由于端面螺纹的车削方向是 X 轴，所以螺纹车削的循环指令 G92、G76 都不能满足要求。虽然螺纹切削指令 G32 能满足切削方向要求，但是端面螺纹需要分层切削，倘若用 G32 指令不做简化地进行编写程序，假设螺纹深度为 2.6mm，粗加工每次切削 0.1mm，精加工余量 0.2mm，每次切削 0.05mm，程序将有 100 多句，而且切削次数越多程序将越长。在实际加工中，手工编程有时因疏忽会出现程序输入错误，程序段越长，出现错误的概率越大，那样到时修改查找就比较麻烦，所以一般用手工编程时，应以最少最容易的语句来进行编程，可以采用主程序调用子程序的方法进行简化，这样在查找修改错误的地方时也比较容易。

【例 2-18】 加工如图 2-81 所示的端面螺纹，其端面螺纹的牙型为矩形，螺距为 5mm，内孔直径为 16mm，外圆直径为 50mm。

（1）编程思路

粗加工子程序中，以 G32 指令作为螺纹切削指令，Z 轴坐标值用相对坐标编程，Z 方向进刀距离比退刀距离多 0.1mm，以实现每层切深 0.1mm，注意退刀距离要大于螺纹的深度，否则刀具回程时会撞到工件。精加工时子程序与粗加工的类似，不同之处是，Z 方向进刀量比退刀量多 0.05mm，以实现每层切深 0.05mm。主程序编写中，粗加工刀具起点定位的 Z 值要和子程序中的退刀距离相对应，才能保证第一层切削正确的切削深度，而精加工刀具起点定位的 Z 值则等于粗加工定位的 Z 值减去粗加工的总深度。

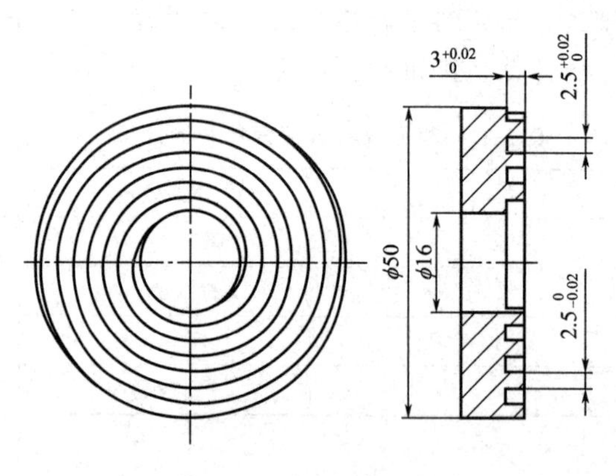

图 2-81　端面螺纹零件

（2）编写加工程序

端面螺纹加工主程序如表 2-32 所示。粗、精加工子程序分别如表 2-33、表 2-34 所示。

表 2-32　端面螺纹加工主程序

程序	注释
O2021；	主程序名
N10 M03 S400；	主轴正转，转速为 400r/min
N20 T0101；	建立工件坐标系，调用螺纹刀
N30 G00 X56 Z5；	快速定位到粗加工起点
N40 M98 P242022；	调用子程序 O2022，调用 24 次
N50 G00 X56 Z2；	快速定位到精加工起点
N60 M98 P22023；	调用子程序 O2023，调用 2 次
N70 G00 X100 Z100；	快速退刀
N80 M30；	程序结束

表 2-33　粗加工子程序

程序	注释
O2022；	粗加工子程序名
N10 G00 W-5.1；	增量坐标编程，*Z* 轴负方向移动 5.1mm
N20 G32 X16 F5；	螺纹切削
N30 G00 W5；	往 *Z* 轴正方向相对位置快速退刀 5mm
N40 G00 X56；	沿 *X* 轴正方向退出
N50 M99；	子程序结束

表 2-34　精加工子程序

程序	注释
O2023；	精加工子程序名
N10 G00 W-5.05；	增量坐标编程，*Z* 轴负方向移动 5.05mm
N20 G32 X16 F5；	螺纹切削
N30 G00 W5；	往 *Z* 轴正向相对位置快速退刀 5mm
N40 G00 X56；	沿 *X* 轴正方向退出
N50 M99；	子程序结束

六、思考练习

1. 选择题

(1) 在数控车床加工普通螺纹时应使用的指令为（　　）。

A. G90　　B. G91　　C. G92

(2) 指令 G00 X30 Z5；G92 X28 Z-45 F1.5 执行后刀具位置为（　　）。

A. X30 Z5　　B. X28 Z-45　　C. X30 Z-45

(3) G92 X28 Z-45 F1.5 中 F1.5 的意义为（　　）。

A. 进给速度为 1.5mm/r　　B. 螺纹导程为 1.5mm　　C. 螺距为 1.5mm

(4) 切削 M30×1.5 的外螺纹，实际车削时外圆柱面的直径为（　　）。

A. 29.85mm　　B. 28.5mm　　C. 30mm

(5) 用塑性材料车削 M24×2 的内螺纹，实际车削时的内螺纹孔底直径为（　　）。

A. 24mm　　B. 22mm　　C. 23.8mm

2. 判断题

(1) 在 FANUC 系统中，G32 指令格式中的 F 用来指定螺纹螺距。（　　）

(2) 车螺纹时，四向一置关系必须匹配，否则不可能加工出合格的螺纹。（　　）

(3) 在 G92 指令执行过程中，进给速度倍率和主轴速度倍率均无效。（　　）

(4) 车螺纹时，两端必须设置足够的升速进刀段和减速退刀段。（　　）

(5) G76 指令中 m、r、α 用同一个指令地址 P 一次输入，m、r、α 必须输入两位数字，值为 0 可以省略。（　　）

3. 程序分析题

加工图 2-82 所示螺纹的部分程序如下：

```
O0001;
N10 T0101;
N20 M03 S800;
N30 G00 X32 Z3 M08;
N40 G92 X29.2 Z-42 F1.5;
……
N80 G00 X100 Z100;
N90 M30;
```

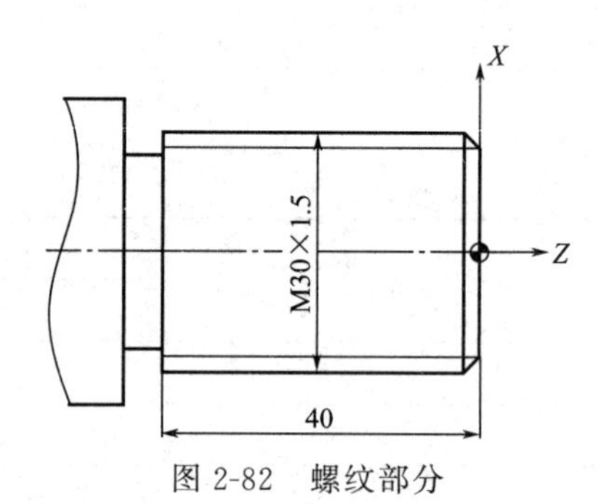

图 2-82　螺纹部分

试分析上述程序加工螺纹的过程中，切入空行程量 L_1 = ________ mm；切出空行程量 L_2 = ________ mm。

4. 综合题

(1) 如图 2-83 所示，螺纹外径已经车至 ϕ29.8mm，4mm×2mm 的退刀槽已加工，零件材料为 45 钢。分别用 G32 指令与 G92 指令编制该螺纹的加工程序。

(2) 如图 2-84 所示，螺纹外径已经车至 ϕ29.8mm，零件材料为 45 钢。用 G76 指令编制螺纹的加工程序。

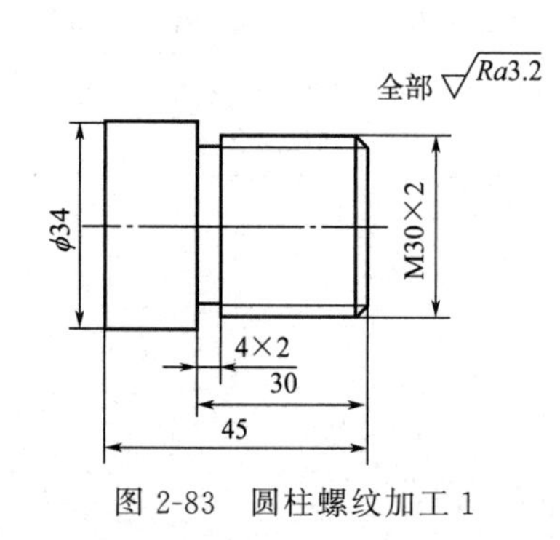

图 2-83　圆柱螺纹加工 1

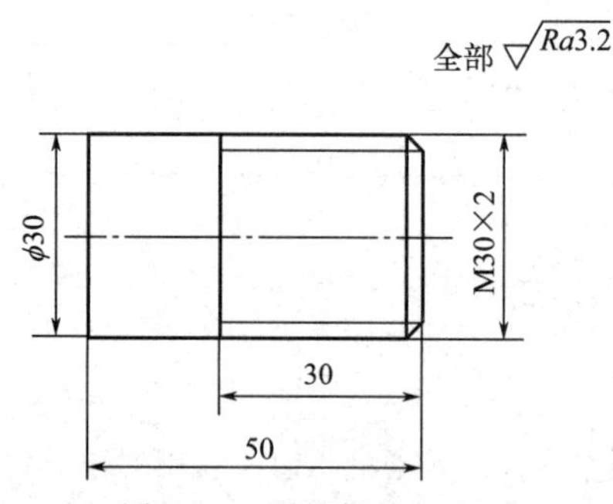

图 2-84　圆柱螺纹加工 2

(3) 如图 2-85 所示的螺纹轴，毛坯为 ϕ50mm×80mm 棒料，材料为 45 钢，未注倒角全部为 C1，未注长度尺寸允许偏差±0.1mm，表面粗糙度全部为 Ra3.2μm。分析零件螺纹轴的加工工艺，编写该螺纹轴内外螺纹的加工程序。

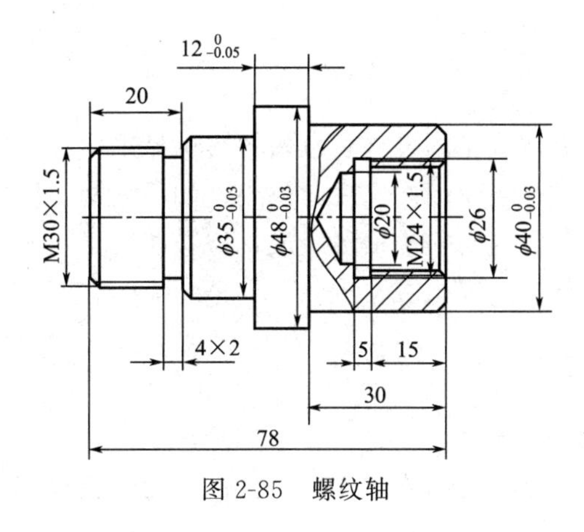

图 2-85　螺纹轴

任务八　套类零件车削加工

一、学习目标

1. 知识目标

（1）掌握直通孔和内径轮廓加工的工艺知识。
（2）深化加工指令 G90、G71 的编程格式和编程方法。

2. 能力目标

能熟练应用 G90、G71 等加工指令对套类零件进行编程。

二、工学任务

如图 2-86 所示的零件，材料为 45 钢，毛坯尺寸为 ϕ50mm×58mm，未注倒角全部为 $C1$，未注长度尺寸允许偏差±0.1mm。分析零件的加工工艺，编写套类零件的加工程序。

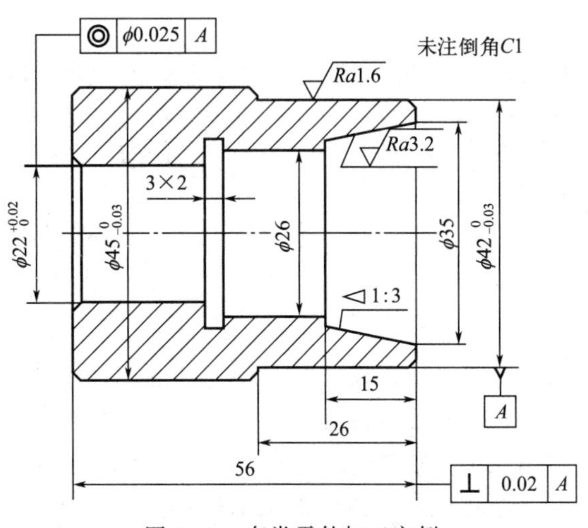

图 2-86　套类零件加工实例

三、相关知识

套类零件是车削加工中最常见的零件，也是各类机械上常见的零件，在机器上占有较大比例，通常起支撑、导向、连接及轴向定位等作用，如导向套、固定套、轴承套等。套类零件一般由外圆、内孔、端面、台阶和沟槽等组成，这些表面不仅有形状精度、尺寸精度和表面粗糙度的要求，而且对位置精度也有要求。

1. 加工直通孔工艺分析

（1）加工直通孔时车刀的选择

车削直通孔时采用的内孔车刀为直通孔车刀，也称为通孔镗刀，其刀具的形状和普通车床使用的刀具相似。

① 选择直通孔车刀时要注意，刀杆伸出刀架的长度不能太长，刀杆太长刀具刚性差，易产生让刀、振动现象。一般刀杆比被加工孔深长 5～10mm。

② 刀杆直径选择要根据孔径的大小，尽量选取直径较大的刀杆，以增加其刚性。

③ 直通孔车刀的刀杆及刀具后刀面呈圆弧形状，要求刀杆圆弧半径略小于孔的半径，以避免刀杆碰伤工件内表面。

（2）刀削用量的选择

车直通孔的切削用量的选择与车削外圆相似，粗车、精车分开，由于直通孔车刀的刀杆受加工内孔孔径的限制，刚性较差，其切削深度及进给量应略小于外圆的加工。

（3）加工工艺路线的确定

车直通孔时的进给路线与车削外圆相似，仅在 X 方向的进给方向相反。另外在退刀时，径向的移动量不能太大，避免发生刀杆与内孔相碰。

2. 车直通孔编程知识

（1）起刀点的确定

车直通孔时的起刀点有两种情况，一般以工件中心为起刀点，操作者也可以根据具体情况选择起刀点。

（2）换刀点的确定

车直通孔时，刀具的轴线与工件的轴线应保持平行。由于刀杆伸出较长，设置换刀点时一定要稍远离工件，以避免换刀时刀具与工件碰撞。特别要注意：孔加工完后刀具回换刀点的路线，应先退 Z 方向，再退 X 方向，避免刀具与工件相撞，发生安全事故。

（3）常用编程指令

```
G01 X(U)_Z(W)_F_;
G90 X(U)_Z(W)_F_;
```

G90 循环起点应指定在工件被加工面之外，特别注意循环起点的 X 坐标应小于切削内圆的直径，但不能过小；否则，退刀时刀体的另一侧面会与内圆表面发生碰撞。

【例 2-19】 加工如图 2-87 所示的零件，总长已确定，试编写内孔的加工程序。

【解】 用尾座手动钻 ϕ23 通孔，用 90°内镗孔刀粗精车内孔，编写加工程序，如表 2-35 所示。

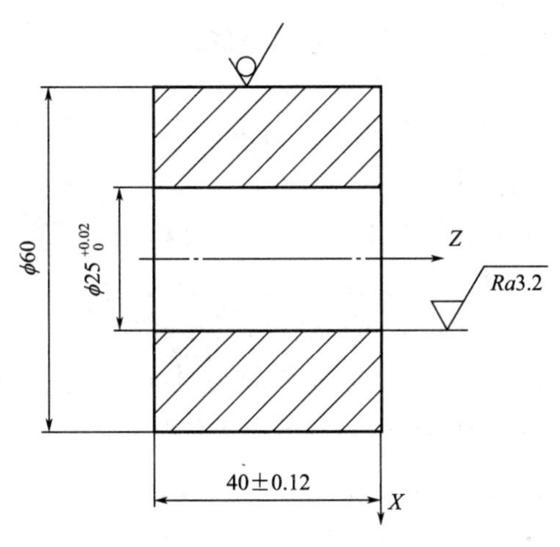

图 2-87　直通孔编程实例

表 2-35　加工程序

程序	注释
O2024；	程序名
N10 G40 G97 G99；	取消半径补偿和恒线速度
N20 M03 S500；	主轴正转
N30 T0101；	调用 1 号外圆粗车刀,1 号刀补
N40 G00 X23 Z2；	快进到循环起点(镗刀的顶面不能碰撞孔)
N50 G90 X24.5 Z-41 F0.2；	粗镗孔
N60 X25.01 S1000 F0.1；	精镗孔,有公差的尺寸采用中值编程
N70 G00 X100 Z100；	退到安全位置
N80 M30；	程序结束

3. 内径轮廓零件加工

（1）刀具的选择

内径轮廓加工用刀具与直通孔加工所用刀具相同。

（2）加工工艺的确定

内径轮廓加工时一般采用钻孔、车内径轮廓的工艺路线。加工内径轮廓的方法与加工外径轮廓相同，但内孔车刀刚性比外圆车刀差，切削用量的选择比加工外圆时要小。

（3）编程知识

内径轮廓加工使用的指令与外径轮廓加工相同（G01、G90、G71 指令），但要注意内径轮廓加工时直径方向（X 方向）的进给与外径轮廓加工相反。

内、外径粗车复合循环指令 G71 加工内孔编程格式：

G71 U(Δd)R(e)；

G71 P(ns)Q(nf)U(Δu)W(Δw)F(f)S(s)T(t)；

指令应用说明：

① G71 指令中，加工内径轮廓各参数的含义与加工外圆时相同，需注意的是，内径加

工时第 2 个 G71 程序段中的精加工余量 U 应取负值。

② 内径加工时，G71 指令循环起点 X 坐标值一定要小于毛坯孔的 X 直径。

③ 循环起点位置设定要适当，其 X 坐标值不宜过小，以免退刀时刀具与孔壁的另一侧发生碰撞，一般小于毛坯孔直径 0.5～1mm 即可。

④ G71 指令仅可对单调递增或单调递减的零件轮廓进行编程及加工，对于凹形轮廓则不能进行程序的编制。

【例 2-20】 用内径粗加工复合循环编制图 2-88 所示零件的加工程序。要求切削深度为 1.5mm（半径量），退刀量为 1mm，X 方向精加工余量为 0.4mm，Z 方向精加工余量为 0.1mm，其中点画线部分为已钻好的孔，编写其加工程序。

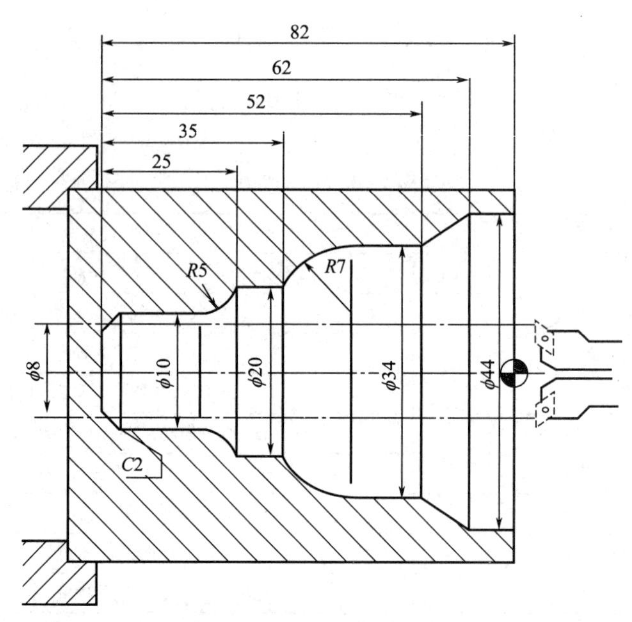

图 2-88 内径轮廓零件

【解】 加工程序如表 2-36 所示。

表 2-36 加工程序

程序	注释
O2025；	程序名
N10 M03 S400；	主轴正转
N20 T0101；	调用 1 号镗刀，1 号刀补
N30 G00 X7 Z5；	快进到循环起点
N40 G71 U1 R0.5；	内径粗车复合循环
N50 G71 P60 Q150 U-0.2 W0.2 F0.2；	加工内孔时第 2 个 U 为负
N60 G00 G41 X44；	建立半径补偿
N70 G01 Z-20 F0.1；	精加工 ϕ44mm 内圆柱面
N80 X34 W-10；	车锥面
N90 W-10；	精加工 ϕ34mm 内圆柱面；
N100 G03 X20 W-7 R7；	精加工 $R7$ 圆弧

续表

程序	注释
N110 G01 W-10；	精加工 ϕ20mm 内圆柱面
N120 G02 X10 W-5 R5；	精加工 $R5$ 圆弧
N130 G01 Z-80；	精加工 ϕ10mm 内圆柱面
N140 U-4 W-2；	倒角
N150 G40 X5；	取消半径补偿
N160 G70 P60 Q150；	精加工循环
N170 G00 X50 Z50；	退到安全位置
N180 M30；	程序结束

四、任务实施

1. 图样分析

如图 2-86 所示，该零件为典型的套类零件，有较高的精度要求。外圆右端直径 ϕ42mm 是基准尺寸，尺寸精度要求较高，表面粗糙度为 Ra1.6μm；内孔右端为锥孔，锥度为 1∶3，表面粗糙度为 Ra3.2μm；内孔中间段为直孔，直径为 ϕ26mm，精度要求不高；内孔左端为直孔，直径为 ϕ22mm，基孔制，该内孔轴线与 ϕ42mm 外圆轴线的同轴度要求控制在 ϕ0.025mm 之内；工件总长 56mm，左右两端与 ϕ42mm 外圆轴线的垂直度要求控制在 0.02mm 之内。

2. 加工方案

该零件采用三爪自定心卡盘夹持零件右端（毛坯外圆），确定伸出合适的长度（应将机床的限位考虑进去）。工件零点设置在工件左、右端面上。为防止刀具与工件或尾座碰撞，换刀点设置在（X100，Z100）的位置上。零件毛坯尺寸为 ϕ50mm×58mm，该零件外轮廓的加工采用循环指令，为了使走刀路线短，减少循环次数，外轮廓循环起点可以设置在（X50，Z2）的位置上，内轮廓循环起点可以设置在（X20，Z2）的位置上。用刀宽为 3mm 的内切槽刀以左刀尖为刀位点。

3. 数控加工工艺卡片

刀具的选择见表 2-37 所示刀具卡。

表 2-37　数控加工刀具卡片

产品名称或代号			零件名称		零件图号	
序号	刀具号	刀具名称及规格	数量	加工表面	刀尖半径/mm	备注
1	T0101	90°外圆车刀	1	平端面、粗精车外轮廓	0.2	
2	T0202	内孔车刀	1	内轮廓	0.3	
3	T0303	内沟槽刀	1	切内槽	B=3	左刀尖
4		中心钻	1	钻中心孔		
5		麻花钻	1	钻孔	ϕ20	

切削用量的选择见表 2-38 所示工序卡。

表 2-38　数控加工工序卡片

数控加工工序卡		产品名称			零件名		零件图号
工序号	程序编号	夹具名称		夹具编号	使用设备		车间
工步号	工步内容	切削用量			刀具		备注
		主轴转速 n /(r/min)	进给速度 f /(mm/r)	背吃刀量 a_p /mm	编号	名称	
1	平左端面	500		1	T0101	90°外圆车刀	手动
2	钻中心孔	1000				中心钻	手动
3	钻孔	300				麻花钻	手动
4	粗车左端外轮廓	800	0.3	1.5	T0101	90°外圆车刀	自动
5	精车左端外轮廓	1000	0.1	0.5	T0101	90°外圆车刀	自动
6	粗车左端内轮廓	600	0.3	1	T0202	内孔车刀	自动
7	精车左端内轮廓	800	0.1	0.25	T0202	内孔车刀	自动
8	平右端面	500			T0101	90°外圆车刀	手动
9	粗车右端外轮廓	800	0.3	1.5	T0101	90°外圆车刀	自动
10	精车右端外轮廓	1000	0.1	0.5	T0101	90°外圆车刀	自动
11	粗车右端内轮廓	600	0.3	1	T0202	内孔车刀	自动
12	精车右端内轮廓	800	0.1	0.25	T0202	内孔车刀	自动
13	车内槽	300	0.05		T0303	内沟槽刀	自动

4. 加工程序

（1）切左端内孔

切左端内孔参考程序如表 2-39 所示。

表 2-39　切左端内孔参考程序

程序	说明
O2026；	程序名
N10 T0202 M03 S600；	选用内孔车刀，主轴正转，转速为 600r/min
N20 G00 X100 Z100；	快速定位换刀点

程序	说明
N30 X20 Z2；	定位到循环起点
N40 G71 U1 R0.5；	设定粗加工的吃刀量和退刀量
N40 G71 P50 Q90 U-0.5 W0 F0.3；	设定精加工余量及程序段
N50 G00 X24；	精加工程序起始段
N60 G01 Z0 F0.1；	
N70 X22 Z-1；	
N80 Z-30；	
N90 X20；	精加工程序结束段
N100 G00 Z100；	先退 Z 向
N110 X100；	再退 X 向
N120 M05；	主轴停止
N130 M00；	程序暂停
N140 T0202 M03 S800；	重新调用刀补
N150 G00 X20 Z2；	快速定位到循环起点
N160 G70 P50 Q90；	精加工循环
N170 G00 Z100；	先退 Z 方向
N180 X100；	再退 X 方向
N190 M30；	程序结束

(2) 切右端内孔

切右端内孔参考程序如表 2-40 所示。

表 2-40　切右端内孔参考程序

程序	说明
O2027；	程序名
N10 T0202 M03 S600；	选用内孔车刀，主轴正转，转速为 600r/min
N20 G00 X100 Z100；	快速定位换刀点
N30 X20 Z2；	定位到循环起点
N40 G71 U1 R0.5；	设定粗加工的吃刀量和退刀量
N50 G71 P60 Q110 U-0.5 W0 F0.3；	设定精加工余量及程序段
N60 G00 X35；	精加工程序起始段
N70 G01 Z0 F0.1；	
N80 X30 Z-15；	
N90 X26；	
N100 Z-33；	
N110 X20；	精加工程序结束段

程序	说明
N120 G00 Z100；	先退 Z 方向
N130 X100；	再退 X 方向
N140 M05；	主轴停止
N150 M00；	程序暂停
N160 T0202 M03 S800；	重新调用刀补
N170 G00 X20 Z2；	快速定位到循环起点
N180 G70 P60 Q140；	精加工循环
N190 G00 Z100；	先退 Z 方向
N200 X100；	再退 X 方向
N210 M30；	程序结束

（3）切右端内槽

切右端内槽参考程序如表 2-41 所示。

表 2-41　切右端内槽参考程序

程序	说明
O2028；	程序名
N10 T0303 M03 S300；	选用内沟槽刀，主轴正转，转速为 300r/min
N20 G00 X100 Z100；	快速定位到换刀点
N30 Z2；	先 Z 向定位
N40 X21；	再 X 向定位
N50 G01 Z-33 F0.3；	Z 向运行至切槽起点
N60 X30 F0.05；	车内槽
N70 X24；	X 向退刀
N80 G00 Z100；	Z 向快速退刀
N90 X100；	X 向快速退刀
N100 M30；	程序结束

五、思考练习

拓展阅读
2023 年“大国工匠”
——董礼涛

1. 判断题

（1）车内孔前，应先检查内孔车刀是否与工件发生干涉。（　　）

（2）掉头加工，所用刀具都应重新对刀。（　　）

（3）套类零件装夹时，夹紧力不能过大，以防止工件变形。（　　）

2. 综合题

工件材料为 Q45 钢，毛坯为 ϕ50mm×60mm 棒料，其中已钻 ϕ18mm 内孔，倒角手动完成，工件坐标系设在右端面回转中心处，编制如图 2-89 所示盲孔类零件的车削程序。

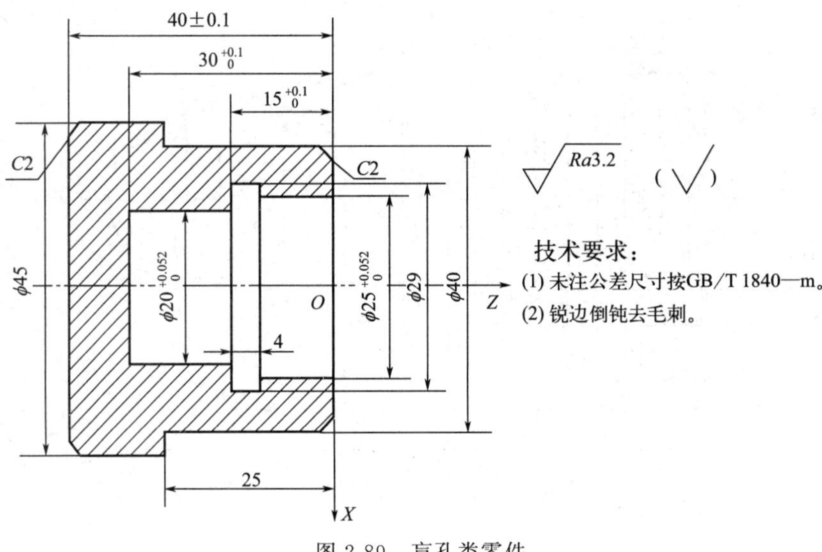

图 2-89　盲孔类零件

任务九　复杂零件综合车削加工

一、学习目标

1. 知识目标

（1）了解轴类零件数控加工的基本工艺过程。
（2）掌握数控车削指令的编程方法。

2. 能力目标

具备根据轴类零件图进行轴类零件数控加工编程的能力。

二、工学任务

如图 2-90 所示的零件，工件材料为 Q235，毛坯为 ϕ45mm 棒料，按照数控工艺要求，分析加工工艺及编写螺纹加工程序。

三、任务实施

1. 数控加工工序卡片

数控加工工序卡片如表 2-42 所示。

2. 加工程序

（1）加工左端

编程零点取在左端面中心，工件坐标系设置如图 2-91 所示，加工程序见表 2-43。

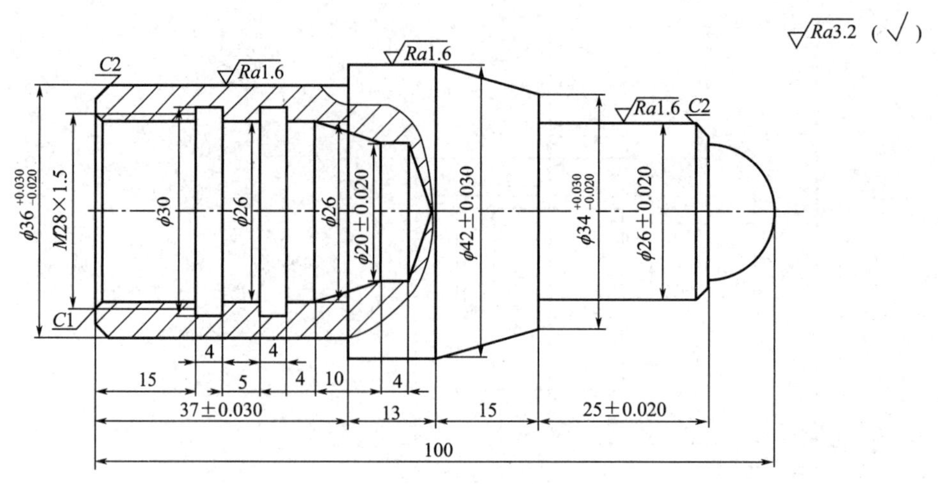

图 2-90 复杂内外轮廓加工实例

表 2-42 数控加工工序卡片

工厂名称	数控加工工序卡片	产品及型号	零件名称	零件图号	材料名称	材料牌号	第 页	共 页
					钢	Q235		
工序号	工序名称	程序编号	夹具名称	夹具编号	设备名称	设备型号	设备规格	加工车间
			三爪自定心卡盘		数控车床			实训中心
工步号	工步内容	刀具名称	刀具号	主轴转速/(r/min)	进给量/(mm/r)	背吃刀量/mm	备注	
1	平端面	90°硬质合金外圆车刀	01	800			手动	
2	φ36mm 外圆柱面粗车	90°硬质合金外圆车刀	01	800	0.3	2	留 0.5mm 余量(双边)	
3	φ36mm 外圆柱面精车	90°硬质合金外圆车刀	01	1000	0.1	0.5		
4	钻孔	φ18mm 麻花钻		400			手动	
5	内轮廓粗车	90°硬质合金内孔车刀	02	800	0.3	2	留 0.5mm 余量(双边)	
6	内轮廓粗车	90°硬质合金内孔车刀	02	1000	0.3	0.25		
7	内孔切槽	4mm 宽内孔切刀	03	400	0.05			
8	车削内孔螺纹	60°内孔螺纹车刀	04	500	1.5			
9	平端面	90°硬质合金外圆车刀	01	500			手动	

续表

工步号	工步内容	刀具名称	刀具号	主轴转速/(r/min)	进给量/(mm/r)	背吃刀量/mm	备注
10	球面、ϕ26mm外圆柱面、锥面及ϕ42mm外圆柱面粗车	90°硬质合金外圆车刀	01	800	0.3	2	留0.5mm余量(双边)
11	球面、ϕ26mm外圆柱面、锥面及ϕ42mm外圆柱面精车	90°硬质合金外圆车刀	01	1000	0.1	0.25	
编制		抄写		校对		审核		批准	

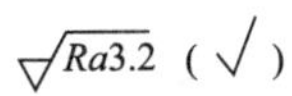

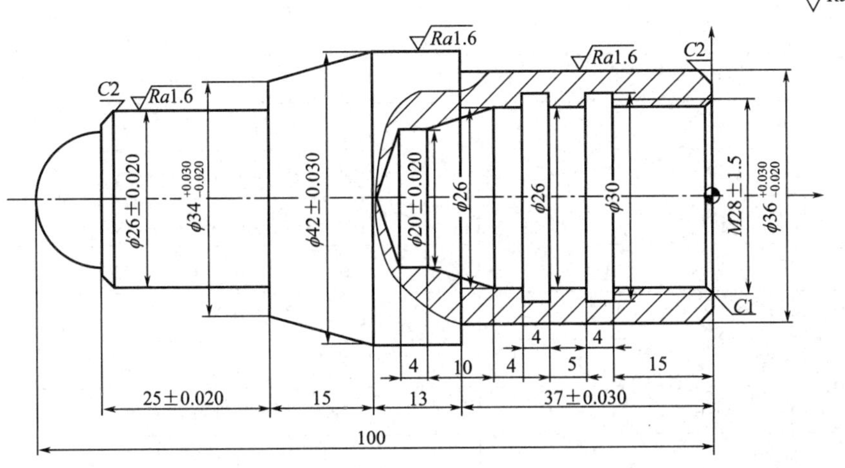

图 2-91　加工左端面工件坐标系设置

表 2-43　加工左端面工件坐标系设置

程序	注释
O2029；	程序名
N10 T0101；	建立工件坐标系，选1号刀
N20 M03 S800；	启动主轴正转，转速为800r/min
N30 G00 X100 Z100 M08；	定义起点的位置，开冷却液
N40 X48 Z3；	定义循环起点
N50 G71 U2 R1；	
N60 G71 P70 Q100 X0.5 Z0.3 F0.3；	使用G71指令粗车左端外轮廓
N70 G01 X32 Z0 F0.1 S1000；	精加工轮廓起始行，到倒角开始点
N80 X36 W-2；	精加工 $C2$ 倒角

续表

程序	注释
N90 Z-37；	精加工 ϕ36mm 外圆
N100 X46；	退刀
N110 G70 P70 Q100；	精车左端外轮廓
N120 G00 X100 Z100；	回换刀点
N130 M00；	程序暂停，手动钻 ϕ18mm 孔
N140 T0202；	建立工件坐标系，选 2 号刀
N150 G00 X16 Z3 S800；	定义循环起点
N160 G71 U2 R1；	
N170 G71 P180 Q230 X-0.5 Z0.2 F0.3；	使用 G71 指令粗车内轮廓
N180 G01 X28 Z0 S1000 F0.1；	精加工轮廓起始行
N190 X26 W-1；	车削 $C1$ 倒角
N200 Z-32；	精加工 ϕ26mm 内孔
N210 X20 W-10；	精加工锥面
N220 Z-46；	精加工 ϕ20mm 内孔
N230 X18；	退刀
N240 G70 P180 Q230；	精车内轮廓
N250 G00 X100 Z100；	回换刀点
N260 T0303；	建立工件坐标系，选 3 号刀
N270 X24 Z3 S400；	靠近工件，主轴转速为 400r/min
N280 Z-15；	移到切槽位置
N290 G01 X30 F0.05；	切槽
N300 X24；	离开工件
N310 G00 Z-24；	移到切槽位置
N320 G01 X30 F0.05；	切槽
N330 X24；	离开工件
N340 G00 Z100；	沿 Z 轴方向将刀退出
N350 X100；	回换刀点
N360 T0404；	建立工件坐标系，选 4 号刀
N370 G00 X24 Z3 S750；	定义循环起点，主轴转速为 750r/min
N380 G76 P010060 Q100 R100；	
N390 G76 X28 Z-17 P975 F1.5；	车削螺纹
N400 G00 Z100 X100；	回换刀点
N410 M30；	程序结束

（2）加工右端

编程零点取在右端面中心，工件坐标系设置如图 2-92 所示，加工程序见表 2-44。

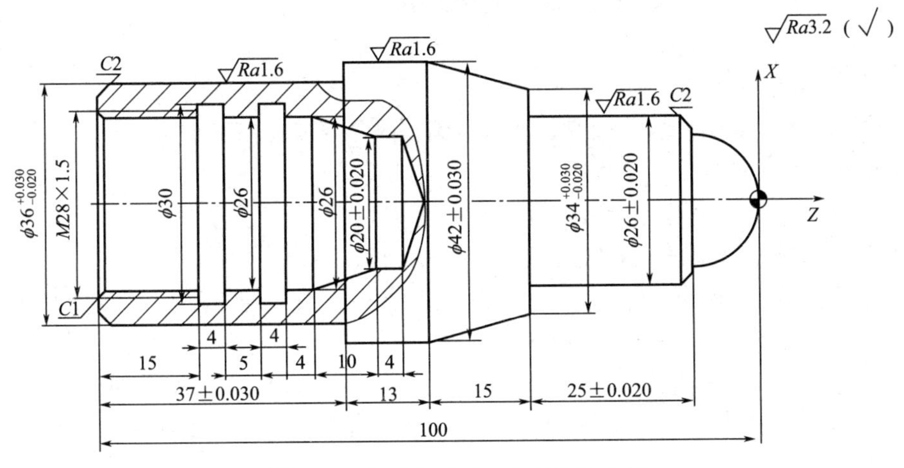

图 2-92　加工右端面工件坐标系设置

表 2-44　加工程序

程序	注释
O2030；	程序名
N10 T0101；	建立工件坐标系，选 1 号刀
N20 M03 S800；	启动主轴正转，转速为 800r/min
N30 G00 X100 Z100 M08；	定义起点的位置，开冷却液
N40 X48 Z3；	定义循环起点
N50 G71 U2 R1；	
N60 G71 P70 Q160 X0.5 Z0.3 F0.3；	使用 G71 指令粗车右端外轮廓
N70 G00 X0 S1000；	精加工轮廓起始行，主轴转速为 1000r/min
N80 G01 Z0 F0.1；	到圆弧起点
N90 G03 X20 Z-10 R10；	精加工 $R10$ 圆弧
N100 G01 X22；	精加工 $\phi26$mm 外圆端面
N110 X26 W-2；	精加工 $C2$ 倒角
N120 Z-35；	精加工 $\phi26$mm 外圆
N130 X34；	精加工 $\phi34$mm 外圆端面
N140 X42 W-15；	精加工锥面
N150 W-13；	精加工 $\phi42$mm 外圆
N160 X46；	退刀
N170 G70 P70 Q160；	精车左端外轮廓
N180 G00 X100 Z100；	回换刀点
N190 M30；	程序结束

四、拓展提升

数控车床的加工技巧与心得

1. 编程技巧

因为对加工的产品精度要求较高，所以在编程时需要考虑以下事项：

（1）零件的加工顺序

① 先钻孔后平端（这是防止钻孔时缩料）；

② 先粗车再精车（这是为了保证零件精度）；

③ 先加工公差大的再加工公差小的（这是保证小公差尺寸表面不被划伤及防止零件变形）。

（2）选择合理的转速、进给量及切深

① 碳钢材料选择高转速、高进给量、大切深，如1Gr11，选择S1600、F0.2、切深2mm；

② 硬质合金选择低转速、低进给量、小切深，如GH4033，选择S800、F0.08、切深0.5mm；

③ 钛合金选择低转速、高进给量、小切深，如Ti6，选择S400、F0.2、切深0.3mm。

以加工某零件为例：材料为K414，此材料为特硬材料，经过多次试验，最终选择为S360、F0.1、切深0.2，才加工出合格的零件。

2. 对刀技巧

对刀分为对刀仪对刀和直接对刀，以下所述对刀技巧为直接对刀的。

先选择零件右端面中心为对刀点，并设为零点，机床回原点后，每一把需要用到的刀具都以零件右端面中心为零点对刀；刀具接触到右端面，输入Z0，单击测量，刀具的刀补值里面就会自动记录下测量的数值，这表示 *Z* 轴对刀对好了。*X* 对刀为试切对刀，用刀具车零件外圆少许，测量被车外圆数值（如 *X* 为20mm），输入X20，单击测量，刀补值会自动记录下测量的数值，这时 *X* 轴也对好了。这种对刀方法，就算机床断电，来电重启后仍然不会改变对刀值，适用于大批量长时间生产同一零件，其间关闭车床也不需要重新对刀。

3. 调试技巧

零件在编完程序，对好刀后需要进行试切调试，为了防止程序上出现错误和对刀的失误，造成撞机事故，应该先进行空行程模拟加工，在机床的坐标系中对刀具向右整体平移零件总长的2～3倍；然后开始模拟加工，模拟加工完成后确认程序及对刀无误，再开始对零件进行加工，首件零件加工完成后，先自检，确认合格，再找专职检验检查，专职检验确认合格后才表示调试结束。

4. 完成零件的加工

零件在首件试切完成后，就要进行成批生产，但首件的合格并不等于整批零件就会合格，因为在加工过程中，因加工材料的不同会使刀具产生磨损，加工材料软，刀具磨损就小，加工材料硬，刀具磨损快，所以在加工过程中，要勤量勤检，及时增加和减少刀补值，保证零件的合格。

五、思考练习

1. 判断题

(1) 固定粗车循环方式适合于加工棒料毛坯除去较大余量的切削。(　　)

(2) CNC 系统根据加工程序所描述的轮廓形状和 G71 指令内的各个参数自动生成加工路径，将粗加工待切除余料一次性切削完成。(　　)

(3) 当数控加工程序编制完成后即可进行正式加工。(　　)

2. 综合题

编制如图 2-93 所示轴套的加工程序，毛坯尺寸为 ϕ50mm×85mm，材料为 45 钢。

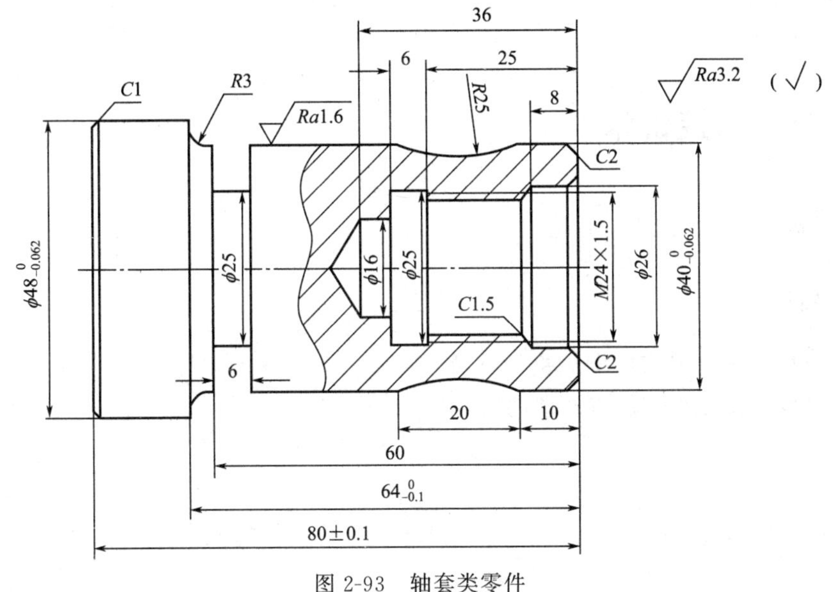

图 2-93　轴套类零件

CHAPTER 3

项目三　数控铣床概述及编程基础

任务一　认识数控铣床

一、学习目标

1. 知识目标

（1）了解数控铣床的结构组成及分类。
（2）掌握数控铣床主要加工对象的特点。

2. 能力目标

具备根据零件特点选择合适内容在数控铣床上进行加工的能力。

二、工学任务

如图 3-1 所示的板类零件，适合使用何种机床进行加工？

三、相关知识

1. 数控铣床加工范围

铣削加工是机械加工中最常用的加工方法之一，主要用来铣削平面（按加工时工件所处的位置分为水平面、垂直面、斜面），铣削轮廓、台阶面、沟槽（键槽、燕尾槽、T 形槽）等，也可进行钻孔、扩孔、铰孔、镗孔、锪孔及螺纹加工。

适于采用数控铣削的零件有平面类零件、变斜角类零件、曲面类零件和孔类零件。

（1）平面类零件

平面类零件的特点是各个加工表面是平面，或可以展开为平面，如图 3-2 所示。目前在数控铣床上加

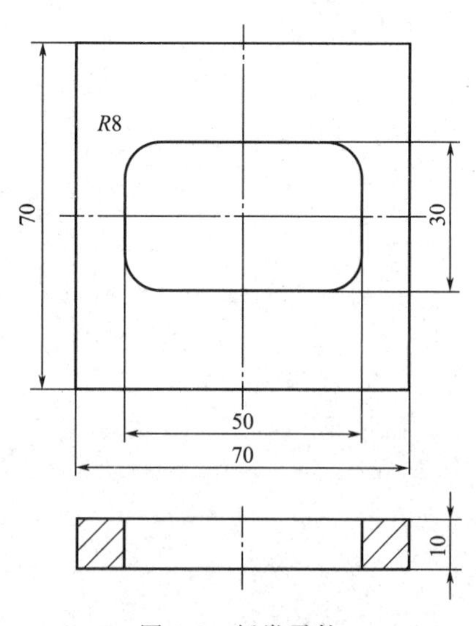

图 3-1　板类零件

工的绝大多数零件属于平面类零件。平面类零件是数控铣削加工对象中最简单的一类，一般只需要用三坐标数控铣床的两轴半联动或三轴联动加工即可。

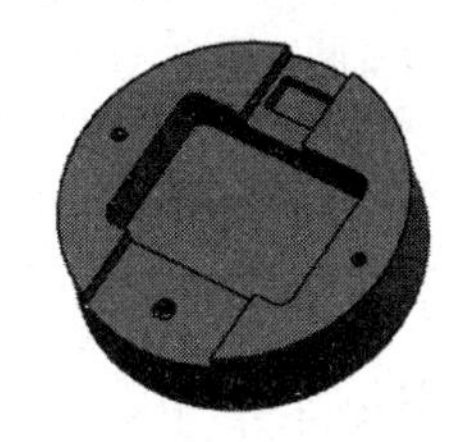

图 3-2　平面类零件

（2）变斜角类零件

加工面与水平面的夹角成连续变化的零件称为变斜角类零件，如图 3-3 所示。加工变斜角类零件最好采用四坐标或五坐标数控铣床摆角加工，若没有上述机床，也可在三坐标数控铣床上进行近似加工。

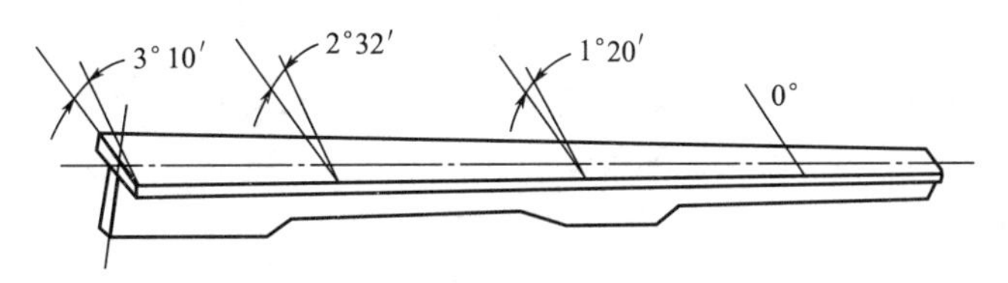

图 3-3　变斜角类零件

（3）曲面类零件

加工面为空间曲面的零件称为曲面类零件，如图 3-4 所示。这类零件加工面不能展开为平面，加工时，加工面与铣刀始终为点接触。加工曲面类零件一般采用三坐标数控铣床，表面精加工多采用球头铣刀进行。

（4）孔类零件

在数控铣床上加工的孔类零件，如图 3-5 所示，一般是孔的位置要求较高的零件。其加工方法一般为钻孔、扩孔、铰孔、镗孔、锪孔、攻螺纹等。

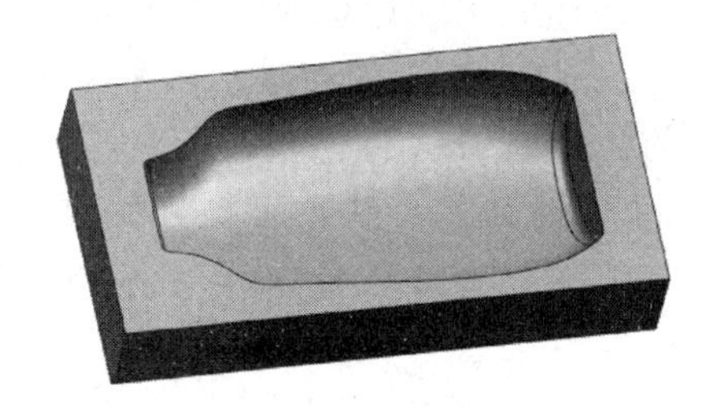

图 3-4　曲面类零件

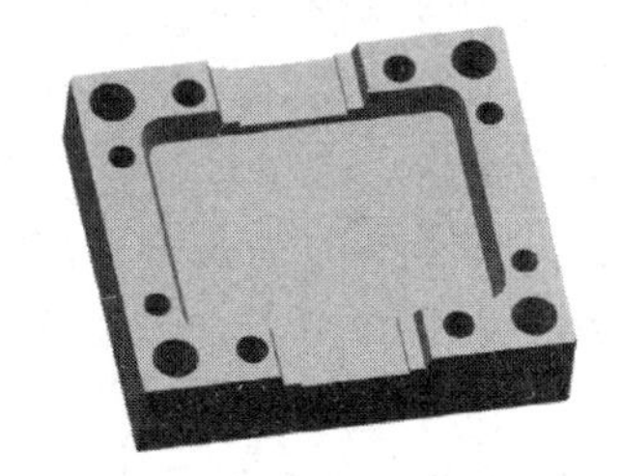

图 3-5　孔类零件

2. 数控铣床分类

（1）按机床主轴的布置形式分类

按机床主轴的布置形式及机床的布局特点分类，可分为立式数控铣床、卧式数控铣床和龙门数控铣床等。

图 3-6 立式数控铣床

① 立式数控铣床

一般可进行三坐标联动加工，目前三坐标立式数控铣床占大多数。如图 3-6 所示，立式数控铣床主轴与机床工作台面垂直，工件装夹方便，加工时便于观察，但不便于排屑。一般采用固定式立柱结构，工作台不升降。主轴箱做上下运动，并通过立柱内的重锤平衡主轴箱的质量。为保证机床的刚性，主轴中心线距立柱导轨面的距离不能太大，因此，这种结构主要用于中小尺寸的数控铣床。

此外，还有机床主轴可以绕 X、Y、Z 坐标轴中的一个或两个做数控回转运动的四坐标和五坐标数控立式铣床。通常，机床控制的坐标轴越多，尤其是要求联动的坐标轴越多，机床的功能、加工范围及可选择的加工对象也越多。但随之而来的是机床结构更加复杂，对数控系统的要求更高，编程难度更大，设备的价格也更高。

数控立式铣床也可以附加数控转盘，采用自动交换台，增加靠模装置来扩大它的功能、加工范围及加工对象，进一步提高生产效率。

② 卧式数控铣床

卧式数控铣床与通用卧式铣床相同，其主轴轴线平行于水平面。如图 3-7 所示，卧式数控铣床的主轴与机床工作台面平行，加工时不便于观察，但排屑顺畅。为了扩大加工范围和加工功能，一般配有数控回转工作台或万能数控转盘来实现四坐标、五坐标加工，这样不但可以加工出工件侧面上的轮廓，而且可以实现在一次安装过程中，通过转盘改变工位，进行“四面加工”。尤其是万能数控转盘可以把工件上各种不同的角度或空间角度的加工面摆成水平来加工，这样可以省去很多专用夹具或专用角度的成形铣刀，使其加工范围更加广泛。但从制造成本上考虑，单纯的卧式数控铣床现在已比较少，而多是在配备自动换刀装置（ATC）后成为卧式加工中心。

③ 龙门数控铣床

对于大尺寸的数控铣床，一般采用对称的双立柱结构，以保证机床的整体刚性和强度，这就是龙门数控铣床。如图 3-8 所示，龙门数控铣床有工作台移动和龙门架移动两种形式。主要用于大、中等尺寸，大、中等质量的各种基础大件，板件、盘类件、壳体件和模具等多品种零件的加工，工件一次装夹后可自动高效、高精度地连续完成铣、钻、镗和铰等多种工序的加工，适用于航空、重机、机车、造船、机床、印刷、轻纺和模具等制造行业。

（2）按数控系统的功能分类

按数控系统的功能分类，数控铣床可分为经济型数控铣床、全功能数控铣床和高速数控铣床等。

① 经济型数控铣床（图 3-9）

经济型数控铣床一般采用经济型数控系统，如 SE. MENS802S 等采用开环控制，可以实现三坐标联动。这种数控铣床成本较低，功能简单，加工精度不高，适用于一般复杂零件的加工，一般有工作台升降式和床身式两种类型。

图 3-7　卧式数控铣床

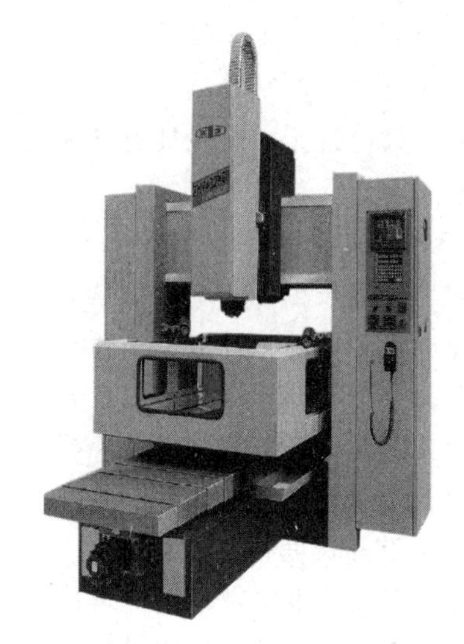

图 3-8　龙门数控铣床

② 全功能型数控铣床（图 3-10）

全功能型数控铣床采用半闭环控制或闭环控制，其数控系统功能丰富，一般可以实现四坐标以上的联动，加工适应性强，应用最广泛。

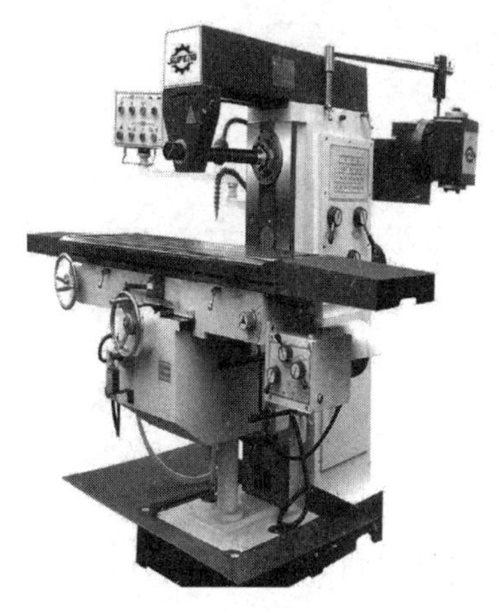

图 3-9　经济型数控铣床

图 3-10　全功能型数控铣床

③ 高速数控铣床

高速铣削是数控加工的一个发展方向，技术已经比较成熟，逐渐得到广泛的应用。这种数控铣床采用全新的机床结构、功能部件和功能强大的数控系统，并配以加工性能优越的刀具系统，加工时主轴转速一般在 8000～40000r/min，切削进给速度可达 10～30m/min，可以对大面积的曲面进行高效率、高质量的加工。但目前这种机床价格昂贵，使用成本比较高。

3. 数控铣床主要功能

（1）点位控制功能

数控铣床的点位控制主要用于工件的孔加工，如中心钻定位、钻孔、扩孔、锪孔、铰孔和镗孔等各种孔加工操作。

（2）连续控制功能

通过数控铣床的直线插补、圆弧插补或复杂的曲线插补运动，铣削加工工件的平面和曲面。

（3）刀具半径补偿功能

如果直接按工件轮廓线编程，在加工工件内轮廓时，实际轮廓线将大了一个刀具半径值；在加工工件外轮廓时，实际轮廓线又小了一个刀具半径值。使用刀具半径补偿的方法，数控系统自动计算刀具中心轨迹，使刀具中心偏离工件轮廓一个刀具半径值，从而加工出符合图纸要求的轮廓。利用刀具半径补偿的功能，改变刀具半径补偿量，还可以补偿刀具磨损量和加工误差，实现对工件的粗加工和精加工。

（4）刀具长度补偿功能

改变刀具长度的补偿量，可以补偿刀具换刀后的长度偏差值，还可以改变切削加工的平面位置，控制刀具的轴向定位精度。

（5）固定循环加工功能

应用固定循环加工指令，可以简化加工程序，减少编程的工作量。

（6）子程序功能

如果加工工件形状相同或相似部分，把其编写成子程序，由主程序调用，这样简化程序结构。引用子程序的功能使加工程序模块化，按加工过程的工序分成若干个模块，分别编写成子程序，由主程序调用，完成对工件的加工。这种模块式的程序便于加工调试，优化加工工艺。

（7）特殊功能

在数控铣床上配置仿形软件和仿形装置，用传感器对实物扫描及采集数据，经过数据处理后自动生成 NC 程序，进而实现对工件的仿形加工，实现反向加工工程。总之，配置一定的软件和硬件之后，能够扩大数控铣床的使用功能。

四、任务实施

根据上述数控铣床的知识点，并结合数控铣床的学习内容，确定图 3-1 所示零件选用数控铣床进行加工。

五、拓展提升

数控铣床的使用要求

数控铣床的整个加工过程是由数控系统按照数字化程序完成的，在加工过程中由于数控系统或执行部件的故障造成的工件报废或安全事故，操作者一般是无能为力的。数控铣床工作的稳定性和可靠性，对环境等条件的要求是非常高的。一般情况下，数控铣床在使用时应达到以下几方面要求。

（1）环境要求

数控机床的使用环境没有什么特殊的要求，可以与普通机床一样放在生产车间里，但是要避免阳光直接照射和其他热辐射，要避免过于潮湿或粉尘过多的场所，特别要避免有腐蚀性气体的场所。腐蚀性气体最容易使电子元件腐蚀变质，或造成接触不良，或造成元件之间短路，从而影响机床的正常运行。要远离振动大的设备，如冲床、锻压设备等。对于高精密的数控机床，还应采取防振措施。

由于电子元件的技术性能受温度影响较大，当温度过高或过低时，会使电子元件的技术性能发生较大变化，使工作不稳定或不可靠，从而增加故障发生的可能性。因此，对于精度高、价格昂贵的数控机床，应在有空调的环境中使用。

（2）电源要求

数控机床采取专线供电（从低压配电室分一路单独供数控机床使用）或增设稳压装置，都可以减少供电质量的影响和减少电气干扰。

（3）压缩空气要求

数控铣床多数应用了气压传动，以压缩空气作为工作介质实现换刀等，因而所用压缩空气的压力应符合标准，并保持清洁。管路严禁使用未镀锌铁管，防止铁锈堵塞过滤器。要定期检查和维护气、液分离器，严禁水分进入气路。最好在机床气压系统外增设气、液分离过滤装置，增加保护环节。

（4）不宜长期封存不用

购买的数控铣床要充分利用，尽量提高机床的利用率，尤其是投入使用的第一年，更要充分利用，使其容易出故障的薄弱环节尽早暴露出来，尽可能在保修期内将故障的隐患排除。如果工厂没有生产任务，数控机床较长时间不用，也要定期通电，每周通电1～2次，每次空运行1h左右，以利用机床本身的发热量来降低机内的湿度，使电子元件不致受潮，同时也能及时发现有无电池报警发生，以防止系统软件和参数丢失。

六、思考练习

1. 单选题

（1）对于有特殊要求的数控铣床，还可以加进一个回转的什么坐标？（　　）

A. X 坐标　　B. Y 坐标　　C. 数控分度头或数控回转工作台

（2）关于龙门数控铣床，下列说法错误的是（　　）。

A. 一般采用对称的双立柱结构

B. 只有工作台移动一种形式

C. 主要用于大、中等尺寸，大、中等质量的各种基础大件

（3）高速数控铣床加工时主轴转速一般在（　　）。

A. 8000～40000r/min　　B. 4000～8000r/min　　C. 800～4000r/min

2. 判断题

（1）机床控制的坐标轴越多，机床的功能、加工范围及可选择的加工对象也越多。（　　）

（2）数控立式铣床可以附加数控转盘，采用自动交换台。（　　）

（3）数控铣床不具备固定循环加工功能。（　　）

（4）数控铣床不能进行攻螺纹工序。（　　）

（5）经济型数控铣床一般采用经济型数控系统。（　　）

3. 简答题

请简述数控铣床的主要组成部分及其作用。

任务二　认识数控铣床坐标系

一、学习目标

1. 知识目标

（1）熟悉数控铣床坐标系系统，掌握数控铣床坐标系的方向设置。
（2）理解机床原点、机床参考点和工件原点的概念。

2. 能力目标

能够正确建立数控铣床坐标系。

二、工学任务

在空间中描述一个物体的运动都有其相对应的坐标系，数控铣床中的切削运动也是工件和刀具相对车床的一种运动，也要有相应的坐标系才能进行正确的铣削，确定工件在铣床中的位置，确定刀具在铣床中的位置，让刀具按照预定的轨迹进行运动，切削出符合要求的工件。图 3-11 所示的铣床坐标系如何建立？

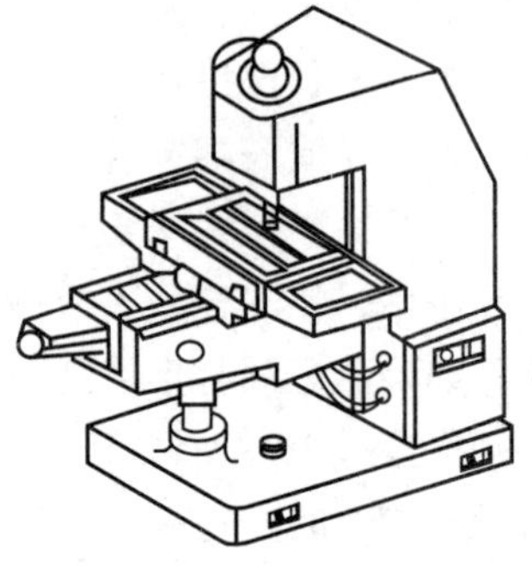

图 3-11　立式数控铣床

三、相关知识

1. 铣床坐标系确定原则

（1）刀具相对于静止工件而运动的原则

数控铣床是一种刀具位置相对不动，通过变换工件的位置进行加工的机床。但是为了便于编程人员进行数控加工的程序编制，人们做了一个规定，即确定坐标系时一律看作刀具是运动状态，工件是静止状态。也就是假设工件静止，刀具相对工件运动。

（2）标准坐标（机床坐标）系的规定

ISO 标准规定采用右手直角笛卡儿坐标系：X、Y、Z 三轴之间的关系遵循右手定则。右手三指互成直角，拇指指向 X 轴正方向，食指指向 Y 轴正方向，中指指向 Z 轴正方向，如图 3-12 所示。

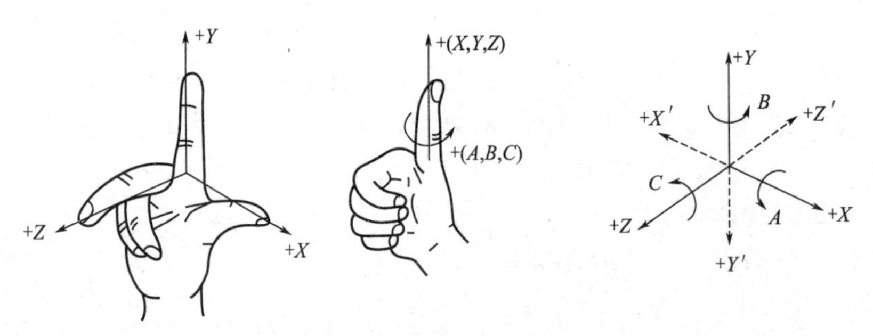

图 3-12　右手直角笛卡儿坐标系

2. 数控铣床坐标系

由于数控铣床有立式和卧式之分，所以机床坐标轴的方向也因其布局的不同而不同。

(1) 立式升降台铣床的坐标方向

Z 轴垂直（与主轴轴线重合），向上为正方向；面对机床立柱的左右移动方向为 X 轴，将刀具向右移动（工作台向左移动）定义为正方向；根据右手笛卡儿坐标系的原则，Y 轴应同时与 Z 轴和 X 轴垂直，且正方向指向床身立柱，如图 3-13 所示。

(2) 卧式升降台铣床的坐标方向

如图 3-14 所示，Z 坐标轴与卧式铣床的水平主轴同轴线，且向里为正方向；面对主轴，向左为 X 坐标轴的正方向，根据右手直角坐标系的规定确定 Y 坐标轴的方向朝上。

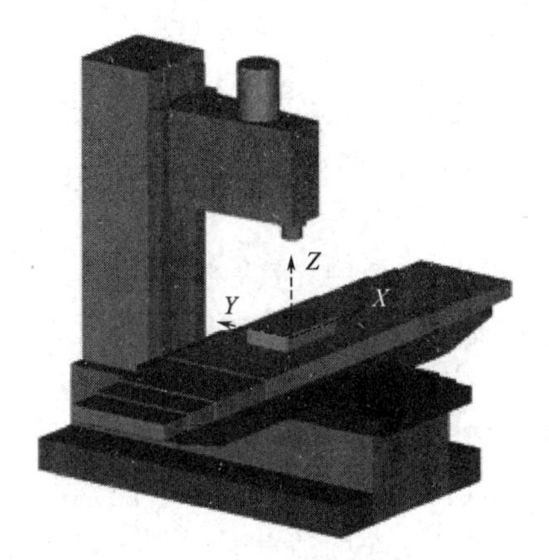

图 3-13　立式铣床坐标系

图 3-14　卧式铣床坐标系

3. 机床原点

机床原点是指机床上设置的一个固定的点，即机床坐标系的原点。它在机床装配、调试时就已确定下来，是数控机床进行加工的基准参考点。数控铣床的机床原点一般取在 X、Y、Z 坐标的正方向极限位置上。

4. 机床参考点

数控装置通电后通常要进行回参考点操作，以建立机床坐标系。参考点可以与机床零点重合，也可以不重合，通过参数来指定机床参考点到机床零点的距离。机床回到了参考点位置也就知道了该坐标轴的零点位置，找到所有坐标轴的参考点，CNC 就建立起了机床坐标系。通常，在数控铣床上，机床原点和机床参考点是重合的。

5. 工件坐标系

工件坐标系是编程人员在编程时使用的，由编程人员选择工件上的某个已知点为原点建立的一个坐标系。确定工件坐标系时不必考虑毛坯在机床上的实际装夹位置。工件坐标系各轴的方向应该与所使用的数控机床相应的坐标轴方向一致。如图 3-15 所示为数控铣床的坐标系统。

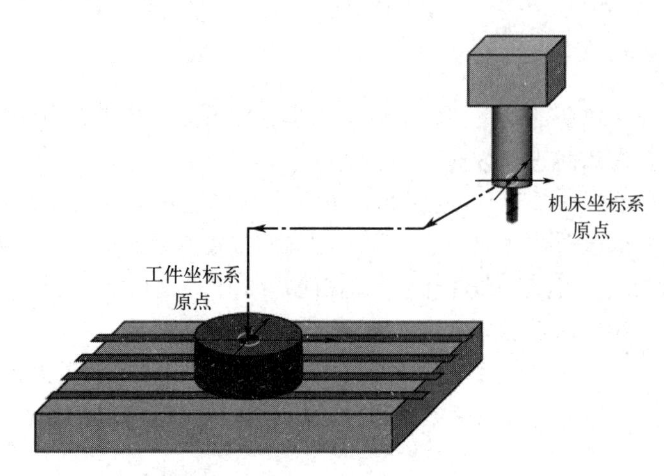

图 3-15 数控铣床的坐标系统

工件原点又称编程原点。编程人员在编制程序时，根据零件图样选定编程原点，建立编程坐标系。坐标系中各轴的方向应该与机床坐标系相应的坐标轴方向一致。工件原点选择原则如下：

① 工件原点应选在零件图的尺寸基准上，这样便于坐标值的计算，减少手工计算量。

② 工件原点的选择要尽量满足编程简单、尺寸换算少、引起的加工误差小等条件。

③ 对于对称零件，工件原点应设在对称中心上。

④ 对于一般零件，工件原点通常设在工件外轮廓某一角上。

⑤ Z 轴方向的零点，一般设在工件上表面上。

⑥ X 轴、Y 轴工件坐标系原点设在与零件的设计基准重合的地方。

6. 工件坐标系的设定

（1）坐标系设定指令（G92）

```
G92 X_Y_Z_；
```

其中 X_——对刀点到工件坐标系原点的 X 方向距离；

Y_——对刀点到工件坐标系原点的 Y 方向距离；

Z_——对刀点到工件坐标系原点的 Z 方向距离。

G92 指令建立工件坐标系。当执行 G92Xα YβZδ 指令后，系统内部即对（α,β,δ）进行记忆，并建立一个使刀具当前点坐标值为（α,β,δ）的坐标系，系统控制刀具在此坐标系中按程序进行加工。执行该指令只建立一个坐标系，刀具并不产生运动。

对于 FANUC 系统，许多编程人员已不再使用 G92 来设定工件坐标系了。因此，此处仅作简要介绍。

（2）工件坐标系的选取指令（G54～G59）

在机床中，可以预置 6 个工件坐标。通过在 CRT 面板上的操作，设置每一个工件坐标系原点相对于机床坐标系原点的偏移量，然后使用 G54～G59 指令来选用它们，G54～G59 都是模态指令，并且存储在机床存储器内，在机床重开机时仍然存在，并与刀具的当前位置无关。

如图 3-16 所示，工件原点相对机床原点的偏移值分别为 －301.333、－170.123、－411.909，若选用 G54 坐标系，则在 G54 存储器中分别输入这 3 个值。

一旦指定了 G54～G59 之一，则该工件坐标系原点即当前程序点，后续程序段中的工件绝对坐标均为相对于此程序原点的值。

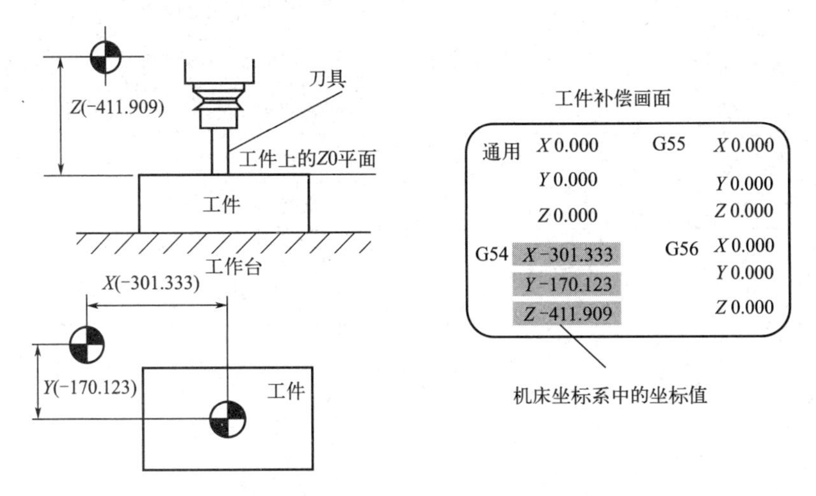

图 3-16 G54 设定工件坐标系

四、任务实施

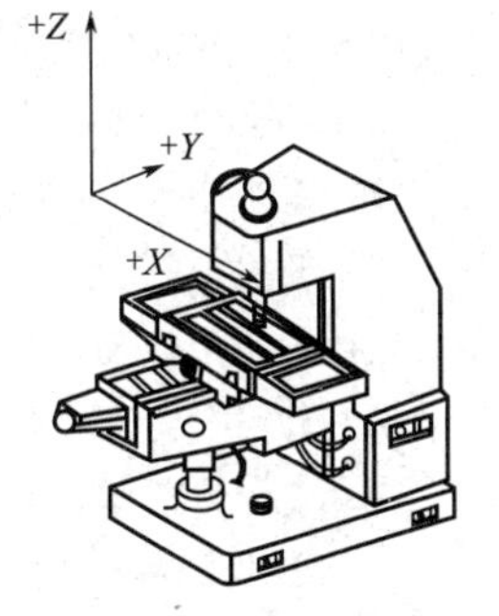

图 3-17 立式数控铣床坐标系

图 3-17 所示的车床为立式数控铣床，与铣床主轴轴线平行的方向为 Z 轴，面对机床立柱的左右移动方向为 X 轴，刀具向右移动方向为正方向；根据右手笛卡儿坐标系的原则，Y 轴应同时与 Z 轴和 X 轴垂直，且正方向指向床身立柱。坐标系建立如图 3-17 所示。

五、拓展提升

数控铣削在不同行业的应用

数控铣削是一种多功能制造工艺，广泛应用于各个行业。如表 3-1 所示，使用数控铣削的一些常见行业包括：

① 航空航天与国防：数控铣削用于生产飞机、导弹和其他防御系统的复杂零部件。CNC 铣削的精度和准确度使其成为这些关键应用的理想选择。

② 汽车：数控铣削用于生产汽车零部件，包括发动机缸体、变速箱壳体和悬架部件。数控铣削的效率和可重复性使其成为汽车行业大批量生产的经济高效的选择。

③ 医疗：数控铣削用于生产医疗植入物、假肢和其他医疗设备。CNC 铣削的精度和准确度确保这些关键部件满足严格的尺寸公差，并且可以安全地用于医疗应用。

④ 电子：数控铣削用于生产电路板、散热器和其他电子制造部件。数控铣削的多功能性和灵活性使其成为这个快速发展行业的理想选择。

⑤ 建筑：数控铣削用于生产建筑行业的模具、模板和其他部件。数控铣削的精密度和准确度确保这些部件满足严格的尺寸公差，并能承受严酷的施工。

⑥ 模型：数控铣削通常用于快速原型制作，使设计师和工程师能够快速制作其设计的物理原型以进行测试和评估。

表 3-1 数控铣削在不同行业的各种应用

行业应用	应用领域
航空航天与国防	飞机零件、导弹、防御系统
汽车行业	发动机缸体、变速箱壳体、悬架部件
医疗行业	植入物、假肢、医疗器械
电子	电路板、散热器、其他部件
建设	模具、模板、其他部件
模型	快速成型

六、思考练习

1. 单选题

(1) 数控机床原点是（　　），由（　　）设定。

A. 机床上的固定点，编程人员

B. 机床上的固定点，机床生产厂家

C. 随机点，机床生产厂家

(2) 数控系统中 G54 与下列哪一个 G 指令的用途相同？（　　）

A. G03　　B. G50　　C. G56

(3) 数控铣床可以使用以下指令指定坐标系的是（　　）。

A. G50　　B. G51　　C. G54

(4) G54 中设置的数值是（　　）。

A. 工件坐标原点相对机床坐标原点的偏移量

B. 工件坐标系的原点

C. 工件坐标原点相对对刀点的偏移量

2. 综合题

标注图 3-18 所示数控铣床坐标轴。

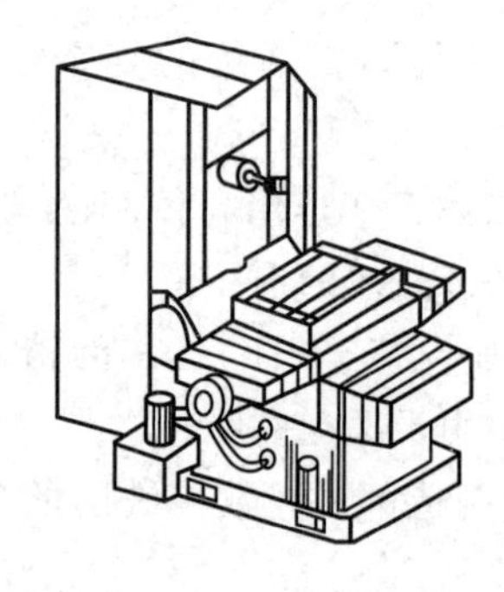

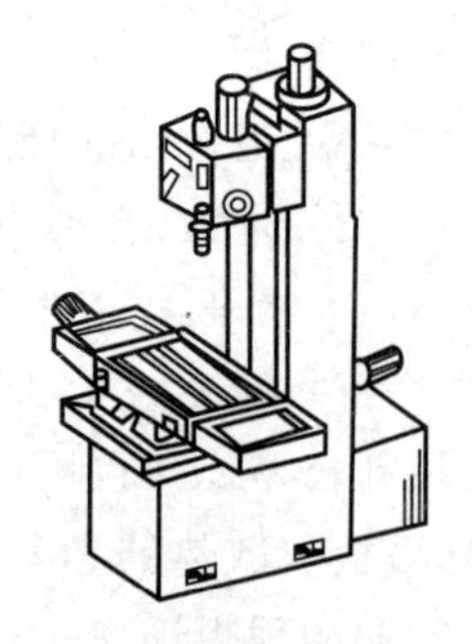

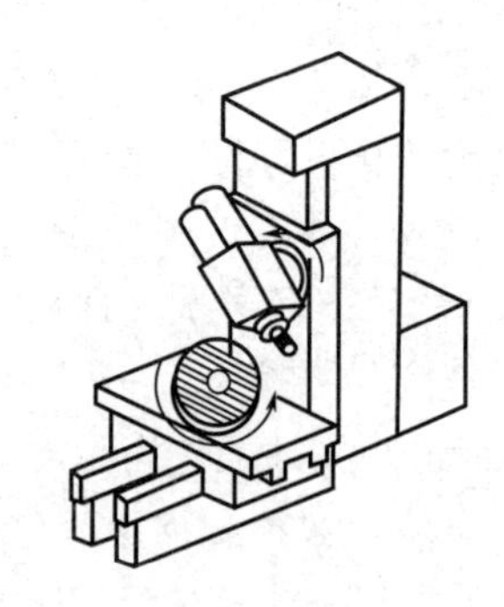

图 3-18 数控铣床坐标系

任务三 数控铣床对刀

一、学习目标

1. 知识目标

（1）了解数控铣床对刀的原理。
（2）掌握数控铣床对刀的操作方式。

2. 能力目标

会使用宇龙数控加工仿真软件进行仿真。

二、工学任务

毛坯尺寸 60mm×60mm×20mm，使用 ϕ16mm 立铣刀，在数控机床中输入以下程序后，如何能够加工出图 3-19 所示的零件？

```
O3001;
N10 G54 G17 G90;
N20 M03 S1000;
N30 G00 Z100;
N40 X40 Y40;
N50 Z5;
N60 Z-5 F50;
N70 G41 G01 X25 F150 D01;
N80 Y-25;
N90 X-25;
N100 Y25;
N110 X40;
N120 G40 G01 Y40;
N130 G00 Z100;
N140 M30;
```

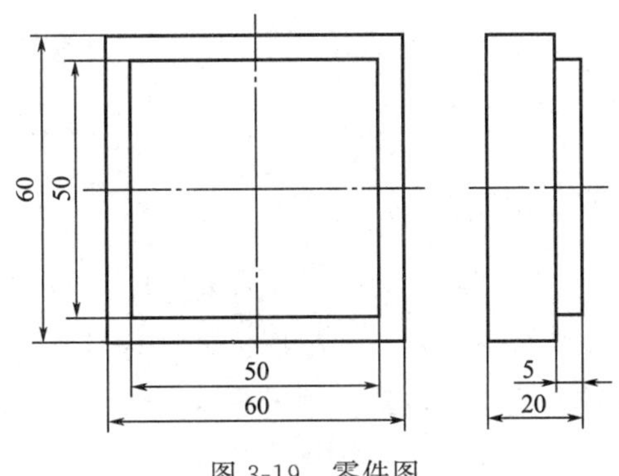

图 3-19 零件图

三、相关知识

1. 对刀原理

对刀的目的是建立工件坐标系。直观的说法是，对刀是确立工件在机床工作台中的位置，实际上就是求对刀点在机床坐标系中的坐标。

（1）对刀点

对刀点既可以设在工件上（如工件上的设计基准或定位基准），也可以设在夹具或机床上，若设在夹具或机床上的某一点，则该点必须与工件的定位基准保持一定精度的尺寸关系。其确定原则一般如下：

① 对刀点要有利于程序编写；

② 对刀点位置需容易被查看，进而方便机械加工；

③ 对刀点位置需容易被检验，进而便于提高工件的加工精度。

（2）刀位点

对刀时，应使刀位点与对刀点重合。所谓刀位点，是指刀具的定位基准点，不同的刀具，刀位点不同：圆柱铣刀的刀位点是刀具中心线与刀具底面的交点；车刀的刀位点是刀尖或刀尖圆弧中心；球头铣刀的刀位点是球头的球心点；钻头的刀位点是钻头顶点。刀位点如图 3-20 所示。

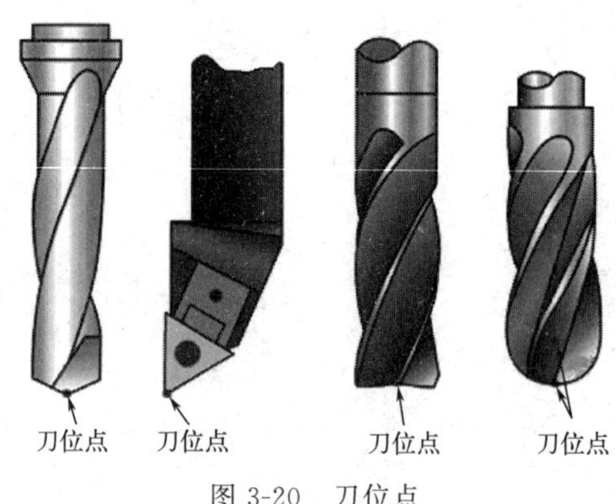

图 3-20 刀位点

2. 试切法

加工刀具直接试切工件对刀，这种只适合没有加工过的毛坯件。这种方法简单方便，但会在工件表面留下切削痕迹，且对刀精度较低。以对刀点（此处与工件坐标系原点重合）在工件表面中心位置为例采用双边对刀方式。

（1）X、Y 向对刀

① 将工件通过夹具装在工作台上，装夹时，工件的四个侧面都应留出对刀的位置。

② 启动主轴中速旋转，快速移动工作台和主轴，让刀具快速移动到靠近工件左侧有一定安全距离的位置，然后降低速度移动至接近工件左侧。

③ 靠近工件时按“手动脉冲”按钮，进入手轮方式，摇动手轮，让刀具慢慢接近工件左侧，使刀具恰好接触到工件左侧表面（观察，听切削声音、看切痕、看切屑，只要出现一种情况即表示刀具接触到工件），记下此时机床坐标系中显示的坐标值，如－240.500。

④ 沿 Z 轴正方向退刀，至工件表面以上，用同样方法接近工件右侧，记下此时机床坐标系中显示的坐标值，如－340.500。

⑤ 据此可得工件坐标系原点在机床坐标系中坐标值为[－240.500＋(－340.500)]/2 ＝－290.500。

⑥ 同理可测得工件坐标系原点在机床坐标系中的坐标值。

（2）Z 向对刀

① 将刀具快速移至工件上方。

② 启动主轴中速旋转，快速移动工作台和主轴，让刀具快速移动到靠近工件上表面有

一定安全距离的位置，然后降低速度移动让刀具端面接近工件上表面。

③ 靠近工件时改用手轮来靠近，让刀具端面慢慢接近工件表面（注意刀具特别是立铣刀时最好在工件边缘下刀，刀的端面接触工件表面的面积小于半圆，尽量不要使立铣刀的中心孔在工件表面下刀），使刀具端面恰好碰到工件上表面，再将轴抬高，记下此时机床坐标系中的 *Z* 值，如－140.400，则工件坐标系原点 *W* 在机床坐标系中的坐标值为－140.400。

④ 将测得的 *X*、*Y*、*Z* 值输入机床工件坐标系存储地址 G54 中（G54～G59 都可以）。

⑤ 进入面板输入模式（MDI），输入“G54”，按启动键（在自动模式下），运行 G54 使其生效。

⑥ 检验对刀是否正确。

3. 辅助工具对刀

这种对刀方法，刀具跟工件没有直接接触，适用于经过粗加工或精加工的工件。

（1）塞尺、标准芯棒、块规对刀法

此法与试切对刀法相似，只是对刀时主轴不转动，在刀具和工件之间加入塞尺（或标准芯棒、块规），以塞尺恰好不能自由抽动为准，注意计算坐标时应将塞尺的厚度减去。因为主轴不需要转动切削，这种方法不会在工件表面留下痕迹，但对刀精度也不够高。

（2）采用寻边器、偏心棒和轴设定器等工具对刀法

操作步骤与采用试切对刀法相似，只是将刀具换成寻边器或偏心棒，这是最常用的方法。这种对刀方法效率高，能保证对刀精度。使用寻边器时必须小心，让其钢球部位与工件轻微接触，同时被加工工件必须是良导体，定位基准面有较好的表面粗糙度。*Z* 轴设定器一般用于转移（间接）对刀法。

（3）百分表（或千分表）对刀法

几何形状为回转体的零件常使用百分表找正编程原点，通过百分表找正的目的是使主轴轴心线与工件轴心线同轴，这样就找到了 *XY* 平面的中心。方法如下：

① 找正之前，调整到手动方式，使主轴降到工件上表面附近，摇动手摇脉冲发生器，调整位置，使主轴轴心线大致与工件轴心线同轴，再抬起主轴到一定的高度，方便安装磁力表座，在主轴端面把磁力表座吸附好，然后安装好百分表头，使百分表触头与工件圆柱表面接触。

② 找正过程中，*X* 轴或 *Y* 轴可进行单独找正。若对 *X* 轴先找正，则 *Y* 轴不动，在 *X* 方向的坐标上调整工件。旋转主轴，使百分表绕着工件在 *X*1 与 *X*2 点之间做旋转运动，观察 *X*1 与 *X*2 点，调整工作台 *X* 方向的运动，使百分表指针在 *X*1 点与 *X*2 点位置相同，说明 *X* 轴的中心确定了。同理，进行 *Y* 轴中心的确定。

③ 记录此时“POS”屏幕显示的 *X*、*Y* 坐标值，在工件坐标系（G54）输入 *X* 值、测量；*Y* 值、测量。

（4）专用对刀器对刀法

用专用对刀器对刀有对刀精度高、效率高、安全性好等优点，把烦琐的靠经验保证的对刀工作简单化了，保证了数控机床的高效高精度特点的发挥，已成为数控机床上解决刀具对刀不可或缺的一种专用工具。

四、任务实施

1. 数控铣宇龙仿真基本操作

(1) 进入仿真系统

(2) 选择机床类型

打开菜单“机床/选择机床”（或在工具栏中选择按钮），在“选择机床”对话框中选择控制系统类型和相应的机床，并单击“确定”按钮，界面如图 3-21 所示。

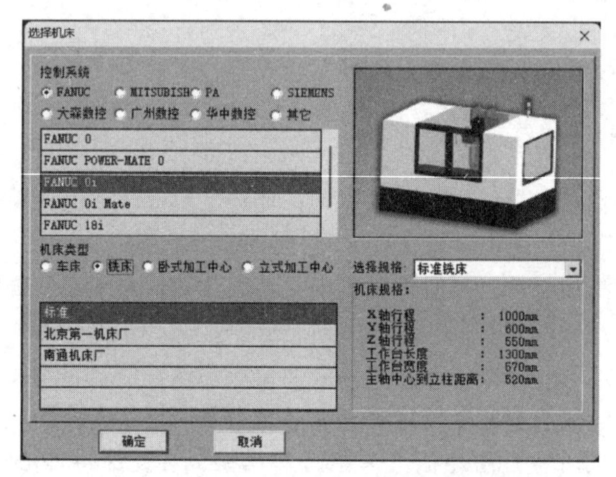

图 3-21　选择机床及数控系统界面

提示：为了操作方便，单击鼠标右键，在弹出的快捷菜单中选择“选项”，如图 3-22 所示，把“显示机床罩子”前的对钩去掉。在“选项”中根据需要还可以去掉声音，调整仿真加速倍率等。

(3) 毛坯设定

① 定义毛坯

打开菜单“零件/定义毛坯”或在工具条上选择图标，系统打开如图 3-23 所示对话框。毛坯为长方形，尺寸为 100mm×80mm×40mm。

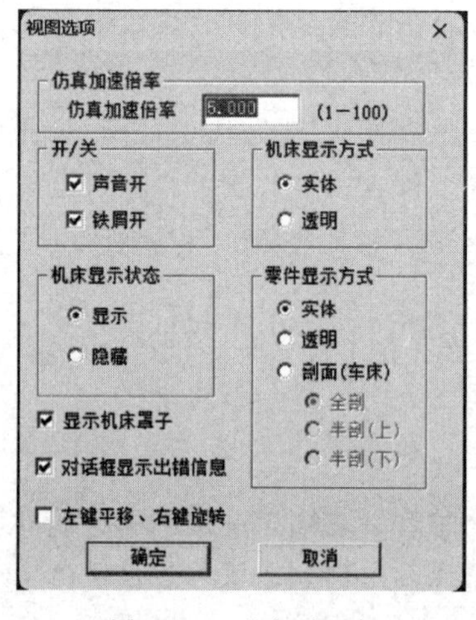

图 3-22　“选项”卡

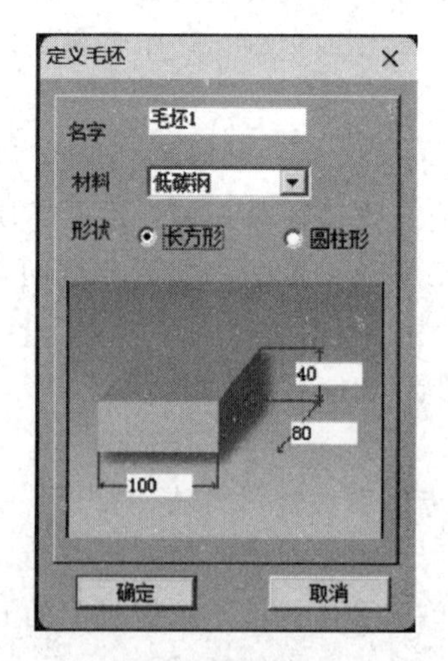

图 3-23　定义毛坯

② 使用夹具

打开菜单“零件/安装夹具”命令或者在工具条上选择图标，打开操作对话框。

首先在“选择零件”列表框中选择毛坯。然后在“选择夹具”列表框中选夹具，长方体零件可以使用工艺板或者平口钳，如图 3-24 所示，圆柱形零件可以选择工艺板或者卡盘。

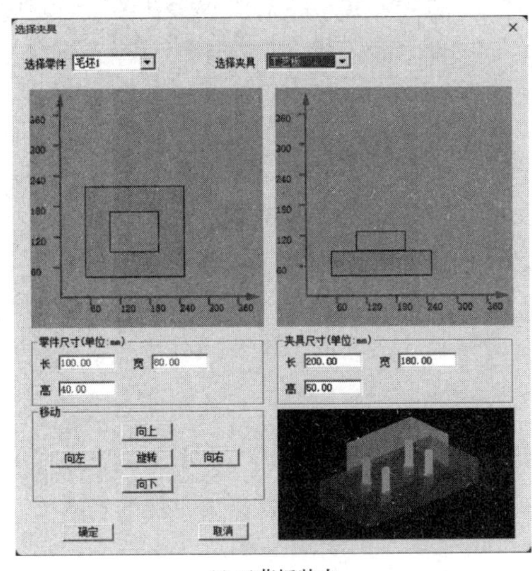

(a) 工艺板装夹

(b) 平口钳装夹

图 3-24　装夹方式

可通过各个方向的“移动”按钮来调整毛坯在夹具上的位置。

③ 放置零件

打开菜单“零件/放置零件”命令或者在工具条上选择图标，系统弹出“选择零件”对话框，如图 3-25 所示。

在列表中单击所需的零件，选中的零件信息加亮显示，单击“安装零件”按钮，系统自动关闭对话框，零件和夹具（如果已经选择了夹具）将被放到机床上。

④ 调整零件位置

零件和夹具可以在工作台面上移动和旋转，小键盘上的“退出”按钮用于关闭小键盘，如图 3-26 所示。也可以选择菜单“零件/移动零件”打开小键盘。

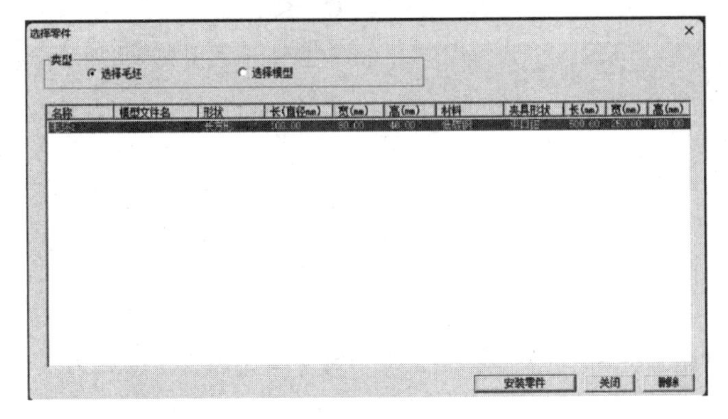

图 3-25　放置零件

图 3-26　移动零件

⑤ 使用压板

当不使用工艺板和虎钳时，可以使用压板。打开菜单“零件/安装压板”，系统打开“选择压板”对话框，如图 3-27 所示。对话框中列出各种安装方案，可以拉动滚动条浏览全部许可的方案。然后选择所需要的安装方案，单击“确定”按钮，压板将出现在台面上。

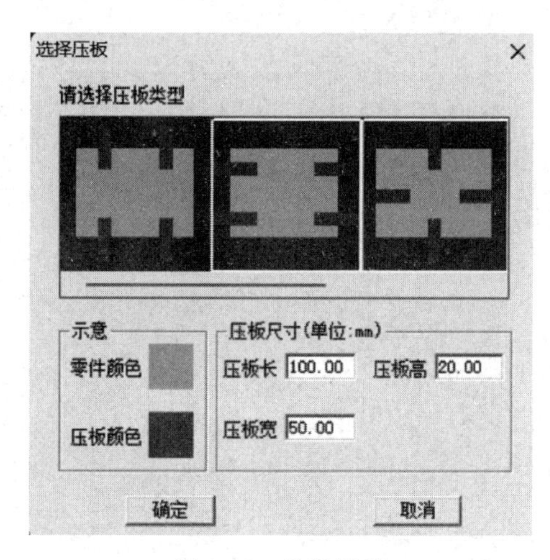

图 3-27 选择压板

(4) 选择铣刀

打开菜单“机床/选择刀具”或者在工具条中选择图标，系统弹出“选择铣刀”对话框。

① 按条件列出刀具清单（筛选的条件是直径和类型）

a. 在“所需刀具直径”输入框内输入直径，如果不把直径作为筛选条件，请输入数字“0”。

b. 在“所需刀具类型”选择列表中选择刀具类型。可供选择的刀具类型有平底刀、平底带 R 刀、球头刀、钻头、镗刀等。

c. 单击“确定”按钮，符合条件的刀具在“可选刀具”列表中显示。

② 选择需要的刀具

用鼠标单击“可选刀具”列表中的所需要刀具，如图 3-28 所示。

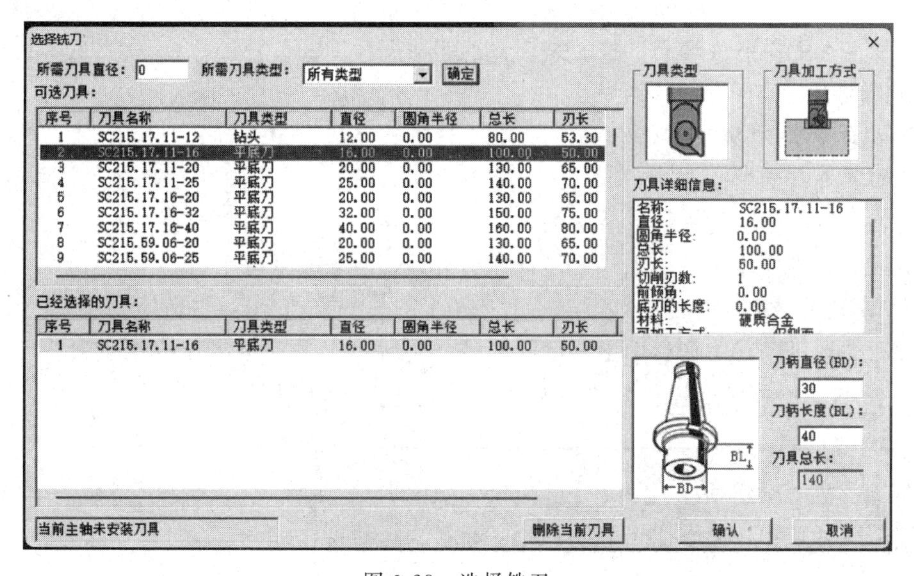

图 3-28 选择铣刀

③ 输入刀柄参数

操作者可以按需要输入刀柄参数：直径和长度。总长度是刀柄长度与刀具长度之和。

④ 删除当前刀具

单击“删除当前刀具”按钮可删除此时“已选择的刀具”列表中光标所在行的刀具。

(5) 确认选刀

选择完刀具，单击“确认”按钮完成选刀操作。或者单击“取消”按钮退出选刀操作。

2. 对刀操作

数控程序一般按工件坐标系编程，对刀的过程就是建立工件坐标系与机床坐标系之间的关系。对刀的目的是获得工件坐标系的坐标原点在机床坐标系中的坐标值。

下面将具体说明立式铣床对刀的方法。一般铣床及加工中心在 X、Y 方向用基准工具对刀，基准工具包括刚性靠棒和寻边器两种。在 Z 方向上用刀具对刀。

（1）开机操作

（2）回原点（即回参考点）

开机后，回原点灯亮，在回原点模式下，分别选择X、Y、Z，单击+，回参考点后，回参考点指示灯变亮，这样回原点操作完成。

无论是仿真还是实际操作，不管是数控车床还是铣床，开机后第一步要做的事情就是回参考点。

（3）X、Y 向对刀

① 单击菜单“机床/基准工具”，弹出“基准工具”对话框，如图 3-29 所示。左边是刚性靠棒基准工具，右边是偏心轴，选择刚性靠棒，单击“确定”按钮。

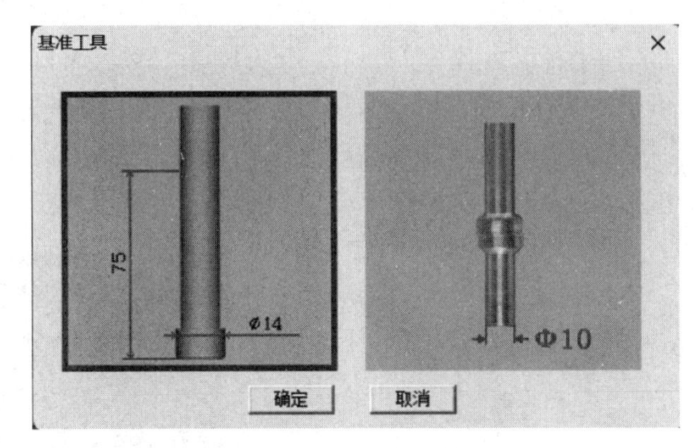

图 3-29　基准工具

② 按按键，选择手动方式。为了让刀具靠近工件，分别选择Y和Z，单击-，同时配合快速；然后选择或者，达到如图 3-30 所示的大致位置就能进行 X 方向对刀了。

③ 为了对刀方便，选择前视图方向，然后分别选择X和Z，单击-，同时配合快速，达到如图 3-31 所示的大致位置。

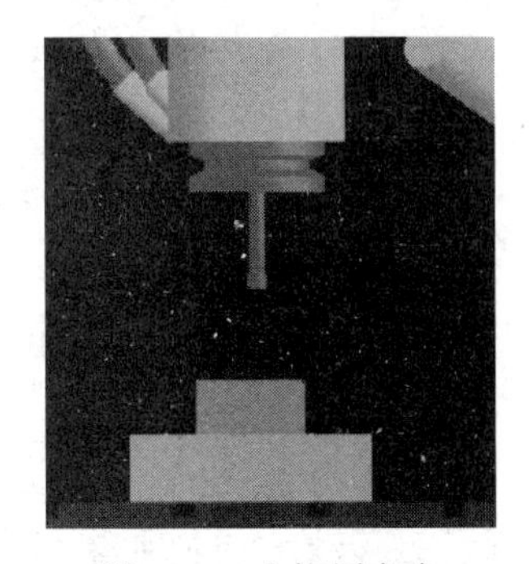

图 3-30　左视图方向

图 3-31　主视图方向

④ 移动到大致位置后，单击菜单“塞尺检查”，选择塞尺厚度（1mm），基准工具和零件之间被插入塞尺。在机床下方显示如图3-32所示的局部放大图。图中，紧贴零件的物件为塞尺。

⑤ 方式选择：单击（手轮），然后单击右下角的按钮，则弹出手轮面板。采用手轮即手动脉冲方式精确移动机床，将手轮对应轴旋钮置于 X 挡（鼠标左右键选择），调节手轮倍率旋钮，在手轮上单击鼠标左键（使 X 减小）或右键（使 X 增大）精确移动靠棒。直到提示信息对话框显示“塞尺检查的结果：合适”为止，如图3-33所示。

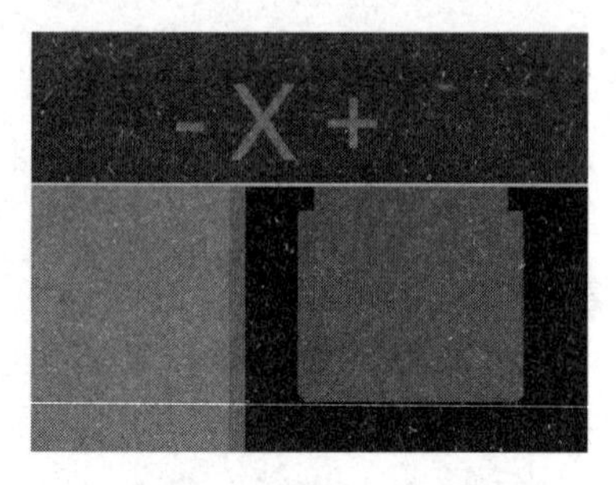

图3-32　局部放大图

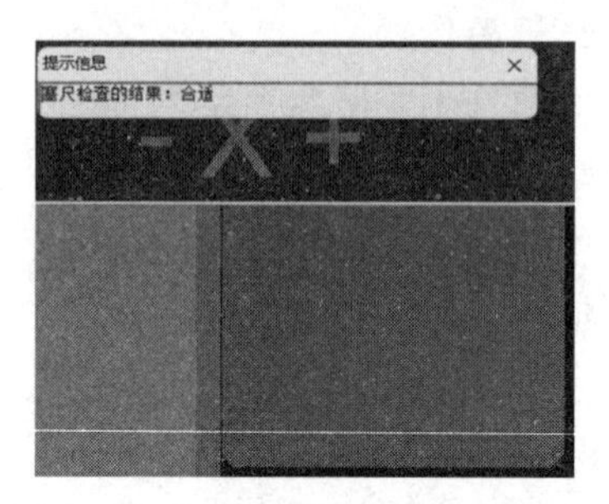

图3-33　塞尺合适位置

⑥ 毛坯的尺寸为100mm×80mm×40mm，如果工件原点（编程原点）设在工件中心，此时测量棒的中心点在工件坐标系的坐标 $X=100/2+1$（塞尺厚度）$+14/2$（测量棒半径）$=58$，如图3-34所示。单击图标，选择下方的软键“坐标系”，单击，移动到G54的 X 位置，输入X58，单击下方的软键“测量”，得到如图3-35所示的值，这个值指的是工件原点在机床坐标系的 X 坐标。

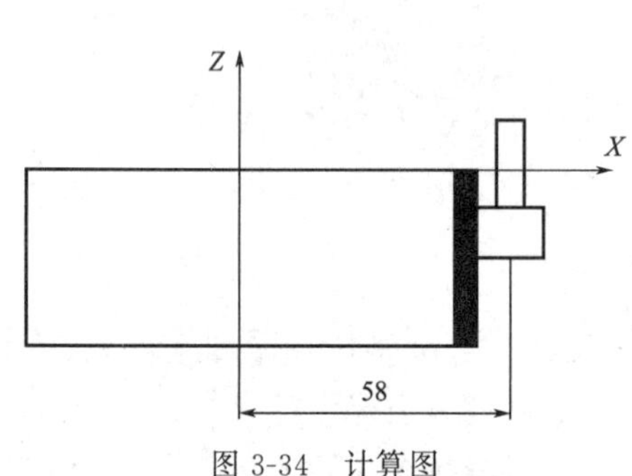

图3-34　计算图

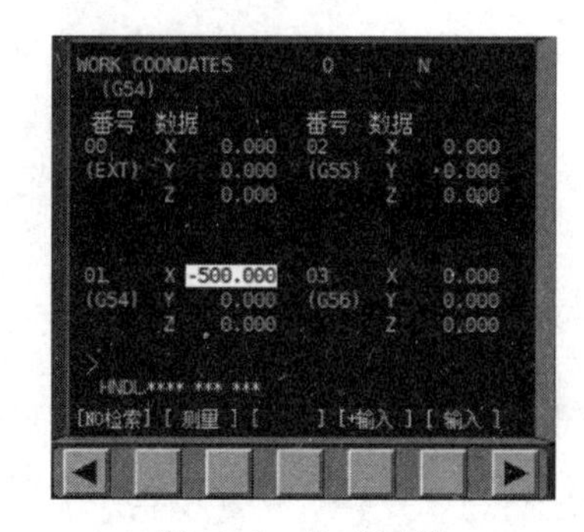

图3-35　X 对刀值

⑦ 完成 X 方向对刀后，单击菜单“塞尺检查/收回塞尺”将塞尺收回，用“手动”方式将 Z 轴提起，同样的方法对 Y 轴对刀，如图3-36所示。此时测量棒的中心点在工件坐标系的坐标 $Y=80/2+1$（塞尺厚度）$+14/2$（测量棒半径）$=48$，因为测量棒在机床外侧，所以此时 $Y=-48$，输入 $Y-48$，单击下方的软键“测量”，得到如图3-37所示的值，这个值指的是工件原点在机床坐标系的 Y 坐标。

⑧ 完成 Y 方向对刀后，将塞尺收回，用“手动”方式将 Z 轴提起，再单击菜单“机床/拆除工具”拆除基准工具。

对刀时一定注意 X、Y 轴的正负方向，尤其是在实际机床操作时，否则会有危险。X 轴的正方向朝右，Y 轴的正方向朝机床里，这都是刀具的移动方向；如果想让工件朝右移动，则让刀具朝左移动，单击X -图标。

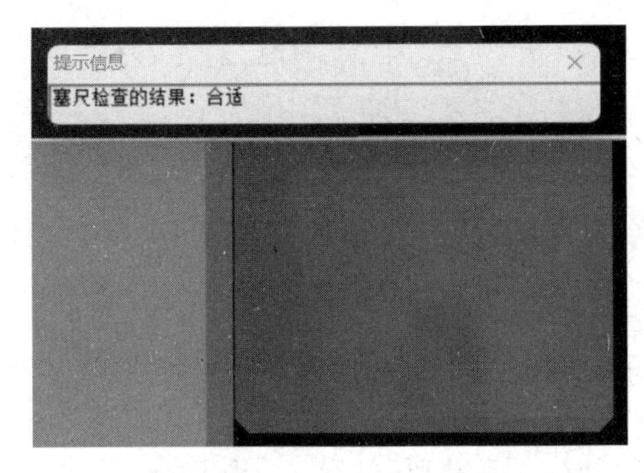

图 3-36　Y 轴对刀

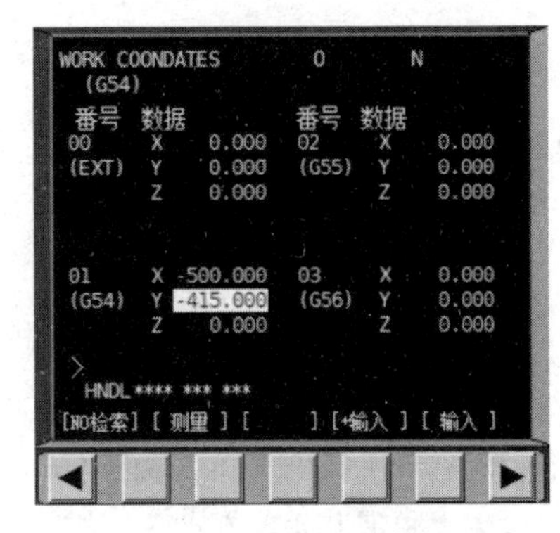

图 3-37　Y 对刀值

（4）Z 向对刀

铣床 Z 轴对刀时采用实际加工时所要使用的刀具。对刀方法有塞尺法和试切法两种。这里只介绍塞尺法。

① 选择所需要的刀具（这里选了把 $\phi 12$ 铣刀），单击“确认”按钮，刀具安装到主轴上。

② 装好刀具后，进入“手动”方式，将机床移到如图 3-38 所示的大致位置。加上 1mm 塞尺，改为“手轮”方式，刚开始选“X100”挡，转动手轮，量程不合适的话，依次选择“X10”“X1”挡，直到显示“塞尺检查的结果：合适”时，如图 3-39 所示。此时刀具的刀位点在工件坐标系的坐标为 Z1（1mm 塞尺），输入 Z1，然后单击软键“测量”，得到如图 3-40 所示的值，这个值指的是工件原点在机床坐标系的 Z 坐标。

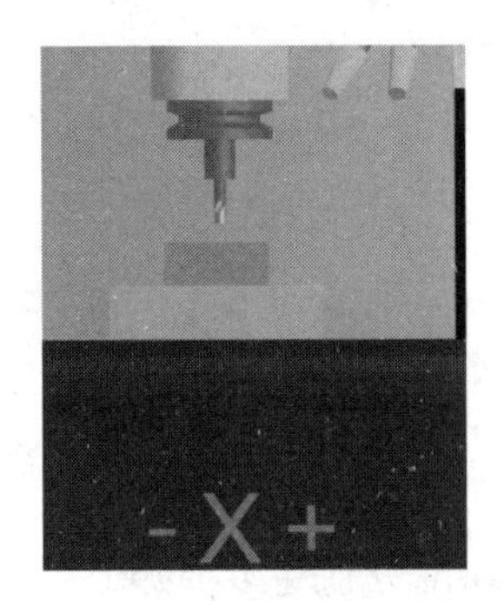

图 3-38　主视图方向

图 3-39　Z 向对刀

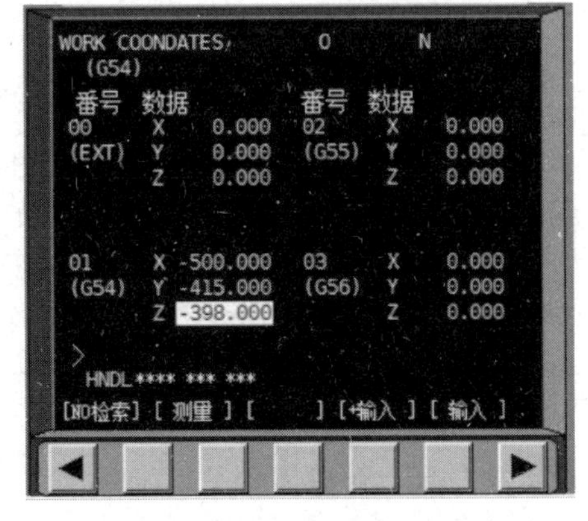

图 3-40　Z 向对刀值

拓展阅读
车间生产安全警示语

五、思考练习

1. 单选题

（1）数控机床的“回零”操作是指回到（　　）。

A. 对刀点　　B. 换刀点　　C. 机床的参考点

（2）数控铣床回零操作时，第一个先回（　　）轴。

A. X　　B. Y　　C. Z

（3）回参考点操作的步骤是首先将方式选择按钮选为（　　）。

A. 手动方式　　B. 回零方式　　C. 手轮方式

（4）数控机床在使用手轮方式下，当选择“×10”挡位时，手轮移动一个脉冲，机床移动（　　）的脉冲当量。

A. 0.001mm　　B. 10mm　　C. 0.01mm

2. 简答题

简述数控铣床工件坐标系原点设定的原则。

任务四　数控铣床编程基础

一、学习目标

1. 知识目标

（1）熟悉准备功能字，理解模态指令和非模态指令的概念。

（2）掌握常用辅助功能字及其他功能字的含义和用法。

2. 能力目标

能够对数控铣削程序进行简单的分解与分析。

二、工学任务

分析任务三所示程序加工时所设置的主轴转速和进给速度分别是多少。

三、相关知识

1. 数控铣床基本功能：准备功能字

准备功能 G 指令指定机床的工作方式，规定刀具与工件的相对运动轨迹、机床坐标系、坐标平面、刀具补偿、坐标偏置等加工操作，它由字母 G 及后面的两位数字组成。

G 指令有模态指令和非模态指令之分。模态指令是指一组可以互相注销的 G 指令，其中某个 G 指令一旦被执行，则一直有效，直到被同一组的 G 指令注销。非模态指令只在出现该指令的程序段中有效，程序段结束时被注销。在表 3-2 中 00 组为非模态指令，其余组为模态指令。

G 指令有初始指令和后置指令之分。初始指令是机床通电后就自动生效的指令，程序中可写可不写。后置指令指程序中必须书写的指令。在表 3-2 中，带 * 为初始指令，其余为后置指令。

G 指令有单段指令和共容指令之分。单段指令自成一个程序段，不能写入其他任何功能指令。共容指令指该指令所在的程序段中可以写入需要的其他字。在表 3-2 中，带△为单段指令，其余为共容指令。

表 3-2　FANUC 0i 系统数控铣床 G 指令表

G 指令	组别	含义	G 指令	组别	含义
G00	01	快速定位	G57	14	选择第四工件坐标系
G01		直线插补	G58		选择第五工件坐标系
G02		顺时针圆弧插补 CW	G59		选择第六工件坐标系
G03		逆时针圆弧插补 CCW	G61	15	准确停止方式
G04△	00	进给暂停	G63		攻螺纹方式
G09		准确停止	G64*		切削方式
G15*	17	取消极坐标指令	G65	12	宏程序调用
G16		极坐标指令有效	G66		宏程序模态调用
G17*	02	*XY* 插补平面选择	G67*		取消宏程序调用
G18		*ZX* 插补平面选择	G68	16	坐标系旋转
G19		*YZ* 插补平面选择	G69*		取消坐标系旋转
G20	06	英制尺寸单位	G73	09	孔底断屑渐进钻孔循环
G21*		米制尺寸单位	G74		攻左旋螺纹循环
G27△	00	返回参考点检验	G76		孔底让刀精镗循环
G28△	00	返回参考点	G80*		取消固定循环
G29△		从参考点返回	G81		高速钻削循环
G30△		返回第 2、3、4 参考点	G82		锪孔循环
G40*	07	取消刀具半径补偿	G83		孔口排屑渐进钻削循环
G41		刀具半径左补偿	G84		攻右旋螺纹循环
G42		刀具半径右补偿	G85		铰孔循环
G43	08	刀具长度正向补偿	G86		孔底主轴停转精镗循环
G44		刀具长度负向补偿	G87		反镗循环
G49*		取消刀具长度补偿	G88		手动返回浮动镗孔循环
G50*	11	取消比例缩放	G89		孔底暂停精镗阶梯孔循环
G51		比例缩放有效	G90*	03	绝对尺寸编程
G50.1*		取消可编程镜像	G91		增量尺寸编程
G51.1		可编程镜像有效	G92	00	可编程工件坐标系
G52△	00	局部坐标系设定	G94*	05	每分钟进给
G53	00	选择机床坐标系	G95		每转进给
G54*	14	选择第一工件坐标系	G98*	10	固定循环返回初始平面
G55		选择第二工件坐标系	G99		固定循环返回 *R* 平面
G56		选择第三工件坐标系			

2. 辅助功能字与其他功能字

（1）辅助功能字

辅助功能 M 指令主要用于控制零件程序的走向以及机床各种辅助功能的开关动作，如主轴的旋转方向、启动、停止，切削液的开关等。数控铣床和加工中心的 M 功能与数控车床基本相同，如表 3-3 所示。

表 3-3　M 代码及功能

M 指令	功能	M 指令	功能
M00	程序停止	M06	换刀
M01	程序选择停止	M08	切削液开
M02	主程序结束	M09	切削液关
M03	主轴顺时针方向旋转	M30	主程序结束并返回
M04	主轴逆时针方向旋转	M98	子程序调用
M05	主轴停转	M99	子程序结束并返回

（2）刀具功能字

由地址功能码 T 和数字组成，格式为：T××，其中，××表示刀具号。数控铣床因无自动换刀系统（ATC），必须人工换刀，所以 T 功能只用于加工中心。

（3）主轴转速功能字

由地址码 S 与其后面的若干数字组成，其指定的数值为机床主轴转速（r/min）。

（4）进给功能字

进给功能 F 表示刀具中心运动时的进给速度，由地址码 F 和后面若干位数字构成。其数值为进给量（mm/r）或进给速度（mm/min），编程时可以选用，数控铣床开机默认单位为 mm/min。

3. 绝对坐标与相对坐标编程 G90/G91

G90 为绝对坐标编程，即编程坐标尺寸是当前工件坐标系中的终点坐标值；G91 为相对坐标编程，即编程尺寸是终点坐标减去起点坐标，差值为正时表示刀具运动方向与坐标轴正方向相同，为负时表示与坐标轴负方向相同。

说明：① G90、G91 为同组 G 指令，可相互注销。

② 当图纸尺寸由一个固定基准给定时，采用绝对坐标编程较为方便。当图纸尺寸是以轮廓顶点之间的间距给出时，则采用增量坐标编程较为方便。

【例 3-1】 如图 3-41 所示，刀具从起点到终点的移动，分别用绝对坐标与相对坐标编程。

【解】 绝对坐标编程：G90 G01 X80 Y150 F100；

相对坐标编程：G91 G01 X-40 Y90 F100；

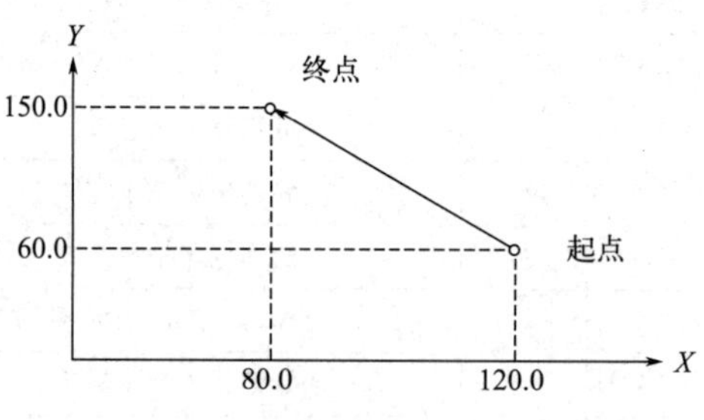

图 3-41　绝对坐标和相对坐标

4. 英制与米制尺寸单位设定指令 G20/G21

尺寸单位设定指令有 G20、G21。其中，G20 表示英制尺寸，G21 表示米制尺寸。G21 为默认值。英制与米制单位的换算关系为：1mm≈0.394in，1in≈25.4mm。

5. 数控铣床编程特点

(1) 刀具半径补偿和刀具长度补偿

为了方便编程中的数值计算，在数控铣床的编程中广泛采用刀具半径补偿和刀具长度补偿进行编程。

(2) 固定循环功能

为适应数控铣床的加工需要，对于常见的钻孔、镗孔及攻螺纹等切削加工动作，用数控系统自带的孔加工固定循环功能来实现，以简化编程。

(3) 特殊编程指令

大多数数控铣床都具备镜像加工、坐标系旋转、极坐标及比例缩放等特殊编辑指令，以提高编程效率、简化编程。

四、任务实施

加工过程中，主轴转速为 1000r/min，进给速度为 150mm/min。

五、思考练习

拓展阅读

助力复兴　科技报国

1. 单选题

(1) 下列指令中，具有非模态功能的指令是（　　）。

A. G01　　B. G41　　C. G04

(2) 在程序设计时，辅助功能是选用（　　）。

A. M　　B. T　　C. F

(3) 设 G01 X30 Z6 执行 G91 G01 Z15 后，正方向实际移动量为（　　）。

A. 9mm　　B. 15mm　　C. 21mm

(4) 相对编程是指（　　）。

A. 相对于加工起点位置进行编程

B. 相对于下一点的位置进行编程

C. 相对于当前位置进行编程

2. 判断题

(1) F、S、T 指令都是模态指令。（　　）

(2) 单段 G 代码自成一个程序段，但是可以写入其他功能指令。（　　）

(3) 第一条加工程序段应该用 G90 编程，而不用 G91 编程。（　　）

CHAPTER 4

项目四　数控铣削加工工艺与编程

任务一　平面零件铣削加工

一、学习目标

1. 知识目标

（1）学会分析平面零件的加工工艺。

（2）学会平面图形类零件的编程和加工方法。

（3）掌握 G00、G01 指令的应用。

2. 能力目标

（1）具备选择夹具、铣刀、切削用量的能力。

（2）具备编写平面零件加工程序的能力。

二、工学任务

如图 4-1 所示，已知毛坯尺寸为 100mm×100mm×22mm，工件材料为铝合金，要求对该底板上表面进行铣削加工，使其满足尺寸及精度要求。

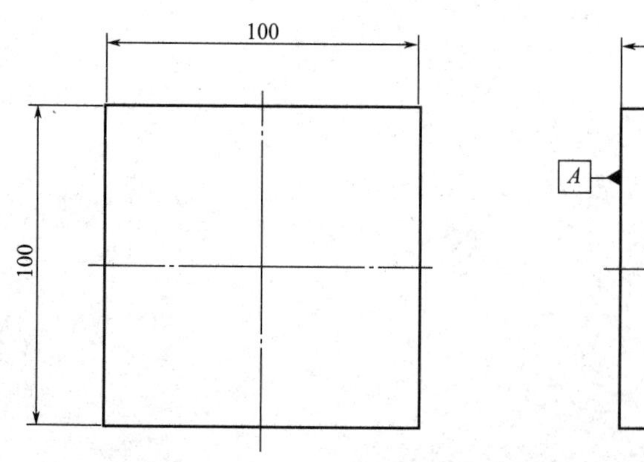

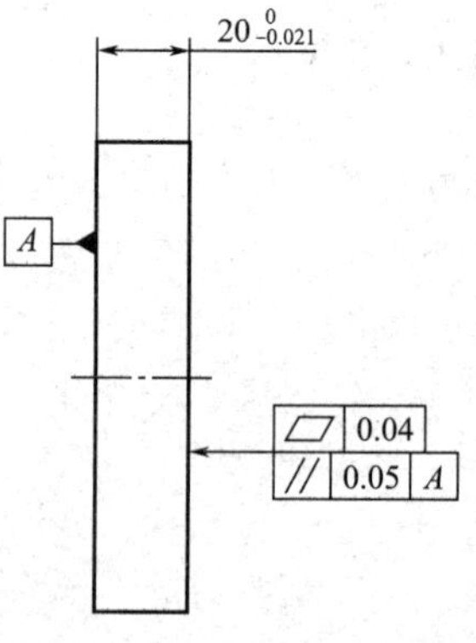

图 4-1　平面零件加工实例

三、相关知识

1. 数控铣削的加工方式

按铣刀切削刃的形式和方位将铣削方式分为周铣和端铣。用分布于铣刀圆柱面上的刀齿铣削工件表面，称为周铣，如图 4-2(a) 所示；用分布于铣刀端面上的刀齿铣削工件表面，称为端铣，如图 4-2(b) 所示。

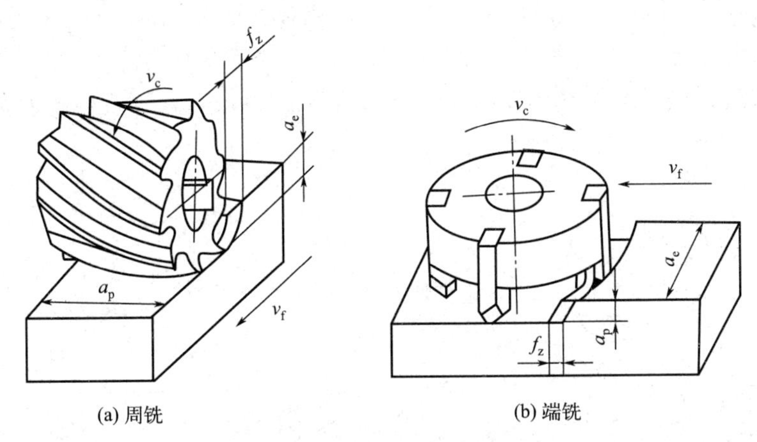

(a) 周铣　　(b) 端铣

图 4-2　铣削加工方式

(1) 周铣法

① 周铣法的分类

根据铣刀和工件的相对运动方式将周铣分为顺铣和逆铣。

铣削时，铣刀每一刀齿在工件切入处的速度方向与工件的进给方向相同，这种切削方式称为顺铣，如图 4-3(a) 所示。

铣削时，铣刀每一刀齿在工件切入处的速度方向与工件的进给方向相反，这种切削方式称为逆铣，如图 4-3(b) 所示。

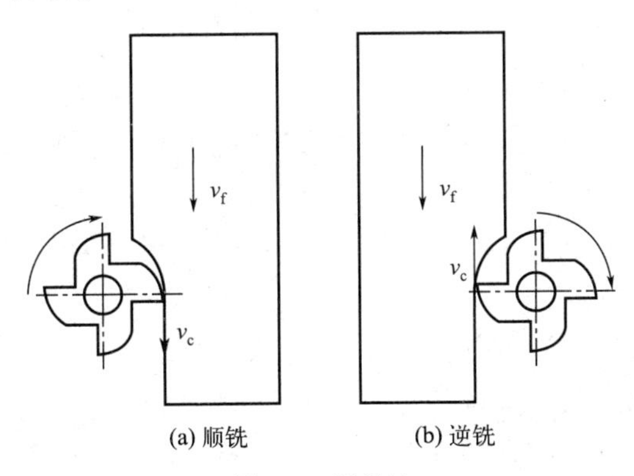

(a) 顺铣　　(b) 逆铣

图 4-3　周铣法

② 顺铣和逆铣的特点

如图 4-4(a) 所示，顺铣时，刀齿的切削厚度从最大逐步递减至零，避免了挤压、滑行现象，减轻了已加工表面的硬化。同时铣削力 F_e 的垂直分力 F_N 始终压向工作台，有利于工件的夹紧，提高了铣刀耐用度和加工表面质量；铣削力 F_e 的水平分力 F_f 与驱动工作台移动的进给力方向相同，如果丝杠螺母副存在轴向间隙，会使工作台带动丝杠出现左右窜动，造成工作台进给不均匀。但顺铣加工要求工件表面没有硬皮，否则刀齿很容易磨损。

如图 4-4(b) 所示，逆铣时，刀齿的切削厚度由零逐渐增大至最大值，由于切入瞬间侧吃刀量几乎为零，刀刃在工件表面上要先挤压和滑行一段后才能真正切入工件，使已加工表面产生冷硬层，加剧了刀齿的磨损，使工件表面粗糙不平。同时铣削力 F_e 的水平分力 F_f 与驱动工作台移动的进给力方向相反，这样使得工作台丝杠螺母的左侧与螺母齿槽左侧始终保持良好接触，工作台不会发生窜动现象；铣削力 F_e 的垂直分力 F_N 朝上，对工件夹紧不利。但逆铣时刀齿是从切削层内部开始工作的，当工件表面有硬皮时，对刀齿没有直接影响。

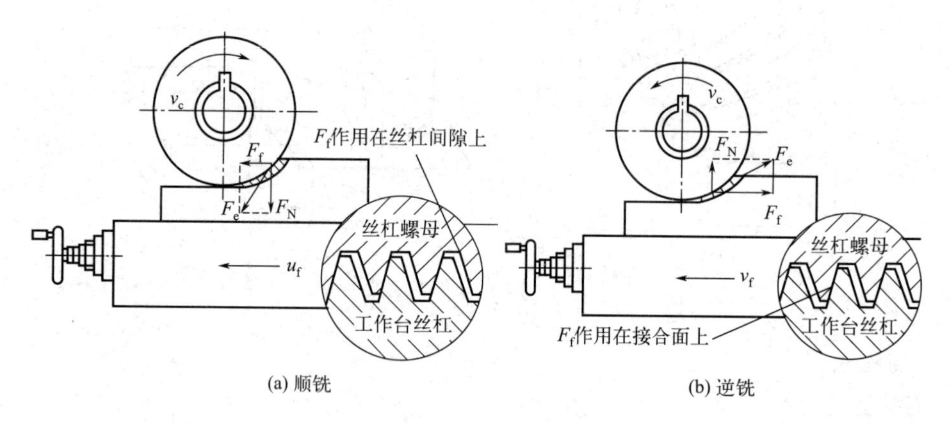

(a) 顺铣　　(b) 逆铣

图 4-4　顺铣和逆铣分析

因此，顺铣与逆铣比较，顺铣加工可以提高铣刀耐用度 2～3 倍，工件表面粗糙度值较小，尤其是在铣削难加工材料时，效果更加明显。数控铣床均采用无间隙的滚珠丝杠传动，能够进行顺铣，所以工件表面没有硬皮时，应优先考虑顺铣，否则应采用逆铣。

(2) 端铣法

① 端铣法的分类

当铣削刀具直径大于平行面宽度时，可将端铣分为对称铣削、不对称逆铣和不对称顺铣。

按铣刀偏向工件的位置，在工件上可分为进刀部分和出刀部分。显然铣刀进刀部分为逆铣，出刀部分为顺铣。

对称铣削：顺铣部分等于逆铣部分，如图 4-5(a) 所示。

不对称逆铣：逆铣部分大于顺铣部分，如图 4-5(b) 所示。

不对称顺铣：顺铣部分大于逆铣部分，如图 4-5(c) 所示。

② 端铣法的特点

主轴刚度好，切削过程中不易产生振动；面铣刀刀盘直径大，刀齿多，铣削过程比较平稳。在平面铣削中，端铣基本代替了周铣。但是周铣可以加工成形表面，而端铣只能加工平面。

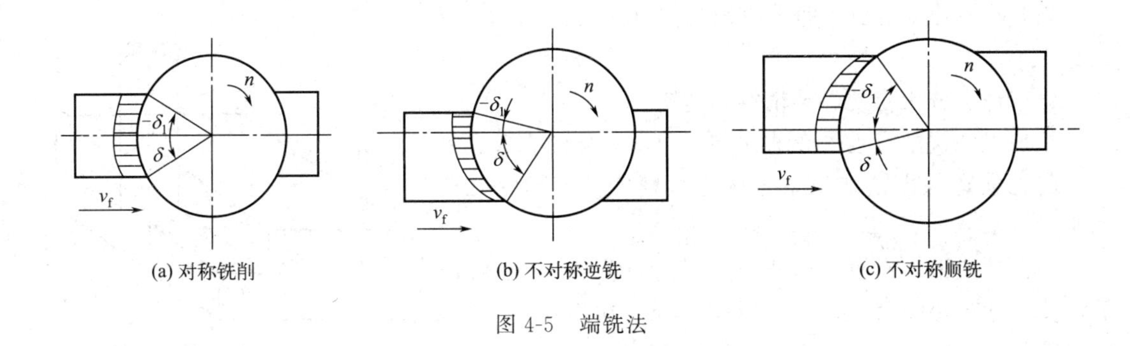

图 4-5　端铣法

2. 加工工序的划分

(1) 加工阶段

当零件的加工质量要求较高时，往往不可能用一道工序来满足其要求，而要用几道工序逐步达到所要求的加工质量。为保证加工质量和合理地使用设备、人力，零件的加工过程通常按工序性质不同，分为粗加工、半精加工、精加工和光整加工四个阶段。

(2) 数控铣削加工工序的划分原则

在数控铣床上加工的零件，一般按工序集中原则划分工序，划分方法如下：

① 按所用刀具划分；

② 按安装次数划分；

③ 按粗、精加工划分；

④ 按加工部位划分。

(3) 数控铣削加工顺序的安排

数控铣削加工工序通常按下列原则安排：

① 基面先行原则；

② 先粗后精原则；

③ 先主后次原则；

④ 先面后孔原则。

3. 铣削用量的选择

(1) 铣削用量的选择原则

所谓合理选择切削用量，是指所选切削用量能充分利用刀具的切削性能和机床的动力性能，在保证加工质量的前提下，获得高生产率和低加工成本。

原则是：首先选择尽可能大的背吃刀量 a_p（端铣）或侧吃刀量 a_e（周铣），其次是确定进给速度，最后根据刀具寿命确定切削速度。

(2) 铣削用量的选定

① 背吃刀量 a_p（端铣）或侧吃刀量 a_e（周铣）的选定

在机床动力足够和工艺系统刚度许可的条件下，应选取尽可能大的吃刀量（端铣的背吃刀量 a_p 或圆周铣的侧吃刀量 a_e，如图 4-6 所示）。

当侧吃刀量 $a_e<d/2$（d 为铣刀直径）时，取 $a_p=(1/3\sim1/2)d$；

当侧吃刀量 $d/2\leqslant a_e<d$ 时，取 $a_p=(1/4\sim1/3)d$；

当侧吃刀量 $a_e=d$（即满刀切削）时，取 $a_p=(1/5\sim1/4)d$。

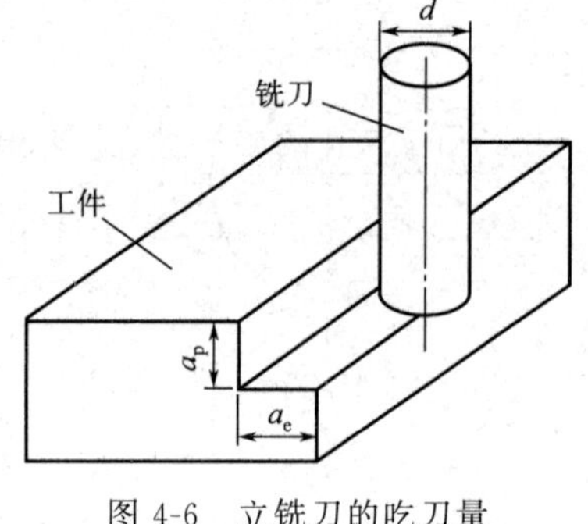

图 4-6 立铣刀的吃刀量

铣削加工分为粗铣、半精铣和精铣。

粗加工的铣削宽度一般取 0.6～0.8 刀具的直径，精加工的铣削宽度由精加工余量确定（精加工余量一次性切削）。

一般情况下，在留出精铣和半精铣的余量 0.5～2mm 后，其余的余量可作为粗铣吃刀量，尽量一次切除。半精铣吃刀量可选 0.5～1.5mm，精铣吃刀量可选 0.2～0.5mm。

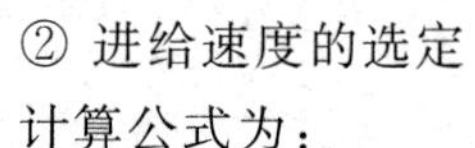

② 进给速度的选定

计算公式为：

$$v_f=f_z zn$$

式中 f_z——铣刀每齿进给量，mm/z；

z——铣刀齿数；

n——主轴转速，r/min。

各种铣刀的每齿进给量如表 4-1 所示。

表 4-1 各种铣刀每齿进给量

工件材料	每齿进给量 f_z/(mm/z)			
	粗铣		精铣	
	高速钢铣刀	硬质合金铣刀	高速钢铣刀	硬质合金铣刀
钢	0.10～0.15	0.10～0.25	0.02～0.05	0.10～0.15
铸铁	0.12～0.20	0.15～0.30		

③ 切削速度 v_c 的选定

选择 v_c 后，应根据下列公式计算出主轴转速 n 值。

$$n=1000v_c/\pi d$$

式中 n——主轴转速，r/min；

d——铣刀直径，mm。

铣刀切削速度如表 4-2 所示。

表 4-2 铣刀切削速度

工件材料	铣削速度 v_c/(m/min)	
	高速钢铣刀	硬质合金铣刀
20 钢	20～45	150～250
45 钢	20～45	80～220
40Cr	15～25	60～90
HT150	14～22	70～100
黄铜	30～60	120～200
铝合金	112～300	400～600
不锈钢	16～25	50～100

4. 平面铣削常用刀具

平面铣削因铣削平面较大，故常用面铣刀加工。面铣刀圆周方向的切削刃为主切削刃，端面的切削刃为副切削刃。较常用可转位硬质合金面铣刀，也可使用可转位硬质合金 R 面铣刀铣削平面。

（1）可转位硬质合金面铣刀

这类刀具由一个刀体及若干硬质合金刀片组成，刀体采用 40Cr，刀齿通过夹紧元件夹固并等分排列在刀体端面上。按主偏角 k_r 值的大小分类，可分为 45°、90°等类型，如图 4-7(a)(b) 所示。

（2）可转位硬质合金 R 面铣刀

这类刀具的结构与可转位硬质合金面铣刀相似，只是刀片为圆形，如图 4-7(c) 所示。可转位 R 面铣刀的圆形刀片结构赋予其更大的使用范围，它不仅能执行平面铣、坡走铣，还能进行型腔铣、曲面铣、螺旋插补等。

(a) 45°可转位硬质合金面铣刀

(b)90°可转位硬质合金面铣刀

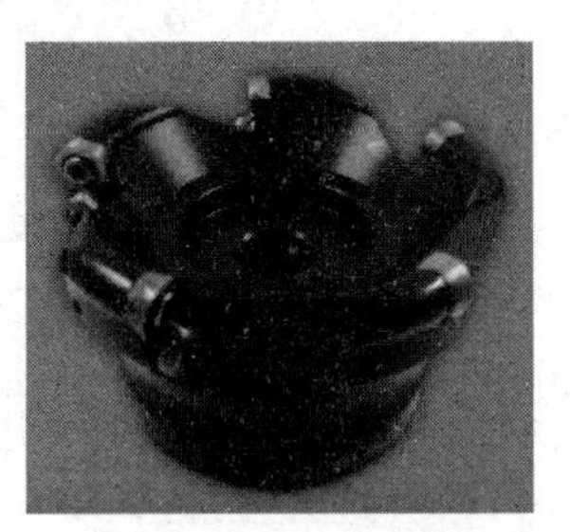

(c)可转位硬质合金R面铣刀

图 4-7　平面铣削常用刀具

平面铣削时刀具直径可根据以下方法来确定。

① 最佳铣刀直径应根据工件宽度来选择，D 取（1.3～1.5）WOC，WOC 为切削宽度，如图 4-8(a) 所示。

② 如果机床功率有限或工件太宽，应根据两次进给或依据机床功率来选择铣刀直径，当铣刀直径不够大时，选择适当的铣削加工位置也可获得良好的效果，此时，$WOC=0.75D$，如图 4-8(b) 所示。

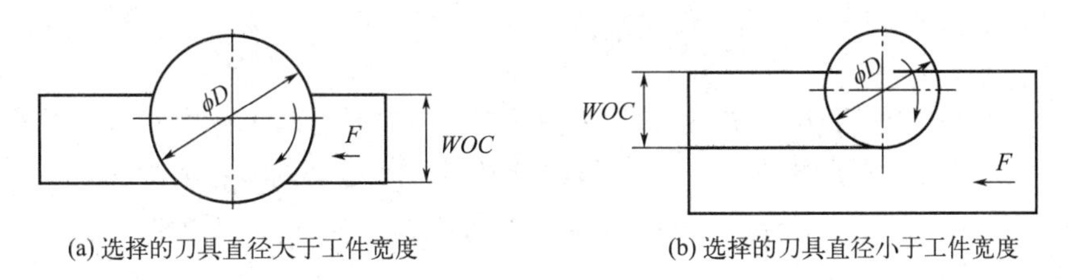

(a) 选择的刀具直径大于工件宽度　　(b) 选择的刀具直径小于工件宽度

图 4-8　平面铣削常用刀具

5. 平面铣削刀具进给路线

（1）刀具直径大于平面宽度

可根据情况，选择使用对称铣削、不对称顺铣或不对称逆铣。

一般，只有在工件宽度接近铣刀直径时才采用对称铣削；不对称逆铣时的切屑由薄变厚，可减少切入冲击力，提高刀具寿命，适合加工碳钢与合金钢；不对称顺铣时的切屑由厚变薄，适用于切削强度低、塑性大的材料，如不锈钢、耐热合金钢等。

（2）刀具直径小于平面宽度

当工件平面较大、无法用一次进给切削完成时，就需采用多次进刀切削，而两次进给之间就会产生重叠接刀痕。一般大面积平面铣削有以下三种进给方式。

① 环形进给

如图 4-9(a) 所示，这种加工方式的刀具总行程最短，生产效率最高。但是如果采用直角拐弯，则在工件四角处由于要切换进给方向，造成刀具停在一个位置无进给切削，使工件四角被多切了一薄层，从而影响了加工面的平面度，因此在拐角处应尽量采用圆弧过渡。

② 周边进给

如图 4-9(b) 所示，这种加工方式的刀具行程比环形进给要长，由于工件的四角被横向和纵向进刀切削两次，其精度明显低于其他平面。

③ 平行进给

如图 4-9(c)(d) 所示，平行进给是在一个方向单程或往复直线走刀切削，所有接刀痕都是方向平行的直线。单向走刀加工平面度精度高，但切削效率低（有空行程）；往复走刀平面度精度低（因顺、逆铣交替），但切削效率高。对于要求精度较高的大型平面，一般采用单向平行进刀方式。

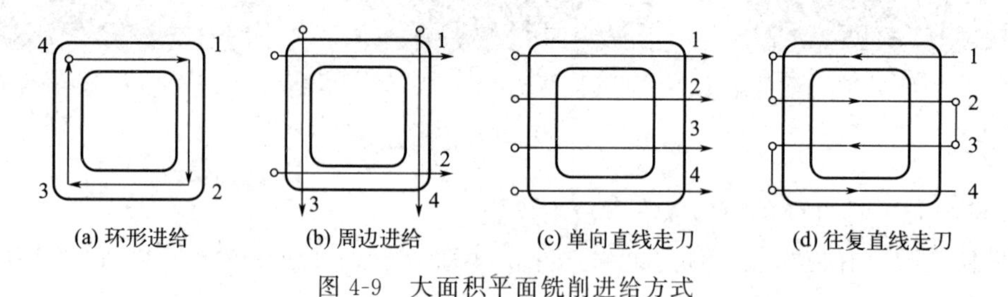

图 4-9 大面积平面铣削进给方式

6. 快速点定位指令 G00

（1）格式

```
G00 X_Y_Z_;
```

其中 X、Y、Z——刀具目标点的坐标。绝对方式时为目标点的绝对坐标，增量方式时为目标点相对于前一点的增量坐标，不运动的坐标可以不写。

例如，G90 G00 X15 Y20 Z5，表示刀具由当前位置以快速点定位的方式移动到坐标点（15，20，5）的位置。

（2）说明

① G00 一般用于加工前的快速定位和加工后快速提刀。

② G00 的快移速度，由机床参数设定，不能用 F 指定。

③ G00 为模态功能，可由 G01、G02、G03 功能注销。

④ 快速定位的目标点不能选在零件上，一般要距离零件表面 2～5mm。

⑤ 执行 G00 指令时，由于各轴均以各自速度移动，因此联动直线轴的合成轨迹不一定

是直线。这就要求操作者必须格外小心，以免刀具与工件或夹具发生碰撞。常见的做法是，先将 Z 轴提高到安全高度，再执行 X、Y 方向的 G00 指令。

G00 走刀路线，如图 4-10 所示。

7. 直线插补指令 G01

（1）格式

```
G01 X_Y_Z_F_;
```

其中　X、Y、Z——刀具目标点的坐标。绝对方式时为目标点的绝对坐标，增量方式时为目标点相对于前一点的增量坐标，不运动的坐标可以不写。

F——合成进给速度，一般单位为 mm/min。

例如，G90 G01 X15 Y20 Z5 F200，表示刀具由当前位置以 200mm/min 的速度，移动到坐标点（15,20,5）的位置。

（2）说明

① G01 指定刀具以坐标联动的方式，按 F 规定的合成进给速度，从当前位置沿直线移动到程序段指定的终点，如图 4-11 所示。

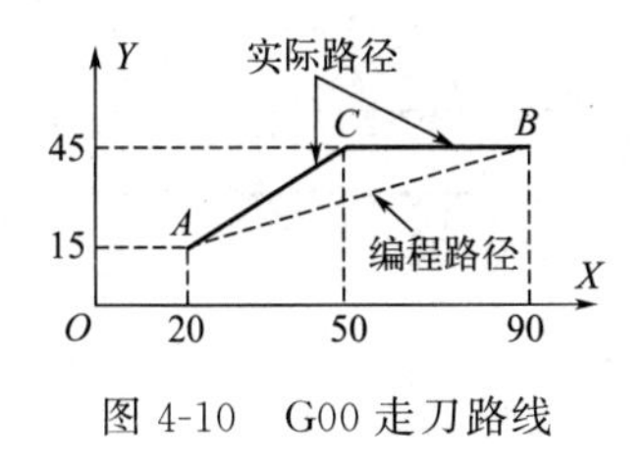

图 4-10　G00 走刀路线

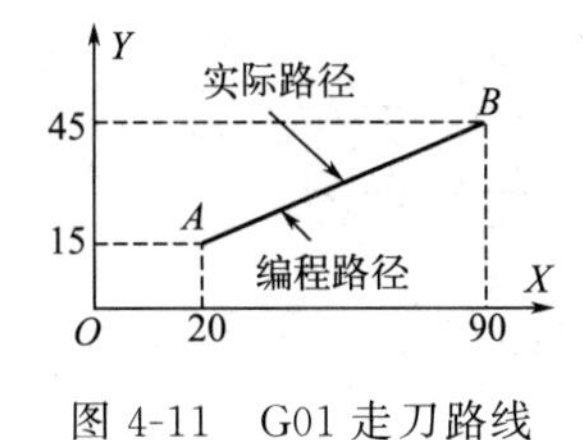

图 4-11　G01 走刀路线

② G01 模态指令，可由 G00、G02、G03 等同一组的 G 指令注销。

四、任务实施

1. 分析零件图样

如图 4-1 所示工件的上表面区域大小为 100mm×100mm 矩形，距基准面 20mm 高度位置，并相对基准面 A 有形状公差 0.05 的平行度要求、形状公差 0.04 的平面度要求和 Ra 3.2 的表面粗糙度要求。

2. 确定零件装夹方案

① 选择机床：立式数控铣床。

② 选择夹具：机用平口虎钳。

③ 定位基准：毛坯下表面及两侧面。

④ 所需工具：扳手、垫铁、铜棒等。

3. 确定加工工艺方案

① 加工阶段划分：粗加工、半精加工、精加工。

② 加工工序划分原则：按装夹次数划分。

③ 加工顺序安排：工件上表面。

4. 填写数控加工工序卡

数控加工工序卡如表 4-3 所示。

表 4-3　数控加工工序卡

零件名称	平面零件	数控加工工序卡	工序号	10	工序名称	数铣	共　页 第　页
材料	铝合金	毛坯状态	100×100×22	机床设备	XK714D	夹具	机用平口虎钳
工步号	工步内容	刀具规格	刀具材料	量具	背吃刀量/mm	进给量/(mm/min)	主轴转速/(r/min)
1	粗铣零件上表面	ϕ63 面铣刀	硬质合金	游标卡尺	1.2	220	600
2	半精铣零件上表面	ϕ63 面铣刀	硬质合金	游标卡尺	0.5	200	700
3	精铣零件上表面	ϕ63 面铣刀	硬质合金	游标卡尺	0.31	180	800
编制		日期		审核		日期	

5. 填写数控加工刀具卡

数控加工刀具卡如表 4-4 所示。

表 4-4　数控加工刀具卡

零件名称	平面零件		数控加工刀具卡				工序号	10
工序名称	数铣		设备名称	数控铣床			设备型号	XK714D
工步号	刀具号	刀具名称	刀柄型号	刀具			补偿量/mm	备注
				直径/mm	刀长/mm	刀尖半径/mm		
1/2/3	T1	ϕ63 面铣刀		63				
编制		审核		批准		共　页	第　页	

6. 建立工件坐标系

根据零件图样的特点以及制定的工艺方案确定工件坐标系，如图 4-12 所示。

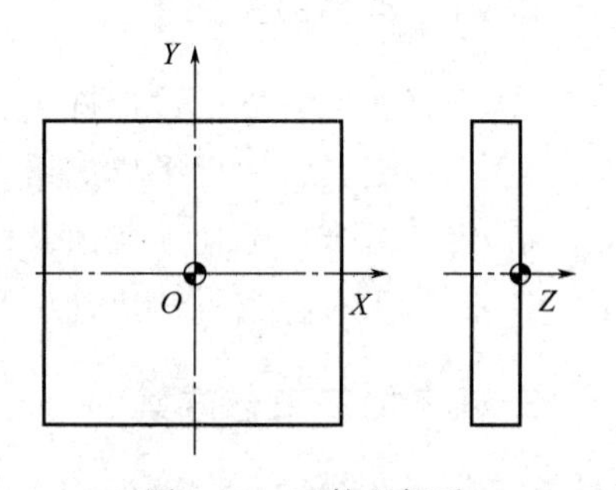

图 4-12　工件坐标系

7. 确定进给路线

① 根据所选刀具的特点，将下刀点选在工件外侧，距离工件 5～10mm。

② 在图中绘制平面铣削刀具进给路线图，如图 4-13 所示。

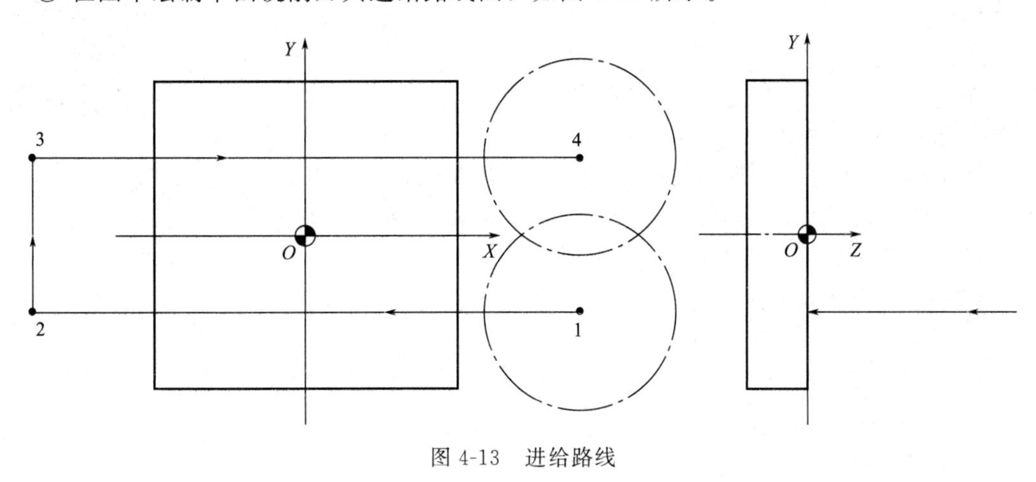

图 4-13　进给路线

8. 计算基点坐标

根据制定的刀具进给路线，计算刀路中各基点坐标，如表 4-5 所示。

表 4-5　基点坐标

节点	X 坐标值	Y 坐标值	Z 坐标值
1	90	−25	−2.01
2	−90	−25	−2.01
3	−90	25	−2.01
4	90	25	−2.01

9. 编写加工程序

加工程序如表 4-6 所示。

表 4-6　加工程序

粗铣平面加工程序	半精铣平面加工程序	精铣平面加工程序
O4001；	O4002；	O4003；
N10 G54 G90 G00 Z100；	N10 G54 G90 G00 Z100；	N10 G54 G90 G00 Z100；
N20 M03 S600；	N20 M03 S700；	N20 M03 S800；
N30 X90 Y-25；	N30 X90 Y-25；	N30 X90 Y-25；
N40 Z5；	N40 Z5；	N40 Z5；
N50 G01 Z-1.2 F220；	N50 G01 Z-1.7 F200；	N50 G01 Z-2.01 F180；
N60 X-90；	N60 X-90；	N60 X-90；
N70 G00 Y25；	N70 G00 Y25；	N70 G00 Y25；
N80 G01 X90；	N80 G01 X90；	N80 G01 X90；
N90 G00 Z100；	N90 G00 Z100；	N90 G00 Z100；
N100 M30；	N100 M30；	N100 M30；

五、思考练习

拓展阅读
保守企业技术秘密

1. 选择题

（1）G00 的指令移动速度值是（　　）。

A. 机床参数指定　　B. 数控程序指定　　C. 操作面板指定

（2）CNC 铣床加工程序中，下列何者为 G00 指令动作的描述？（　　）

A. 刀具移动路径必为一直线

B. 进给速率以 F 值设定

C. 刀具移动路径依其终点坐标而定

（3）精铣平面时，宜选用的加工条件为（　　）。

A. 较大切削速度与较大进给速度

B. 较大切削速度与较小进给速度

C. 较小切削速度与较大进给速度

（4）下列刀具中，（　　）不能做轴向进给。

A. 立铣刀　　B. 键槽铣刀　　C. 球头铣刀

（5）下列关于顺铣法加工的说法不正确的是（　　）。

A. 刀齿的切削厚度由零逐渐增大至最大值

B. 顺铣加工可以提高铣刀耐用度

C. 工件表面没有硬皮时，应优先考虑顺铣

（6）圆周铣削时使用（　　）方式进行铣削，铣刀的耐用度高，获得的加工表面的表面粗糙度值也较小。

A. 对称铣　　B. 逆铣　　C. 顺铣

2. 综合题

数控铣削图 4-14 所示零件的顶面和开口成形槽，毛坯为 100mm×80mm×30mm 的锻铝，现有 ϕ80mm 直角面铣刀和 ϕ16mm 立铣刀，用 G00 和 G01 编程。

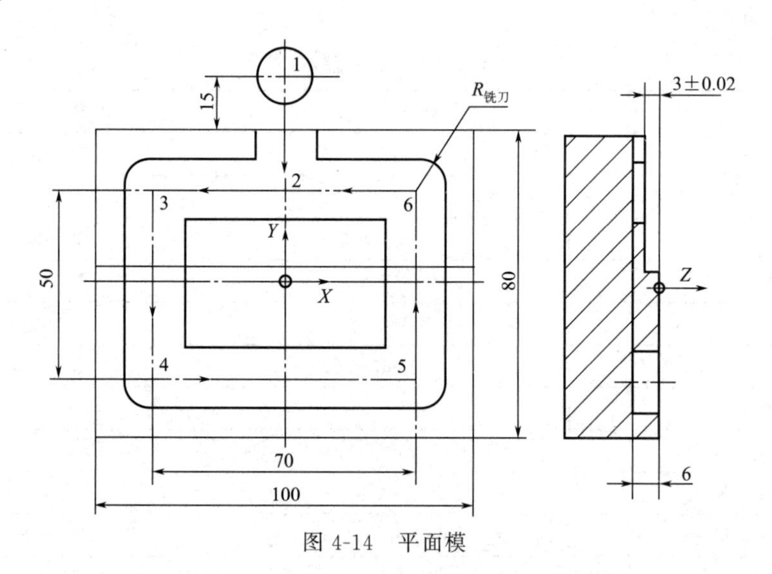

图 4-14　平面模

任务二　平面圆弧零件铣削加工

一、学习目标

1. 知识目标

（1）掌握圆弧插补 G02、G03 编程。

（2）了解 G01 倒角、倒圆编程。

2. 能力目标

具备圆弧插补编程数控铣削加工的能力。

二、工学任务

加工如图 4-15 所示的三个字母，刀心轨迹为点画线，槽宽 4mm，字深 2mm，试编写加工程序。

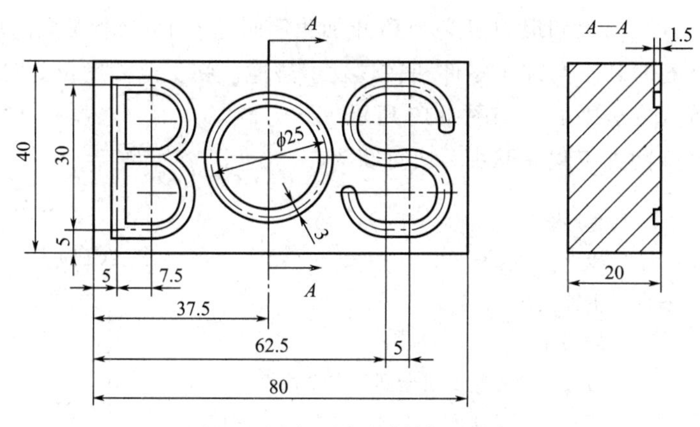

图 4-15　平面圆弧零件加工实例

三、相关知识

1. 键槽铣刀的使用

（1）键槽铣刀的特点

键槽铣刀主要用于立式铣床上加工圆头封闭键、加工中心槽等。该铣刀外形似立铣刀，端面无顶尖孔，端面刀齿从外圆到轴心，且螺旋角较小，增强了端面刀齿的强度。端面刀齿上的切削刃为主切削刃，圆柱面上的切削刃为副切削刃。加工键槽时，每次先沿铣刀轴向进给较小的量，然后再沿径向进给，这样反复多次，即可完成键槽的加工。由于该铣刀的磨损是在端面和靠近端面的外圆部分，所以修磨时只修磨端面切削刃，这样铣刀直径可保持不变，使加工键槽精度较高，铣刀寿命较长。键槽铣刀的直径范围为 2～63mm。

（2）键槽铣刀的分类

键槽铣刀还分为锥柄键槽铣刀、直柄键槽铣刀以及半圆键槽铣刀。其中，锥柄键槽铣刀和直柄键槽铣刀均用于铣削平键槽，半圆键槽铣刀用于铣削半圆键槽，如图 4-16 所示。

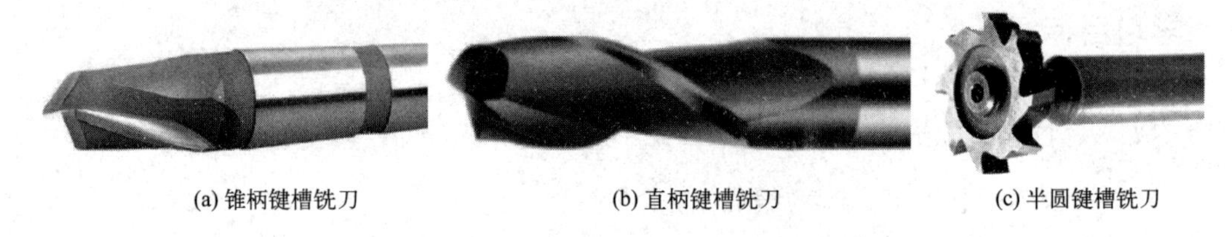

图 4-16　键槽铣刀分类

（3）键槽铣刀与立铣刀的区别

① 键槽铣刀不能加工平面，而立铣刀可以加工平面。

② 键槽铣刀主要用于加工键槽，键槽铣刀对铣键槽很好用。例如，6mm 的立铣刀跟键槽铣刀 6mm 比铣槽，立铣刀容易断刀，而键槽铣刀能一刀过。

③ 键槽铣刀的切削量要比立铣刀大。

2. 下刀过程的确定

对于铣削加工，起刀点和退刀点必须离开加工零件上表面一个安全高度（5～10mm），保证刀具在停止状态时，不与加工零件和夹具发生碰撞。在安全高度位置时刀具中心（或刀尖）所在的平面称为安全平面，如图 4-17 所示。

因此，数控铣削的加工程序开头一般可写为：

```
O1;                        程序名
G54 G17 G90 G00 Z50;       建立工件坐标系,初始高度为 Z50
M03 S800;                  主轴正转
X50 Y50;                   XY 定位
Z5;                        刀具以 G00 速度快速到达安全高度
G01 Z-3 F80;               刀具以工进速度下刀至 Z-3 的切削深度
……
```

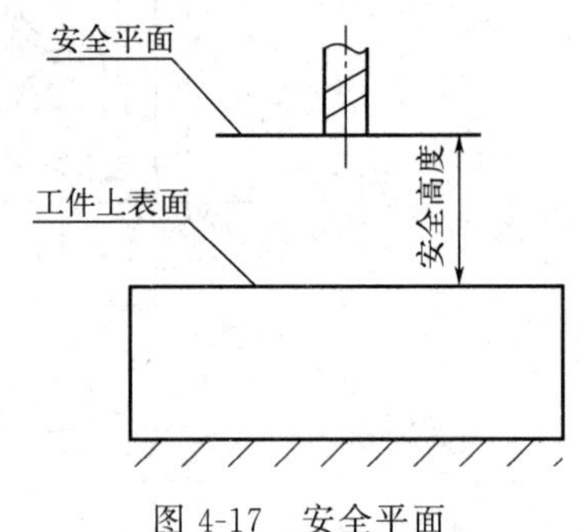

图 4-17　安全平面

注意：当零件的一个部位加工完成后移动刀具到另一个部位时，需先执行 G00 的抬刀操作，将刀具提到安全高度处，再移动 *XY*，移动过程中应考虑可能的干涉结果。

3. 坐标平面选择指令 G17/G18/G19

平面选择指令 G17、G18、G19 分别用来指定程序段中刀具的圆弧插补平面和刀具半径补偿平面，在笛卡儿直角坐标系中，三个互相垂直的轴 *X*、*Y*、*Z* 分别构成三个平面。G17 表示选择在 *XY* 平面内加工，G18 表示选择在 *ZX* 平面内加工，G19 表示选择在 *YZ* 平面内加工。

G17、G18、G19 为模态功能，可相互注销，G17 为缺省值。立式数控铣床大都在 *XY* 平面内加工。

4. 圆弧插补 G02/G03

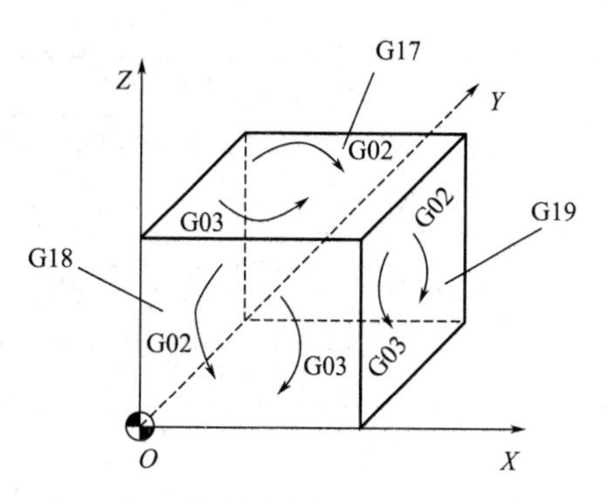

图 4-18　不同平面的 G02 与 G03 选择

G02 为顺时针圆弧插补指令，G03 为逆时针圆弧插补指令。其判断方法为：在右手笛卡儿直角坐标系中，从垂直于圆弧所在平面轴的正方向往负方向看，顺时针为 G02，逆时针为 G03，如图 4-18 所示。

（1）圆心坐标编程方法

指令格式：G17 G02/G03 X_Y_I_J_F_；

G18 G02/G03 X_Z_I_K_F_；

G19 G02/G03 Y_Z_J_K_F_；

其中　G17、G18、G19——圆弧插补平面的选择指令，以此来决定加工平面，G17 可省略；

X、Y、Z——圆弧终点坐标值（用绝对值坐标或增量坐标均可），采用相对坐标时，为圆弧终点相对于圆弧起点的增量值；

I、J、K——圆弧的圆心坐标相对于圆弧起点坐标的增量，与前面定义的 G90 或 G91 无关，I、J、K 为零时可省略；

F——圆弧切向的进给速度。

（2）圆弧半径编程方法

指令格式：G17 G02/G03 X_Y_R_F_；

G18 G02/G03 X_Z_R_F_；

G19 G02/G03 Y_Z_R_F_；

其中　R——圆弧半径。规定：当圆弧对应圆心角小于或等于 180°时，半径取正值；当圆弧对应圆心角大于 180°时，半径取负值。

注意：若用半径 R 编程加工整圆，由于存在无限个解，数控系统将显示圆弧编程出错报警，所以对整圆插补只能用给定的圆心坐标（即 I、J、K）编程，而不能出现半径 R。

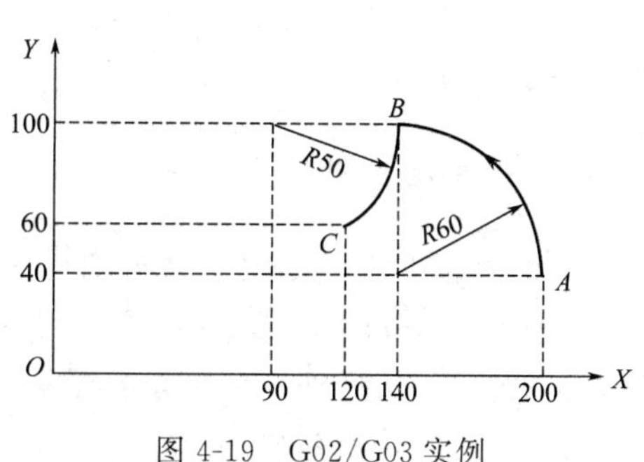

图 4-19　G02/G03 实例

【例 4-1】 用 G02、G03 指令对图 4-19 所示圆弧进行编程，设刀具从 A 开始沿 A→B→C 切削。分别用绝对编程和相对编程进行圆心坐标编程和圆弧半径编程。

【解】 圆心坐标编程如表 4-7 所示，圆弧半径编程如表 4-8 所示。

表 4-7　圆心坐标编程

绝对坐标编程	相对坐标编程
O4004；	O4005；
N10 G54 G17 G90 G00 Z50；	N10 G54 G17 G90 G00 Z50；
N20 X200 Y40；	N20 X200 Y40；
N30 M03 S600；	N30 M03 S600；
N40 Z5；	N40 Z5；
N50 G01 Z-1 F100；	N50 G01 Z-1 F100；

续表

绝对坐标编程	相对坐标编程
N60 G03 X140 Y100 I-60 J0；	N60 G91 G03 X-60 Y60 I-60 J0；
N70 G02 X120 Y60 I-50 J0；	N70 G02 X-20 Y-40 I-50 J0；
N80 G00 Z50；	N80 G90 G00 Z50；
N90 X0 Y0；	N90 X0 Y0；
M30；	N100 M30；

表 4-8　圆弧半径编程

绝对坐标编程	相对坐标编程
O4006；	O4007；
N10 G54 G17 G90 G00 Z50；	N10 G54 G17 G90 G00 Z50；
N20 X200 Y40；	N20 X200 Y40；
N30 M03 S600；	N30 M03 S600；
N40 Z5；	N40 Z5；
N50 G01 Z-1 F100；	N50 G01 Z-1 F100；
N60 G03 X140 Y100 R60；	N60 G91 G03 X-60 Y60 R60；
N70 G02 X120 Y60 R50；	N70 G02 X-20 Y-40 R50；
N80 G00 Z50；	N80 G90 G00 Z50；
N90 X0 Y0；	N90 X0 Y0；
N100 M30；	N100 M30；

四、任务实施

1. 分析零件图样

如图 4-15 所示，该 BOS 零件图形要素包括直线和圆弧，圆弧有 $R7.5$mm 和 $R15$mm 两种，其中 $R15$mm 的是整圆。三个字母图形不是相互连接的，故在加工完一个字母时需要设置抬刀工艺，加工另外一个字母需要重新设置下刀点。图形沟槽深度为 1mm，没有公差要求，故加工时不分粗精加工。

2. 确定零件装夹方案

先把平口钳装夹在铣床工作台上，用百分表校正平口钳，使钳口与铣床 X 方向平行。工件装夹在平口钳上，下面用垫铁支撑，使工件放平并伸出钳口 5～10mm，夹紧工件。

3. 填写数控加工工序卡

数控加工工序卡如表 4-9 所示。

4. 填写数控加工刀具卡

数控加工刀具卡如表 4-10 所示。

表 4-9　数控加工工序卡

<table>
<tr><td colspan="2" rowspan="2">数控加工工序卡</td><td colspan="3">产品名称</td><td colspan="2">零件名</td><td>零件图号</td></tr>
<tr><td colspan="3"></td><td colspan="2">BOS 零件</td><td>数铣-01</td></tr>
<tr><td>工序号</td><td>程序编号</td><td colspan="2">夹具名称</td><td>夹具编号</td><td colspan="2">使用设备</td><td>车间</td></tr>
<tr><td></td><td></td><td colspan="2"></td><td></td><td colspan="2"></td><td></td></tr>
<tr><td rowspan="2">工步号</td><td rowspan="2">工步内容</td><td colspan="3">切削用量</td><td colspan="2">刀具</td><td rowspan="2">备注</td></tr>
<tr><td>主轴转速 n /(r/min)</td><td>进给速度 f /(mm/min)</td><td>背吃刀量 a_p /mm</td><td>编号</td><td>名称</td></tr>
<tr><td>1</td><td>铣图形</td><td>1200</td><td>150</td><td>1</td><td>T01</td><td>键槽铣刀</td><td>自动</td></tr>
</table>

表 4-10　数控加工刀具卡

<table>
<tr><td colspan="2">产品名称或代号</td><td></td><td>零件名称</td><td></td><td>零件图号</td><td></td></tr>
<tr><td>序号</td><td>刀具号</td><td>刀具名称及规格</td><td>数量</td><td>加工表面</td><td>刀尖半径/mm</td><td>备注</td></tr>
<tr><td>1</td><td>T01</td><td>ϕ3mm 键槽铣刀</td><td>1</td><td>铣图形、沟槽</td><td></td><td></td></tr>
</table>

5. 建立工件坐标系

根据零件图样的特点以及制定的工艺方案确定工件坐标系，如图 4-20 所示。

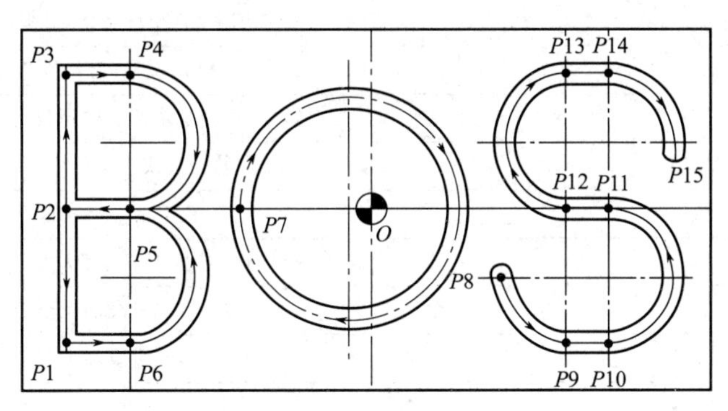

图 4-20　工件坐标系

6. 确定进给路线

本零件加工参考路线图如图 4-20 所示。

加工 B 字母：刀具移动到 $P2$ 点上方→下刀→直线加工至 $P3$ 点→直线加工至 $P4$ 点→顺时针圆弧加工至 $P5$ 点→直线加工至 $P2$ 点→直线加工至 $P1$ 点→直线加工至 $P6$ 点→逆时针圆弧加工至 $P5$ 点→抬刀。

加工 O 字母：刀具空间移至 $P7$ 点上方→下刀→圆弧加工至 $P7$ 点→抬刀。

加工 S 字母：刀具空间移至 $P8$ 点上方→下刀→逆时针圆弧加工至 $P9$ 点→直线加工至 $P10$ 点→逆时针圆弧加工至 $P11$ 点→直线加工至 $P12$ 点→顺时针圆弧加工至 $P13$ 点→直线加工至 $P14$ 点→顺时针圆弧加工至 $P15$ 点→抬刀结束。

7. 计算基点坐标

根据制定的刀具进给路线，计算刀路中各基点坐标，如表 4-11 所示。

表 4-11 基点坐标

基点	坐标(X,Y)	基点	坐标(X,Y)
P1	(−35,−15)	P9	(22.5,−15)
P2	(−35,0)	P10	(27.5,−15)
P3	(−35,15)	P11	(27.5,0)
P4	(−27.5,15)	P12	(22.5,0)
P5	(−27.5,0)	P13	(22.5,15)
P6	(−27.5,−15)	P14	(27.5,15)
P7	(−15,0)	P15	(35,7.5)
P8	(15,−7.5)		

8. 编写加工程序

平面圆弧零件参考程序如表 4-12 所示。

表 4-12 平面圆弧零件参考程序

程序	说明
O4008;	程序名
N10 G54 G17 G90 G40;	调用工件坐标系,绝对坐标编程
N20 M03 S1200 T01;	开启主轴,刀具号 T01
N30 G00 Z100;	将刀具快速定位到初始平面
N40 X-35 Y0;	将刀具快速定位到下刀点
N50 Z5;	快速定位到 R 平面
N60 G01 Z-1.5 F150;	以 G01 速度下刀至 P2 点,深 1.5mm
N70 Y15;	从 P2 点直线加工至 P3 点
N80 X-27.5;	从 P3 点直线加工至 P4 点
N90 G02 X-27.5 Y0 R7.5;	顺时针圆弧加工至 P5 点
N100 G01 X-35;	直线加工至 P2 点
N110 Y-15;	直线加工至 P1 点
N120 X-27.5;	直线加工至 P6 点
N130 C03 X-27.5 Y0 R7.5;	逆时针圆弧加工至 P5 点
N140 G00 Z5;	字母“B”加工完毕后抬刀
N150 X-15 Y0;	刀具空间快速移动至 P7 点上方
N160 G01 Z-1.5 F150;	以 G01 速度下刀至 P2 点,深 1.5mm
N170 G02 I12.5 J0;	用圆弧终点坐标+圆心坐标方式加工“O”
N180 G00 Z5;	加工完毕后抬刀
N190 X15 Y-7.5;	刀具空间快速移动至 P8 点上方
N200 G01 Z-1.5 F50;	以 G01 速度下刀至多点,深 1.5mm
N210 G03 X22.5 Y-15 R7.5;	逆时针圆弧加工至 P9 点
N220 G01 X27.5 Y-15;	直线加工至 P10 点

续表

程序	说明
N230 G03 X27.5 0 R7.5；	逆时针圆弧加工至 $P11$ 点
N240 G01 X22.5；	直线加工至 $P12$ 点
N250 G02 X22.5 Y15 R7.5；	顺时针圆弧加工至 $P13$ 点
N260 G01 X27.5；	直线加工至 $P14$ 点
N270 G02 X35 Y7.5 R7.5；	顺时针圆弧加工至 $P15$ 点
N280 G00 Z100；	加工后快速抬刀
N290 X0 Y0；	快移至工件零点上方
N300 M05；	主轴停止
N310 M30；	程序结束

五、拓展提升

倒圆与倒角编程

1. 倒角编程

（1）格式

```
G01 X_Y_,C_F_;
```

（2）说明

X_Y_：为倒角处两轮廓（直线与直线、直线与圆弧、圆弧与圆弧）之间虚拟交点的坐标，如图 4-21 所示。

C_：为从虚拟交点到拐角起点或终点的距离。

2. 倒圆编程

（1）格式

```
G01 X_Y_,R_F_;
```

（2）说明

X_Y_：为倒圆处两轮廓之间虚拟交点的坐标，如图 4-22 所示。

R_：为倒圆部分的圆弧半径，该圆弧与两轮廓相切。

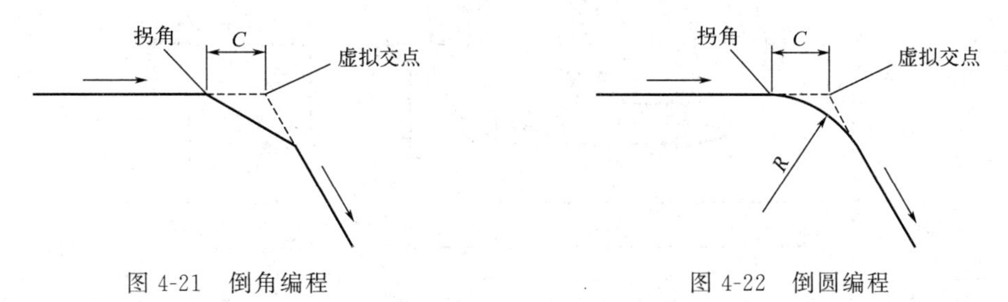

图 4-21 倒角编程　　图 4-22 倒圆编程

六、思考练习

1. 选择题

(1) 选择“ZX”平面指令是（　）。

A. G17　　B. G18　　C. G19

(2) 指令 G02 X_Y_R_不能用于（　）加工。

A. 1/4 圆　　B. 1/2 圆　　C. 整圆

(3) FANUC 系统中，程序段 G02 X0 Y0 R5 中，R5 表示（　）。

A. 刀具半径差为 5mm　　B. 工件顺圆弧半径为 5mm　　C. 工件逆圆弧半径为 5mm

(4)“G02 X20 Y20 R-10 F200”所加工的一般是（　）。

A. 整圆　　B. 夹角≤180°的圆弧　　C. 180°＜夹角＜360°的圆弧

(5) 圆弧插补指令 G03 X_Y_R_中，X、Y 后的值表示圆弧的（　）。

A. 终点坐标值　　B. 圆心坐标相对于起点的值　　C. 圆心坐标相对于终点的值

(6) 圆弧插补段程序中，若采用圆弧半径 R 编程时，从起始点到终点存在两条圆弧线段，当（　）时，用－R 表示圆弧半径。

A. 圆弧小于或等于 180°　　B. 圆弧大于或等于 180°　　C. 圆弧大于 180°

2. 判断题

(1) 在数控加工中，如果圆弧指令后的半径遗漏，则圆弧指令作直线指令执行。（　）

(2) 圆弧编程时先判断是在哪个平面内，若程序中没有指出是在哪个平面，则默认为 XY 平面。（　）

(3) 圆弧插补用半径编程时，当圆弧所对应的圆心角大于 180°时半径取负值。（　）

(4) 圆弧插补中，当用 I、J、K 指定圆弧圆心时，I、J、K 的计算取决于数据输入方式是绝对方式还是增量方式。（　）

3. 综合题

(1) 加工如图 4-23 所示的三个字母，刀心轨迹为点画线，槽宽 4mm，字深 2mm，试编写加工程序。

(2) 毛坯 100mm×80mm×25mm 锻铝，ϕ10 键槽铣刀，根据已经建立的工件坐标系和设计的走刀路径，编写如图 4-24 所示零件的加工程序。

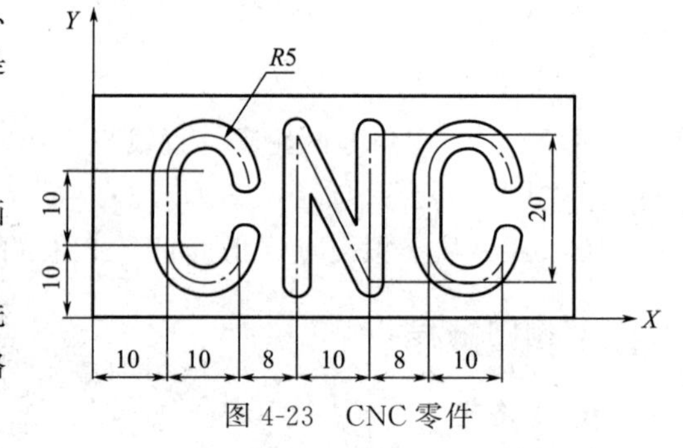

图 4-23　CNC 零件

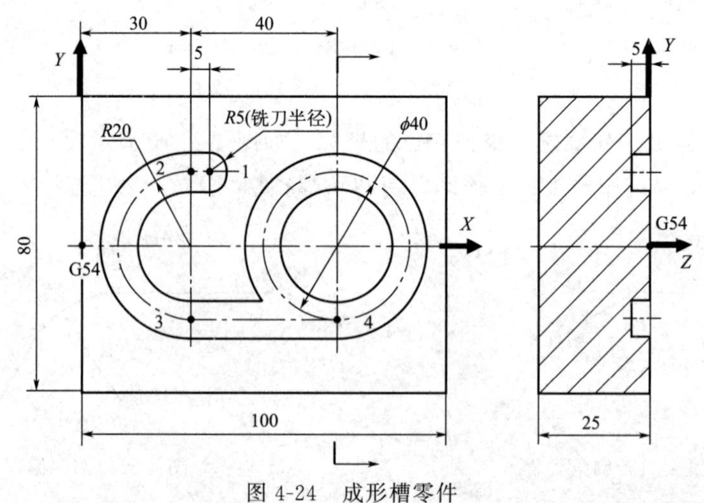

图 4-24　成形槽零件

任务三　外轮廓零件铣削加工

一、学习目标

1. 知识目标

（1）理解刀具半径补偿的含义。

（2）掌握刀具补偿指令的应用方法。

2. 能力目标

具备使用刀具半径补偿加工外轮廓的能力。

二、工学任务

如图 4-25 所示，毛坯尺寸为 100mm×100mm×25mm，零件材料为铝合金，上、下平面及周边侧面已完成加工，要求编制该零件的数控加工程序。

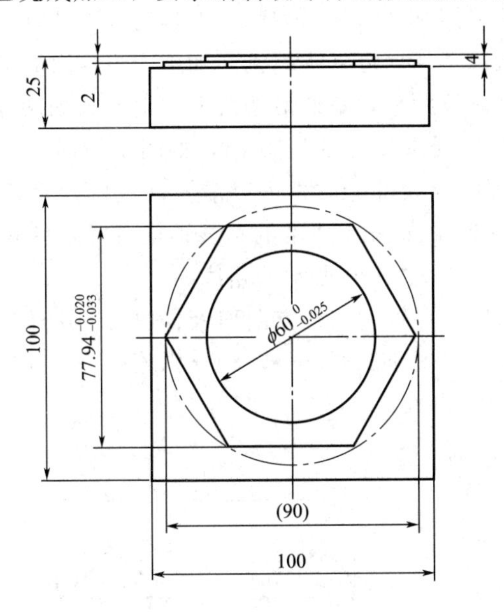

Ra3.2 (√)

图 4-25　外轮廓零件加工实例

三、相关知识

1. 外轮廓零件铣削常用刀具

外轮廓零件通常用立铣刀进行铣削，习惯上用直径表示立铣刀名称。立铣刀通常由 3～6 个刀齿组成，每个刀齿的主切削刃分布在圆柱面上，呈螺旋线形，副切削刃分布在端面上，用来加工与侧面垂直的底平面。立铣刀的主切削刃和副切削刃可以同时进行切削，也可以分别单独进行切削。立铣刀端面中心没有刀刃，工作时不能沿轴向进给。常用立铣刀的结构形式及材料如图 4-26 所示。

(a) 高速钢立铣刀

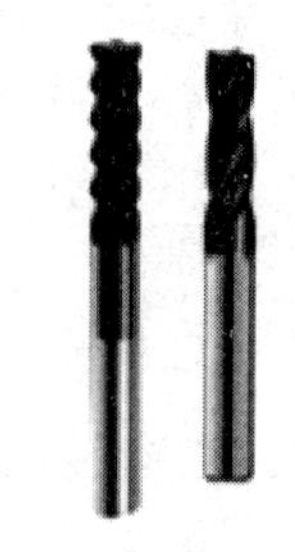
(b) 整体硬质合金立铣刀

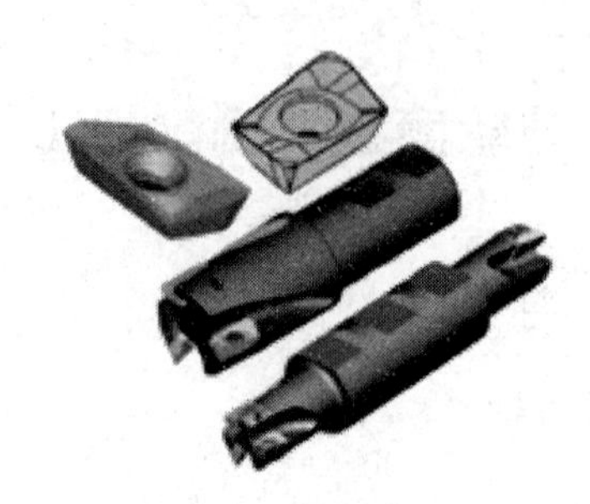
(c) 可转位立铣刀

图 4-26　常用立铣刀的结构形式及材料

立铣刀根据其刀齿数目，分为粗齿立铣刀、中齿立铣刀和细齿立铣刀。粗齿立铣刀刀齿少，强度高，容屑空间大，适于粗加工；细齿立铣刀齿数多，工作平稳，适于精加工；中齿立铣刀的用途介于粗齿和细齿之间。

2. 铣削外轮廓零件的进、退刀路线选择

（1）X、Y 切入/切出

铣削平面零件的外轮廓时，一般采用立铣刀侧刃切削。刀具切入工件时，应避免沿外轮廓的法向切入。对于整圆加工时，可以从切向进入圆周铣削加工，当整圆加工完毕后，不要在切点处直接退刀，而让刀具多运动一段距离，最好沿切线方向退出，如图 4-27(a) 中 1→2→外圆轮廓→3 所示的路线；也可以用圆弧过渡切入/切出，如图 4-27(a) 中 8→9→外圆轮廓→10 所示的路线；当零件的外轮廓有直线部分时，可以沿零件轮廓的延长线切入和切出零件表面，如图 4-27(b) 中 13→15→外轮廓→14 所示的路线；或者沿零件轮廓相切的圆弧切入、切出，如图 4-27(b) 中 8→9→外轮廓→10 所示的路线。

铣削内轮廓侧面时，一般较难从轮廓曲线的切线方向切入、切出，这样应在区域相对较大的地方，用切弧切向切入和切向切出（图 4-27 中 6→7→4→内轮廓→5→6）的方法进行。

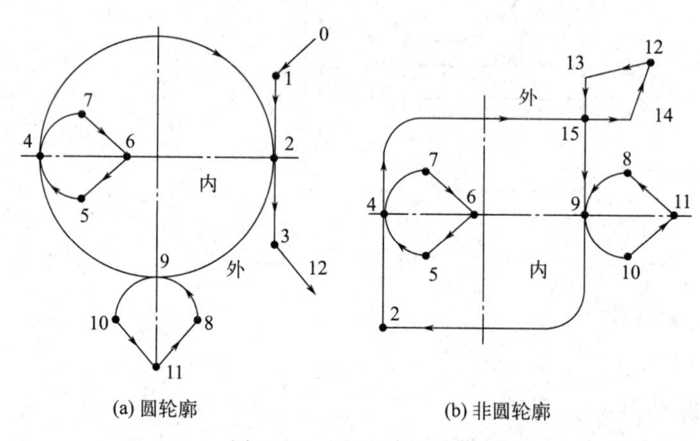

图 4-27　切入/切出路线

（2）Z 向刀具下刀深度

① 一次铣至工件轮廓深度

当工件轮廓深度尺寸不大，在刀具铣削深度范围之内时，可以采用一次下刀至工件轮廓深度完成工件铣削。

立铣刀在粗铣时一次铣削工件的最大深度即背吃刀量 a_p，以不超过铣刀半径为原则，通常根据下列几种情况选择。

当侧吃刀量 $a_e<d/2$（d 为铣刀直径）时，取 $a_p=(1/3\sim1/2)d$；

当侧吃刀量 $d/2\leqslant a_e<d$ 时，取 $a_p=(1/4\sim1/3)d$；

当侧吃刀量 $a_e=d$（即满刀切削）时，取 $a_p=(1/5\sim1/4)d$。

② 分层铣至工件轮廓深度

当工件轮廓深度尺寸较大，刀具不能一次铣至工件轮廓深度时，则需采用在 Z 向分多层依次铣削工件，最后铣至工件轮廓深度，如图 4-28 所示。

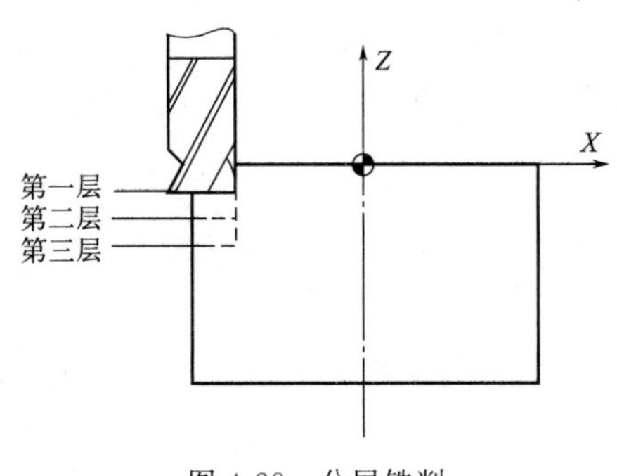

图 4-28　分层铣削

3. 残料的清除方法

（1）采用大直径刀具一次性清除残料

对于无内凹结构且四周余量分布较均匀的外形轮廓，可尽量选用大直径刀具在粗铣时一次性清除所有余量，如图 4-29 所示。

（2）通过增大刀具半径补偿值分多次清除残料

当编程时使用刀具半径补偿时，可通过增大刀具半径补偿值的方式，分几次切削完成残料清除，如图 4-30 所示。

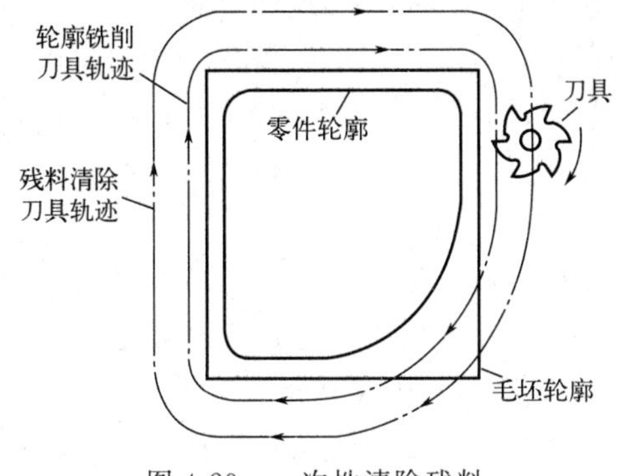

图 4-29　一次性清除残料

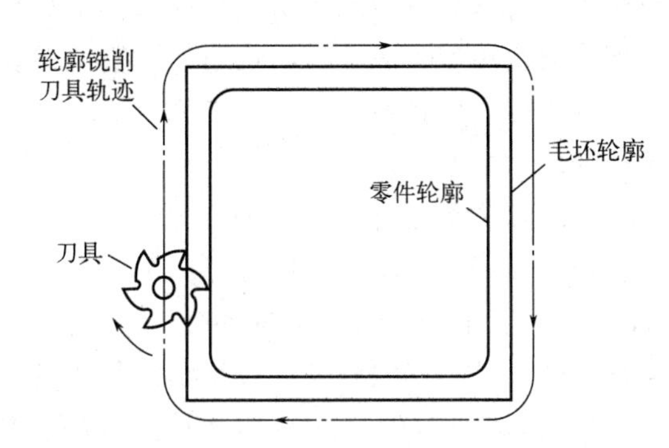

图 4-30　增大刀具半径补偿值分多次清除残料

（3）采用手动方式清除残料

当零件残料很少时，可将刀具以 MDI 方式下移至相应高度，再转为手动方式清除残料，如图 4-31 所示。

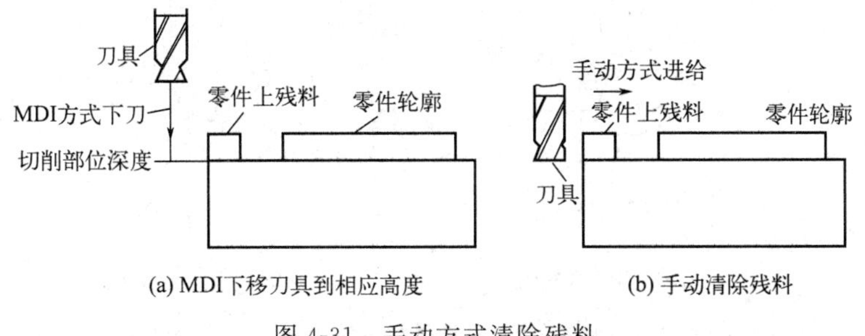

(a) MDI下移刀具到相应高度　(b) 手动清除残料

图 4-31　手动方式清除残料

（4）通过增加程序段清除残料

对于一些分散的残料，也可通过在程序中增加新程序段来清除残料，如图 4-32 所示。

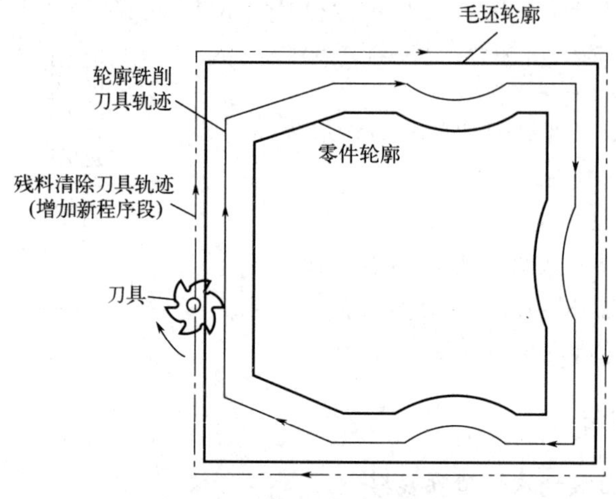

图 4-32 增加程序段清除残料

4. 半径补偿指令

（1）刀具半径补偿的目的

在铣床上进行轮廓的铣削加工时，由于刀具半径的存在，刀具中心（刀心）轨迹和工件轮廓不重合。如果数控系统不具备刀具半径自动补偿功能，则只能按刀心轨迹进行编程，即在编程时给出刀具中心运动轨迹。当数控系统具备刀具半径补偿功能时，数控编程只需按工件轮廓进行，数控系统会自动计算刀形轨迹，使刀具偏离工件轮廓一个半径值，即进行刀具半径补偿。

（2）刀具半径补偿的方法

铣削加工刀具半径补偿，分为刀具半径左补偿（用 G41 定义）和刀具半径右补偿（用 G42 定义）。半径补偿值储存在刀具半径补偿寄存器中；使用 D 代码，选择刀补表中对应的半径补偿值。当不需要进行刀具半径补偿时，则用 G40 取消刀具半径补偿。

采用 G41 与 G42 的判断方法是：顺着垂直于补偿平面的坐标轴的正方向，向刀具的移动方向看过去，当刀具处在切削轮廓左侧时，称为刀具半径左补偿，用 G41 表示，如图 4-33(a) 所示；当刀具在切削轮廓右侧时，称为刀具半径右补偿，用 G42 表示，如图 4-33(b) 所示。

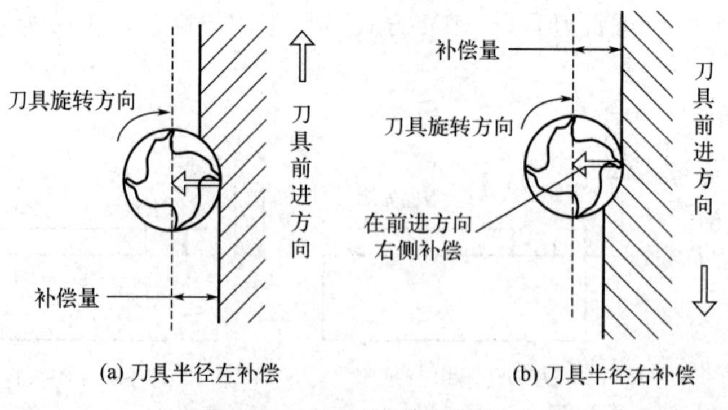

图 4-33 刀具半径补偿方向

（3）**刀具半径补偿指令**

格式：G00/G01 G41/G42 X_Y_D_；

…

G00/G01 G40 X_Y_；

说明：

① G41为刀具半径左补偿，G42为刀具半径右补偿，G40为取消刀具半径补偿；

② X、Y：G00/G01的参数，即刀补建立或取消的终点的绝对坐标或相对坐标值；

③ D：G41/G42的参数，即刀补指令号码（D00～D99），它代表了刀补表中对应的半径补偿值。

④ G40、G41、G42都是模态，可以在程序中保持连续有效。

（4）**刀具半径补偿的过程**

刀具半径补偿的过程分三步，即刀补建立、刀补进行和刀补取消，如图4-34所示。

① 刀补建立

刀补建立指刀具从起点接近工件时，刀具中心从与编程轨迹重合过渡到与编程轨迹偏离一个偏置量的过程。该过程的实现必须有G00或G01功能才有效。

② 刀补进行

在G41或G42程序段后，程序进入补偿模式，此时刀具中心与编程轨迹始终相距一个偏置量，直到刀补取消。

③ 刀补取消

刀具离开工件，刀具中心轨迹过渡到与编程轨迹重合的过程称为刀补取消，刀补的取消用G40来执行。

（5）**刀具半径补偿使用注意事项**

① 刀具半径补偿模式的建立与取消程序段，只能在G00或G01移动指令模式下才有效，刀具只能在移动过程中建立或取消刀补，且移动的距离应大于刀具半径的补偿值。因G00/G01为模态功能指令，前面程序段已指定时，可省略。

② 为保证刀补建立与刀补取消时刀具与工件的安全，通常采用G01运动方式来建立或取消刀补。如果采用G00运动方式来建立或取消刀补，则要采取先建立刀补再下刀和先抬刀再取消刀补的编程加工方法。

③ 为了防止在半径补偿建立与取消过程中刀具产生过切现象（图4-35中*OM*），刀具半径补偿建立与取消程序段的起始位置与终点位置最好与补偿方向在同一侧（图4-35中*OA*）。建立（取消）刀具半径补偿与下（上）一段刀具补偿进行的运动方向应一致，前后两段指令刀具运动方向的夹角α应满足$90° \leqslant \alpha < 180°$。

④ 在刀具补偿模式下，一般不允许存在连续两段以上的非补偿平面内移动指令，否则刀具也会出现过切等危险动作。非补偿平面移动指令通常指：只有G、M、S、F、T指令的程序段（如G90、M05等）；程序暂停程序段（如G04 X10等）；G17（G18、G19）平面内的*Z*（*Y*、*X*）轴移动指令等。

⑤ 从左向右或者从右向左切换补偿方向时，通常要经过取消补偿方式。

⑥ 通常主轴正转时，用G42指令建立刀具半径右补偿，铣削时对工件产生逆铣效果，常用于粗铣；用G41指令建立刀具半径左补偿，铣削时对工件产生顺铣效果，常用于精铣。

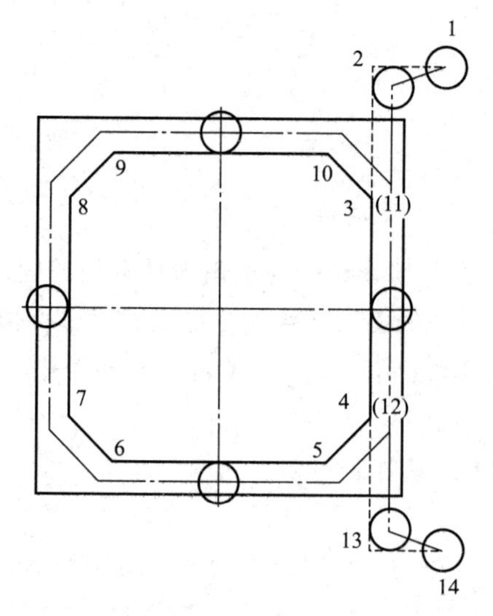

图 4-34 刀具半径补偿的过程

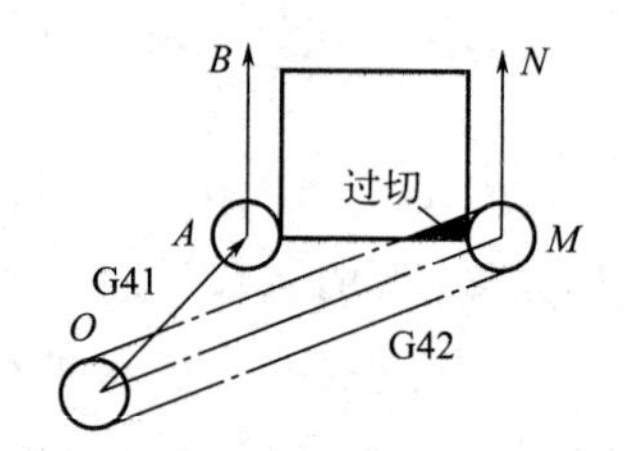

图 4-35 刀补建立时的起始与终点位置

【例 4-2】用 ϕ16mm 的立铣刀加工如图 4-36 所示的零件外轮廓。已知毛坯尺寸 150mm×90mm×10mm，A、K 点的坐标分别是 A（100，60）、K（110，40）。要求使用刀具半径补偿编程。

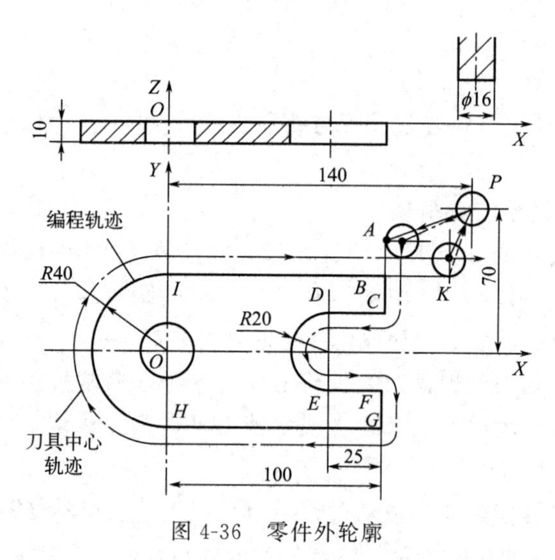

图 4-36 零件外轮廓

【解】工件坐标系建立在工件顶面 O 点处，在 P 点下刀，刀具路径如图 4-36 所示，程序见表 4-13。

表 4-13 零件外轮廓加工程序

程序	注释
O4009；	程序名
N10 G90 G00 G54 X140 Y70 S1200 M03；	P 点上方初始化
N20 Z-13；	P 点下刀
N30 G41 D01 X100 Y60；	建立刀补到 A 点
N40 G01 X100 Y20 F100；	C 点

续表

程序	注释
N50 X75 Y20；	*D* 点
N60 G03 X75 Y-20 R-20；	*E* 点
N70 G01 X100 Y-20；	*F* 点
N80 Y-40；	*G* 点
N90 X0；	*H* 点
N100 G02 X0 Y40 R-40；	*I* 点
N110 G01 X110；	*K* 点
N120 G00 G40 X140 Y70；	*P* 点，取消刀补
N130 Z200；	抬刀
N140 M30；	程序结束

（6）刀具半径补偿的应用

① 刀具因磨损、重磨、换新刀而引起刀具直径改变后，不必修改程序，只需在刀具参数设置中输入变化后的刀具半径。如图 4-37 所示，1 为未磨损刀具，2 为磨损后刀具，两者尺寸不同，只需将刀具参数表中的刀具半径由 r_1 改为 r_2，即可适用同一程序。

② 用同一程序、同一尺寸的刀具，利用刀具半径补偿，可进行粗精加工。如图 4-38 所示，刀具半径 r，精加工余量 Δ。粗加工时，输入刀具半径 $R=r+\Delta$，则加工出细点画线轮廓；精加工时，用同一程序，同一刀具，但输入刀具半径 $R=r$，则加工出实线轮廓。

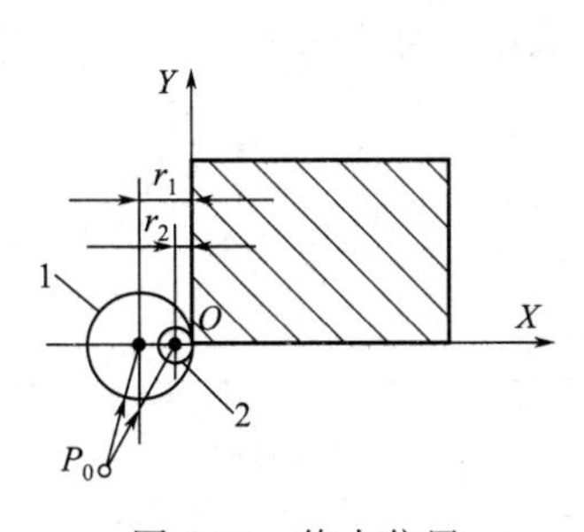

图 4-37　终点位置

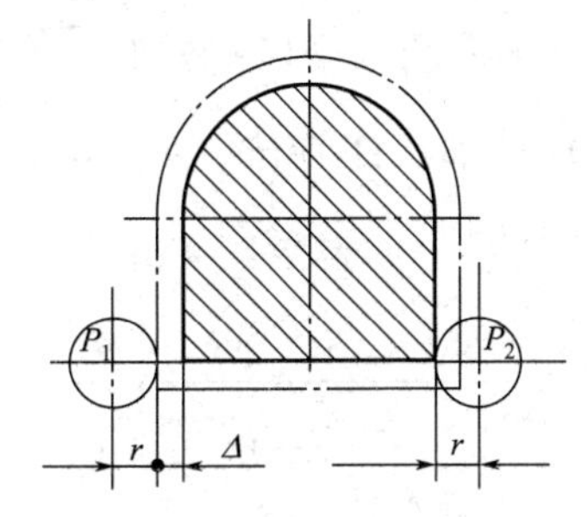

图 4-38　终点位置

③ 采用同一程序段加工同一公称直径的凹、凸型面，如图 4-39 所示。对于同一公称直径的凹、凸型面，内外轮廓编写成同一程序。在加工外轮廓时，将偏置值设为$+D$，刀具中心将沿轮廓的外侧切削；当加工内轮廓时，将偏置值设为$-D$，这时刀具中心将沿轮廓的内侧切削。这种编程与加工方法在模具加工中运用较多。

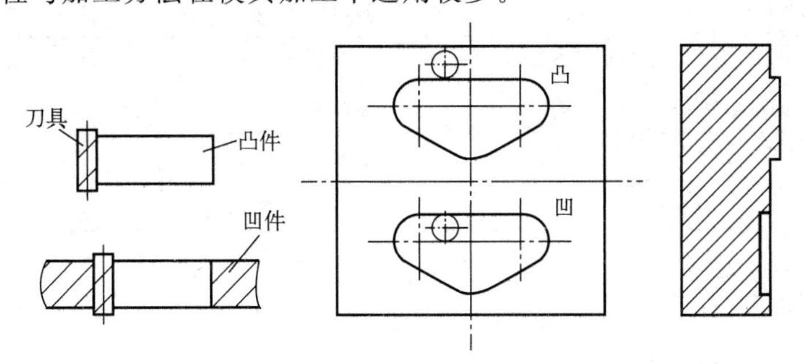

图 4-39　利用刀具半径补偿加工凹、凸型面

四、任务实施

1. 分析零件图样

① 毛坯尺寸：100mm×100mm×25mm。
② 毛坯材料：铝合金。
③ 加工精度分析：见表 4-14。

表 4-14　外轮廓零件加工精度

项目	序号	加工精度要求	加工方案
尺寸精度	1	$77.94_{-0.033}^{-0.020}$mm	粗铣、半精铣、精铣
	2	$\phi60_{-0.038}^{0}$mm	粗铣、半精铣、精铣
形状精度	1	无	
位置精度	1	无	
表面粗糙度	1	$Ra3.2\mu$m	合适的加工路线、切削用量

2. 确定零件装夹方案

① 选择机床：立式数控铣床。
② 选择夹具：机用平口虎钳。
③ 定位基准：毛坯下表面及两侧面。
④ 所需工具：机用平口钳扳手、橡胶锤、垫铁、毛刷、棉布等。

3. 填写数控加工工序卡

数控加工工序卡如表 4-15 所示。

表 4-15　数控加工工序卡

零件名称	外轮廓零件	数控加工工序卡	工序号	10	工序名称	数铣	共　页 第　页
材料	铝合金	毛坯状态	100×100×25	机床设备	XK714D	夹具	机用平口虎钳
工步号	工步内容	刀具规格	刀具材料	量具	背吃刀量/mm	进给量/(mm/min)	主轴转速/(r/min)
1	粗铣六方凸台	$\phi16$立铣刀	HSS	游标卡尺	4	220	700
2	半精铣六方凸台	$\phi16$立铣刀	HSS	游标卡尺	4	200	800
3	精铣六方凸台	$\phi16$立铣刀	HSS	游标卡尺	4	180	900
4	粗铣圆形凸台	$\phi16$立铣刀	HSS	游标卡尺	2	220	700
5	半精铣圆形凸台	$\phi16$立铣刀	HSS	游标卡尺	2	200	800
6	精铣圆形凸台	$\phi16$立铣刀	HSS	游标卡尺	2	180	900
编制		日期		审核		日期	

4. 填写数控加工刀具卡

数控加工刀具卡如表 4-16 所示。

表 4-16　数控加工刀具卡

零件名称	外轮廓零件		数控加工刀具卡			工序号		10
工序名称	数铣		设备名称	数控铣床		设备型号		XK714D
工步号	刀具号	刀具名称	刀柄型号	刀具			补偿量/mm	备注
				直径/mm	刀长/mm	刀尖半径/mm		
1～6	T1	ϕ16 立铣刀	BT40	16				
编制		审核		批准		共　页	第　页	

5. 建立工件坐标系

根据零件图样的特点以及制定的工艺方案确定工件坐标系原点 O（0,0,0），设定在上表面中心。在图 4-40 中画出工件坐标系的坐标轴及原点。

6. 确定进给路线

(1) 六方凸台刀具进给路线

加工阶段分为粗加工、半精加工和精加工，粗加工采用两圈整圆加工快速去掉余量，根据所选刀具的特点，从点 1 下刀→顺时针整圆加工→点 2→顺时针整圆加工；半精加工和精加工走刀路线完全相同，只是刀具半径补偿半径不同，从点 3 下刀→点 4（建立半径补偿）→点 5→点 6→点 7→点 8→点 9→点 10→点 11→点 12（取消半径补偿），如图 4-41 所示。

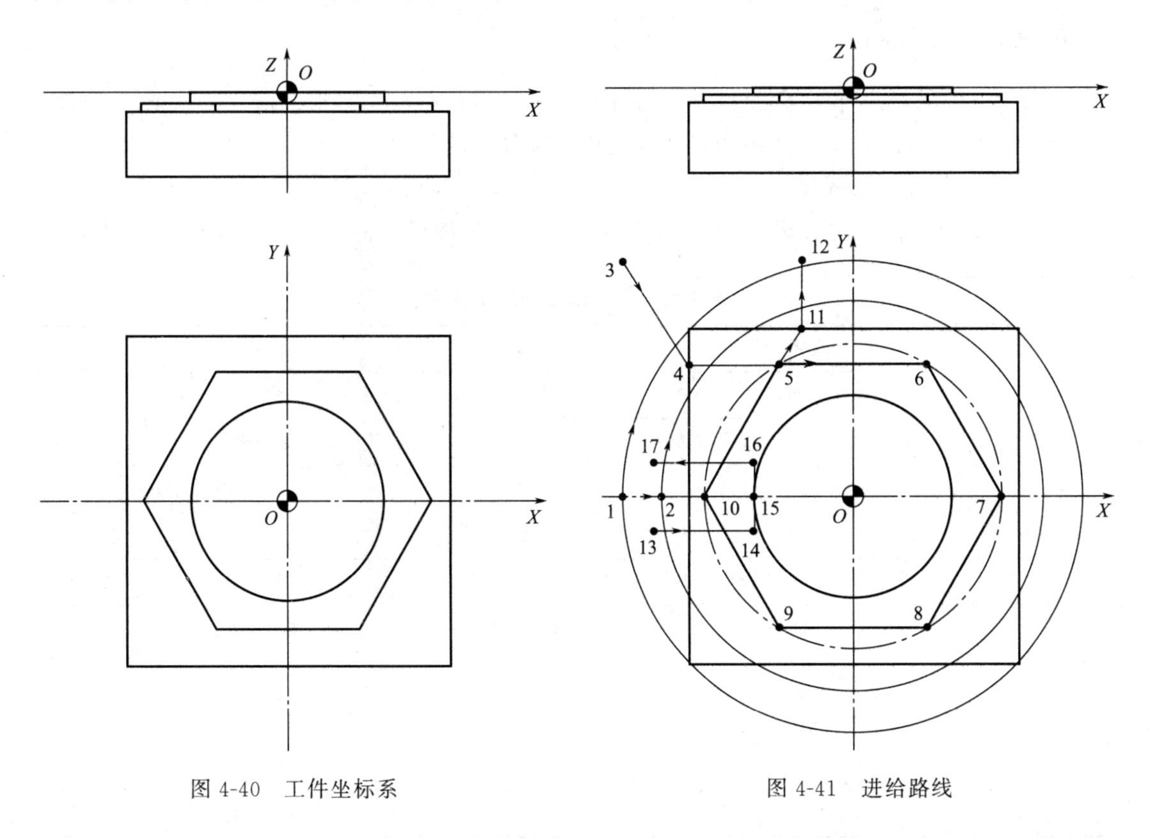

图 4-40　工件坐标系

图 4-41　进给路线

(2) 圆形凸台刀具进给路线

根据所选刀具的特点，从点 13 下刀→点 14（建立半径补偿）→点 15→顺时针整圆加工→点 16→点 17（取消半径补偿），如图 4-41 所示。

7. 计算基点坐标

根据制定的刀具进给路线，计算刀路中各基点坐标，见表 4-17。

表 4-17 基点坐标

节点	X 坐标值	Y 坐标值	节点	X 坐标值	Y 坐标值
1	−70	0	10	−45	0
2	−58	0	11	−16	50
3	−70	70	12	−16	70
4	−50	38.97	13	−60	−10
5	−22.5	38.97	14	−30	−10
6	22.5	38.97	15	−30	0
7	45	0	16	−30	10
8	22.5	−38.97	17	−60	10
9	−22.5	−38.97			

8. 编写加工程序

如使用同一个加工程序，通过调整刀具半径补偿值进行粗、半精、精加工，则可仅编写轮廓加工程序，并注明每次使用的刀补值及粗、精加工的参数。

(1) 六方凸台加工程序

六方凸台粗加工程序如表 4-18 所示。六方凸台半精加工、精加工程序如表 4-19 所示。

表 4-18 六方凸台粗加工程序

程序	注释
O4010;	程序名
N10 G54 G90 G17 G40 G00 Z100;	初始化
N20 X-70 Y0 M30 S700;	1 点下刀
N30 Z10;	
N40 G01 Z-4 F100;	切深 4mm
N50 G02 I70 F220;	整圆加工
N60 G01 X-58;	2 点
N70 G02 I58;	整圆加工
N80 G00 Z100;	抬刀
N90 M30;	程序结束

表 4-19　六方凸台半精加工、精加工程序

程序	注释
O4011；	程序名
N10 G54 G90 G17 G40 G00 Z100；	初始化
N20 X-70 Y70；	3 点下刀
N30 M03 S800；	
N40 Z10；	
N50 G01 Z-4 F100；	切深 4mm
N60 G41 X-50 Y38.97 D01 F200；	建立左刀补，4 点
N70 X22.5；	5 点
N80 X45 Y0；	6 点
N90 X22.5 Y-38.97；	7 点
N100 X-22.5；	8 点
N110 X-45 Y0；	9 点
N120 X-22.5 Y38.97；	10 点
N130 X-16 Y50；	11 点
N140 G40 G01 Y70；	取消刀补，12 点
N150 G00 Z100；	抬刀
N160 M30；	程序结束

(2) 圆台加工程序

因为粗铣六方凸台后，圆形凸台外侧最大残料处剩余约 15mm 的切削余量，当所选刀具直径大于 16mm 时，只需编写轮廓加工程序，通过调整刀补值进行粗、半精、精加工即可。编写时注明每次使用的刀补值及粗、精加工的参数。圆台加工程序如表 4-20 所示。

表 4-20　圆台加工程序

程序	注释
O4012；	程序名
N10 G54 G90 G17 G40 G00 Z100；	初始化
N20 X-60 Y-10；	13 点下刀
N30 M03 S800；	
N40 Z10；	
N50 G01 Z-2 F100；	切深 2mm
N50 G41 X-30 D01 F200；	建立左刀补，14 点
N60 Y0；	15 点
N70 G02 I30；	整圆加工

续表

程序	注释
N80 G01 Y10；	16 点
N90 G40 G01 X-60；	取消刀补，17 点
N100 G00 Z100；	抬刀
N110 M30；	程序结束

五、思考练习

拓展阅读
华中数控——以中国智脑装备中国智造

1. 选择题

（1）铣削一外轮廓，为避免切入/切出点产生刀痕，最好采用（　　）。

A. 法向切入/切出　　B. 垂直切入/切出　　C. 切向切入/切出

（2）在数控铣床上铣一个正方形零件（外轮廓），如果使用的铣刀直径比原来小1mm，则计算加工后的正方形尺寸差（　　）。

A. 小 1mm　　B. 小 0.5mm　　C. 大 0.5mm

（3）程序中指定了（　　）时，刀具半径补偿被撤销。

A. G40　　B. G41　　C. G42

（4）刀尖半径右补偿方向的规定是（　　）。

A. 沿刀具运动方向看，工件位于刀具右侧

B. 沿刀具运动方向看，刀具位于工件右侧

C. 沿工件运动方向看，工件位于刀具右侧

（5）G41 G00 X20 Y0 D01 中 G41 的含义是（　　）。

A. 刀具长度补偿　　B. 刀具半径右补偿　　C. 刀具半径左补偿

（6）指定 G41 或 G42 指令必须在含有（　　）指令的程序段中才能生效。

A. G00 或 G01　　B. G02 或 G03　　C. G01 或 G02

（7）用 ϕ12 的铣刀进行轮廓的粗、精加工，要求精加工余量为 0.4mm，则粗加工偏移量为（　　）。

A. 12.4mm　　B. 11.6mm　　C. 6.4mm

（8）用立铣刀加工曲线外形时，立铣刀半径必须（　　）工件的凹圆弧半径。

A. 小于等于　　B. 等于　　C. 大于等于

2. 判断题

（1）采用立铣刀加工内轮廓时，铣刀直径应小于或等于工件内轮廓最小曲率半径的 2 倍。（　　）

（2）刀具半径补偿功能包括刀补的建立、刀补的执行和刀补的取消三个阶段。（　　）

（3）用刀具半径补偿加工内轮廓时，如果加工出的零件尺寸小于要求尺寸，只能再加工一次，但加工前要进行调整，最简单的方法是修改程序。（　　）

（4）在轮廓铣削加工中，若采用刀具半径补偿指令编程，刀补的建立与取消应在轮廓上进行，这样的程序才能保证零件的加工精度。（　　）

（5）不能在有 G02/G03 程序段中建立刀具半径补偿，必须在直线插补方式时建立刀具半径补偿。（　　）

（6）用刀具半径补偿指令，一个程序可以对零件进行粗精加工。（　　）

（7）刀具补偿寄存器内只允许存入正值。（　　）

3. 综合题

（1）如图 4-42 所示，毛坯尺寸为 120mm×100mm×15mm，底面、顶面及周边轮廓已加工，材料为 Q235，根据技术要求，编写凸台轮廓的铣削加工程序。

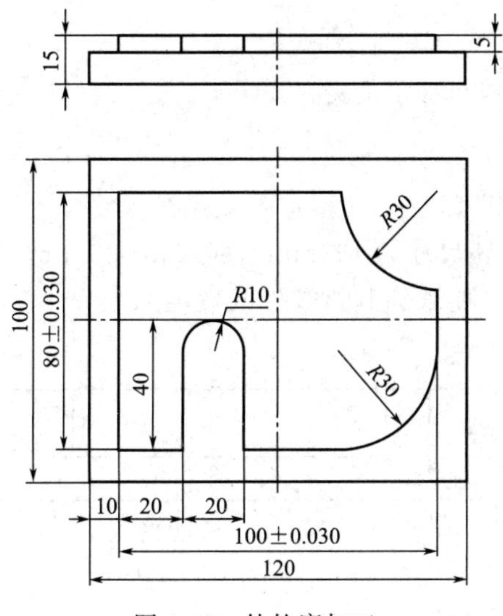

图 4-42　外轮廓加工

（2）如图 4-43 所示，毛坯尺寸为 100mm×80mm×25mm，底面、顶面及周边轮廓已加工，材料为 Q235，根据技术要求，编写凸台轮廓的铣削加工程序。

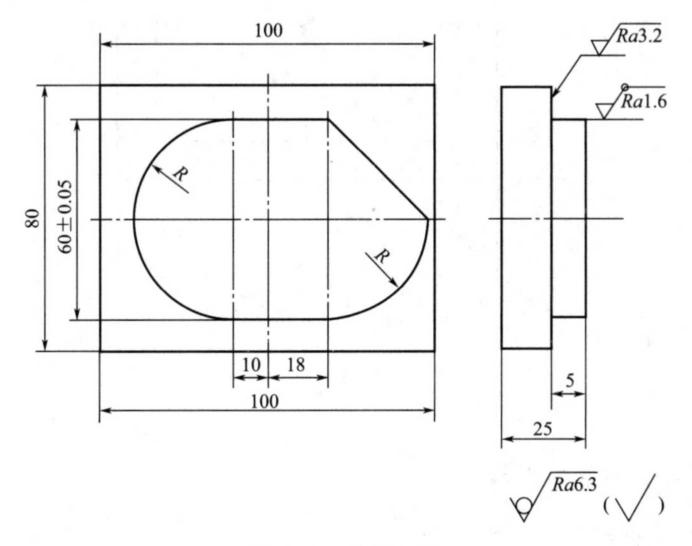

图 4-43　凸模加工

任务四　内轮廓零件铣削加工

一、学习目标

1. 知识目标

（1）理解子程序的格式及指令含义。

（2）掌握子程序编程的使用方法。

2. 能力目标

具备内轮廓及腔槽的编程与加工能力。

二、工学任务

如图 4-44 所示，已知毛坯尺寸为 100mm×80mm×25mm，零件材料为铝合金，上、下平面及周边侧面已完成加工，要求编制该零件的数控加工程序。

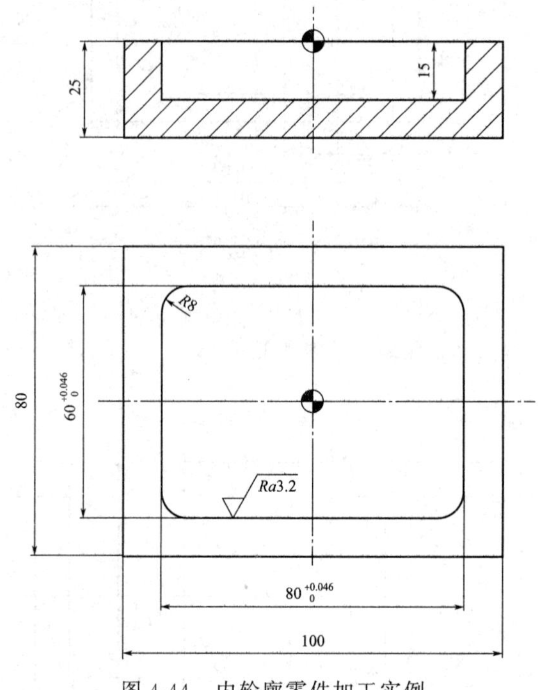

图 4-44　内轮廓零件加工实例

三、相关知识

1. 内轮廓零件铣削常用刀具

(1) 刀具类型的选择

在内轮廓的加工中，如果没有预留（或加工出）孔，一般用键槽铣刀进行加工。但是因为键槽铣刀一般为两刃刀具，比立铣刀的切削刃要少，所以在主轴转速相同的情况下其进给速度应比立铣刀进给速度小。

(2) 刀具直径的选择

在使用键槽铣刀加工内轮廓零件时，铣削拐角的铣刀半径必须小于或等于拐角处的圆角半径，否则将出现过切或切削不足现象，如图 4-45 所示。

铣削内轮廓时，受工件内腔狭窄、内廓形连接凹圆弧 r_{min} 较小等因素的限制，会将刀具限制为细长形状，使其刚度降低。为解决这一问题，通常采取直径大小不同的两把铣刀分别进行粗、精加工。这时因粗铣铣刀直径过大，粗铣后在连接凹圆弧处的铣削半径值过大，精铣时再用直径为 $2r_{min}$ 的铣刀铣去留下的死角。

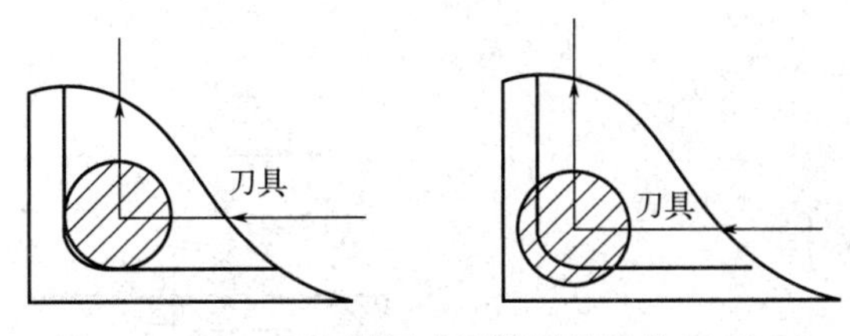

图 4-45　过切或切削不足现象

2. 内轮廓零件铣削的下刀方式

(1) 垂直下刀

采用键槽铣刀直接垂直下刀并进行切削的方式，或先采用键槽铣刀（或钻头）垂直进刀，预钻起始孔后，再换多刃立铣刀加工型腔，如图 4-46 所示。这种方法编程简单，但是由于垂直下刀切削时，刀具中心的切削速度为零，因此应选择较低的切削速度进行切削。

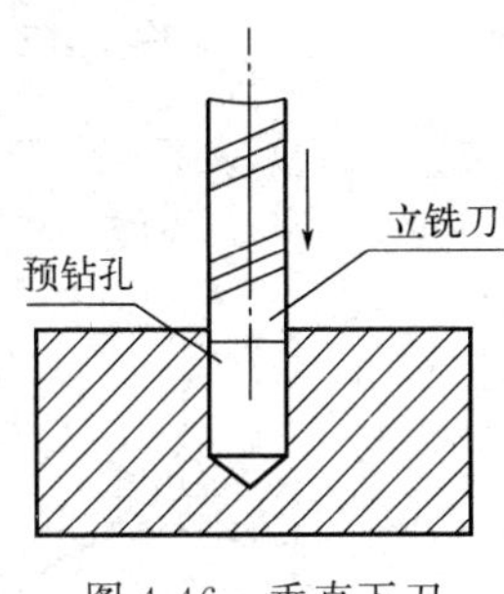

图 4-46　垂直下刀

(2) 斜线下刀

刀具以斜线方式切入工件来达到 Z 向进刀的目的，也称坡走下刀。斜线下刀能够改善切削条件，提高刀具使用寿命，广泛应用于大尺寸的型腔粗加工，如图 4-47 所示。

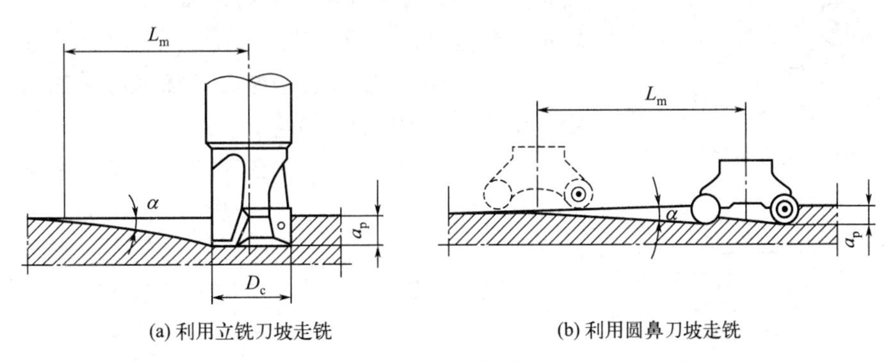

(a) 利用立铣刀坡走铣　　(b) 利用圆鼻刀坡走铣

图 4-47　斜线下刀

(3) 螺旋下刀

在主轴的轴向采用三轴联动螺旋圆弧插补开孔，如图 4-48 所示。采用这种下刀方式，容易实现 Z 向进刀与轮廓加工的自然平滑过渡，不会产生加工过程中的刀具接痕。同时，切削过程稳定，且下刀时空间小，非常适合小功率机床和窄深型腔的加工。

3. 铣削内轮廓零件的进、退刀路线选择

铣削封闭的内轮廓表面同铣削外轮廓一样，刀具同样不能沿轮廓曲线的法向切入和切出。此时刀具可以沿一过渡圆弧切入、切出工件轮廓。如图 4-49 所示为铣削内圆的进给路线。图中，R_1 为零件圆弧轮廓半径，R_2 为过渡圆弧半径。

4. 型腔铣削的进给路线

如图 4-50 所示，在铣削型腔时，一般有三种进给路线。

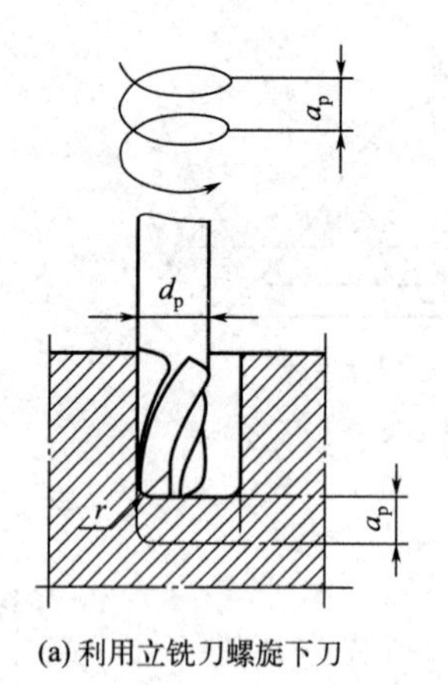

(a) 利用立铣刀螺旋下刀

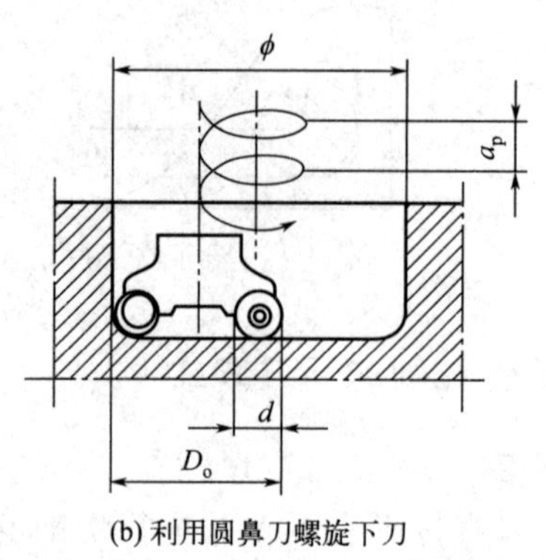

(b) 利用圆鼻刀螺旋下刀

图 4-48　螺旋下刀

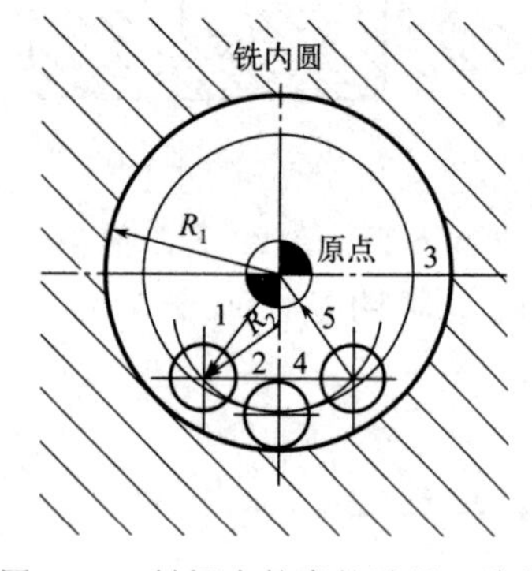

图 4-49　封闭内轮廓的进退刀路线

① 行切法，是刀具在型腔中往复切削，该方法的刀具路径较短，刀位点计算简单，但是在每两次进给的起点与终点间会留下残留面积而达不到所要求的表面粗糙度值。

② 环切法，是刀具在型腔中环绕切削，逐次向外扩展轮廓线，轮廓无残留，表面粗糙度值小，但是刀具路径较长，刀位点计算较为复杂。

③ 行切法＋环切法，综合了前两种方法的优点，先用行切法切去中间部分余量，最后用环切法切一刀，既能使总的进给路线较短，又能获得较小的表面粗糙度值。

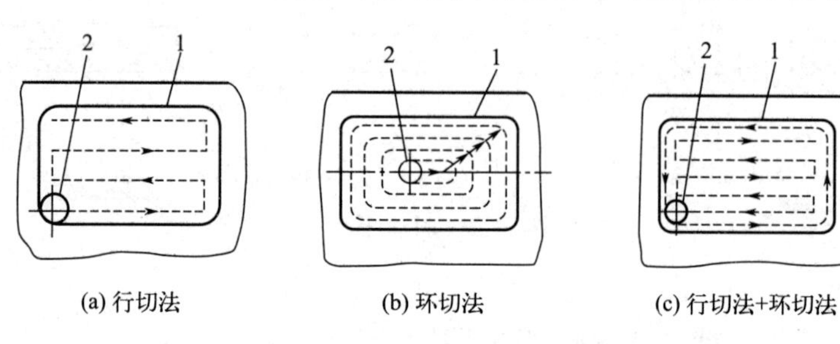

(a) 行切法　　(b) 环切法　　(c) 行切法+环切法

图 4-50　铣削型腔的三种路线

1—工件轮廓；2—铣刀

5. 子程序的概念

(1) 子程序的定义

机床的加工程序可以分为主程序和子程序两种。主程序是一个完整的零件加工程序，或是零件加工程序的主体部分。不同的零件或不同的加工要求都有唯一的主程序。

在编制加工程序中，有时会遇到一组程序段在一个程序中多次出现，或者在几个程序中都要使用它。这个典型的加工程序可以做成固定程序，并单独加以命名，这组程序段就称为子程序。

子程序一般不可以作为独立的加工程序使用，它只能通过主程序进行调用，实现加工中的局部动作。子程序执行结束后，能自动返回到调用它的主程序中。

（2）子程序的嵌套

为了进一步简化加工程序，可以允许其子程序再调用另一个子程序，这一功能称为子程序的嵌套。当主程序调用子程序时，该子程序被认为是一级子程序，FANUC 系统中的子程序允许 4 级嵌套，如图 4-51 所示。

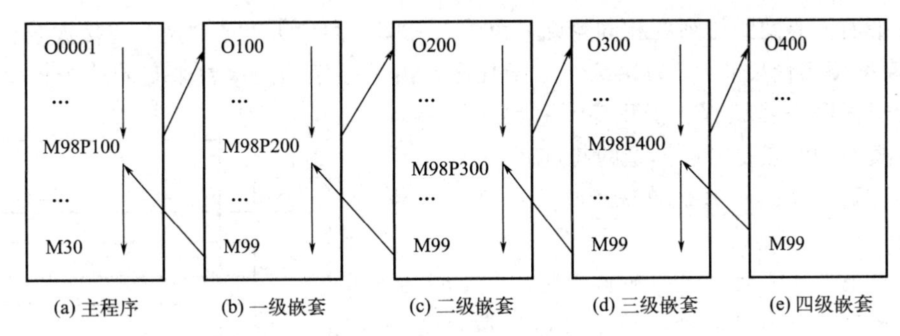

图 4-51 子程序的嵌套

（3）子程序的格式

在大多数数控系统中，子程序和主程序并无本质区别。子程序和主程序在程序名及程序内容方面基本相同，仅结束标记不同。主程序用 M30 表示结束，而子程序在 FANUC 系统中用 M99 表示子程序结束，并实现自动返回主程序功能，如下述子程序。

```
O0002;
G01 X50 Y2;
……
G00 Z50;
M99;
```

（4）子程序的调用

在 FANUC 系统中，子程序的调用可通过辅助功能指令 M98 指令进行，同时在调用格式中将子程序的程序名地址改为 P。

格式：M98 P_;

地址 P 后面的 8 位数字中，前 4 位表示调用次数，后 4 位表示子程序名。

调用次数大于 1 时，调用次数前的 0 可以省略不写，子程序名需写全，如 M98 P50010 表示调用 O0010 子程序 5 次。

调用 1 次时，可以省略次数，此时子程序名前面的 0 可省略，如 M98 P10 表示调用 O0010 子程序 1 次。

（5）编写子程序时的注意事项

① 在编写子程序的过程中，最好采用增量坐标方式进行编程，以避免失误。

② 在程序中刀具半径补偿不能被分隔指令，正确的书写格式如下：

```
O1;(主程序)          O2;(子程序)
G41…
…                    …
M98 P2               …
```

```
…                   G40…
M30                 M99;
```

6. 子程序的应用

（1）子程序平移编程

同一平面上等间距排列的相同轮廓，由一个等间距的“头”或“尾”连接成子程序“模型”，把模型用增量尺寸（G91）编制成子程序，由子程序调用次数来复制这个模型的编程方式称为子程序平移编程。子程序平移编程的特点是：前一模型的终点是后一模型的起点。

【例 4-3】 用 ϕ16 的立铣刀铣 100mm×80mm 锻铝大平面。

这是用小刀铣削大平面的加工问题，图 4-52(a) 所示为设计的行切刀具路径，图 4-52(b) 所示是子程序模型，用 G91 编成子程序。行距 2→3 的大小由刀具直径大小和总加工宽度决定，ϕ16mm 的立铣刀，行距取 14mm，不会存在残留量。在 1 点下刀，4 点→5 点是“尾”，取其长度为 14mm，保证所有行距相同。由总加工宽度和子程序模型宽度计算子程序调用次数，3 次能覆盖整个加工平面。工件坐标系建立在毛坯顶面左下角，程序清单见表 4-21、表 4-22。

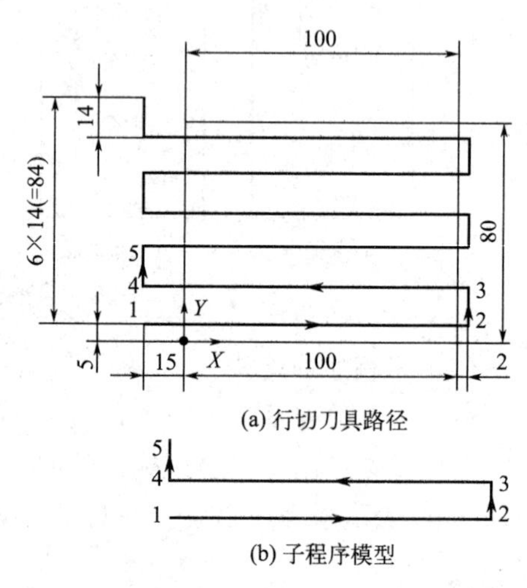

图 4-52　子程序平移编程刀具路径及模型

表 4-21　大平面铣削主程序

程序	注释
O4013;	主程序名
N10 G90 G00 G54 X-15 Y5 S700 M03;	初始化
N20 Z-2;	下刀
N30 M98 P34014;	调用 3 次子程序 O4014
N40 G90 G00 Z200;	抬刀
N50 M30;	主程序结束

表 4-22　大平面铣削子程序

程序	注释
O4014;	子程序名
N10 G91 G01 X117 Y0 F200;	2 点，拟定刀具在 1 点
N20 Y14;	3 点
N30 X-117;	4 点
N40 Y14;	5 点
N50 M99;	子程序结束

（2）子程序分层编程

深度方向每一层的轮廓相同，分层间距相等，层与深度“头”或“尾”连接成子程序“模型”，模型的“头”或“尾”用增量尺寸（G91）编制成子程序，层内如何编程由具体情况决定，用子程序调用次数来复制这个模型的编程方式称为子程序分层编程。子程序分层编程的特点是层内的下刀点必须与终点重合，形成封闭刀具路径。

【例 4-4】 加工如图 4-53 所示的零件，采用 $\phi16$ 的立铣刀，刀具最大的被吃刀量为 5mm，编写该零件的加工程序。

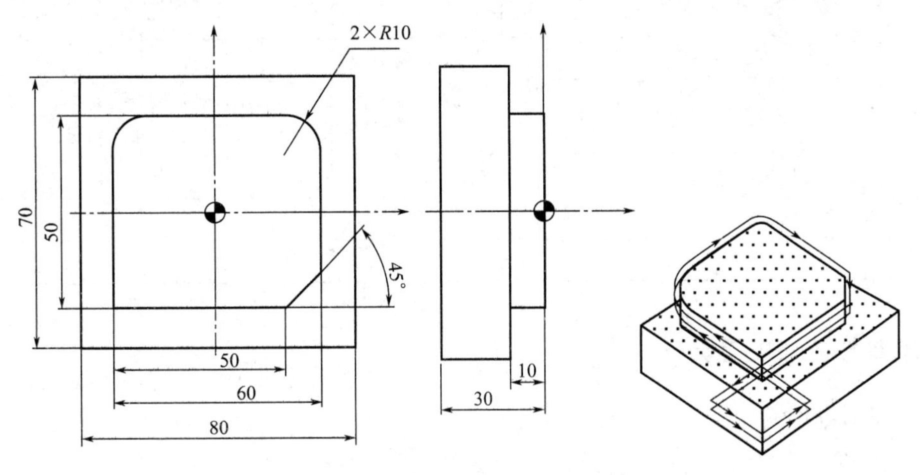

图 4-53　子程序分层编程

【解】 分层切削加工程序如表 4-23 所示。

表 4-23　分层切削加工程序

主程序	子程序
O4015;	O4016;
N10 G54 G90 G17 G40 G00 Z100;	N10 G91 G01 Z-5 F100;
N20 X-40 Y-40;	N20 G90 G41 G01 X-30 D01 F100;
N30 M03 S1000;	N30 Y15;
N40 Z10;	N40 G02 X-20 Y25 R10;
N50 G01 Z0 F50;	N50 G01 X20;
N60 M98 P24016;	N60 G02 X30 Y15 R10;
N70 G00 Z50;	N70 G01 Y-15;
N80 M30;	N80 G01 X20 Y-25;
	N90 X-40;
	N100 G40 Y-40;
	N110 M99;

四、任务实施

1. 工艺分析

零件内轮廓规则，被加工部分的各尺寸、表面粗糙度等要求较高，所以内轮廓采用粗精加工。由于被加工部位是型腔，可采用压板组合夹具装夹工件。

2. 填写数控加工工序卡

数控加工工序卡如表 4-24 所示。

表 4-24　数控加工工序卡

零件名称	内轮廓零件	数控加工工序卡		工序号		工序名称	数铣	共　页 第　页
材料	铝合金	毛坯状态	100×80×25	机床设备	XK714D	夹具	压板	
工步号	工步内容	刀具规格	刀具材料	量具	背吃刀量/mm	进给量/(mm/min)	主轴转速/(r/min)	
1	粗铣内轮廓	ϕ14 键槽铣刀	硬质合金	游标卡尺	3	220	800	
2	精铣内轮廓	ϕ12 立铣刀		内径千分尺	15	180	1000	
编制		日期		审核		日期		

3. 填写数控加工刀具卡

数控加工刀具卡如表 4-25 所示。

表 4-25　数控加工刀具卡

零件名称	内轮廓零件		数控加工刀具卡			工序号		
工序名称	数铣		设备名称	数控铣床		设备型号		XK714D
工步号	刀具号	刀具名称	刀柄型号	刀具 直径/mm	刀具 刀长/mm	刀具补偿 长度/mm	刀具补偿 半径/mm	备注
1	T1	ϕ14 键槽铣刀	BT40	14				
2	T2	ϕ12 立铣刀	BT40	12			D02=6	
编制		审核		批准		共　页	第　页	

4. 建立工件坐标系

根据零件图样的特点以及制定的工艺方案确定工件坐标系原点 O（0,0,0）设定在上表面中心，上表面为 Z 零点表面。在图 4-54 中画出工件坐标系的坐标轴及原点。

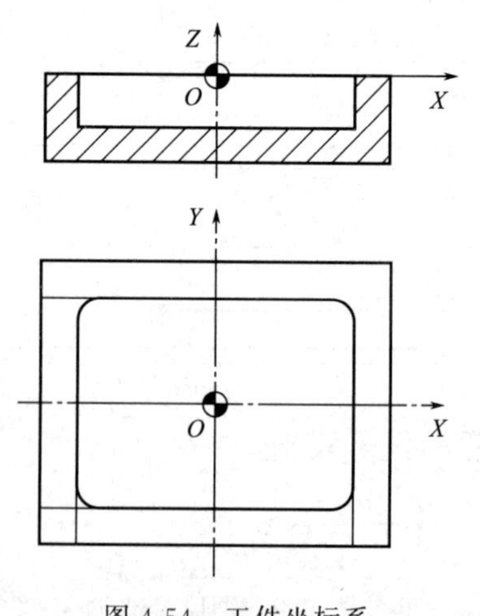

图 4-54　工件坐标系

5. 确定进给路线

型腔粗加工中的间距就是刀具切入材料的宽度。刀路间距通常为刀具直径的 70%～90%，相邻两刀应有一定的重叠部分。所以粗加工采用 ϕ14mm 的键槽铣刀，刀路间距为 11mm；加工路线采用先行切，后环切，如图 4-55 所示，槽深为 15mm，采用调用子程序的方式分层加工，加工路线为 1→2→3→4→5→6→7→8→9→10→2→1→9。

精加工采用半径补偿，为了得到较好的加工表面常采用圆弧进退刀方式。精加工采用 ϕ12mm 的立铣刀，如图 4-56 所示。

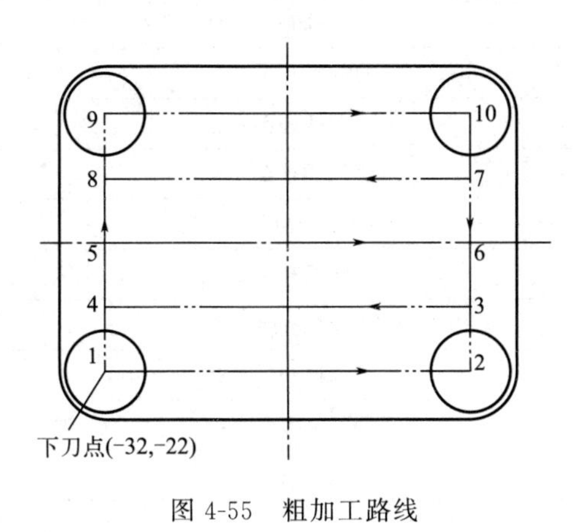

图 4-55　粗加工路线

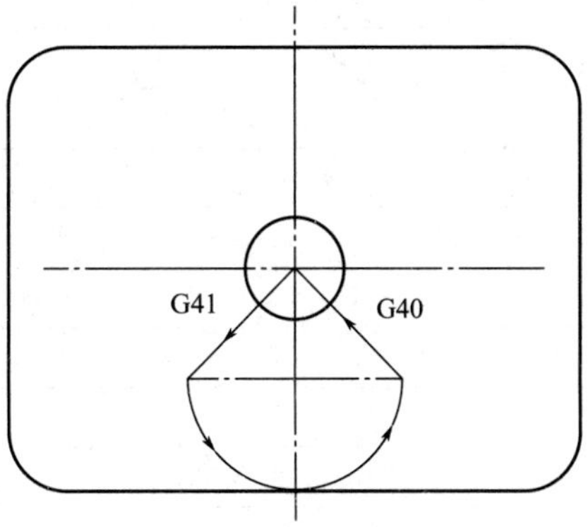

图 4-56　精加工路线

6. 编写加工程序

粗精加工程序，见表 4-26～表 4-28。

表 4-26　内轮廓的粗加工程序

程序	注释
O4017；	程序名
N10 G54 G90 G40 G49；	建立工件坐标系，取消半径和长度补偿
N20 G00 Z100；	
N30 M03 S800 M08；	主轴正转，切削液开
N40 X-32 Y-22；	刀具移动到下刀点 1
N50 Z5；	快速到达工件上表面 5mm 处
N60 G01 Z0 F220；	进给至工件上表面
N70 M98 P54018；	调用子程序 O4018，调用 5 次
N80 G00 Z100；	
N90 M30；	程序结束

表 4-27　内轮廓加工子程序

程序	注释
O4018；	程序名
N10 G91 Z-3；	采用增量编程，每次切深 3mm
N20 X64；	直线插补至 2 点
N30 Y11；	直线插补至 3 点
N40 X-64；	直线插补至 4 点

续表

程序	注释
N50 Y11；	直线插补至 5 点
N60 X64；	直线插补至 6 点
N70 Y11；	直线插补至 7 点
N80 X-64；	直线插补至 8 点
N90 Y11；	直线插补至 9 点
N100 X64；	直线插补至 10 点
N110 Y-44；	直线插补至 2 点
N120 X-64；	直线插补至 1 点
N130 Y44；	直线插补至 9 点
N140 G90 X-32 Y-22；	回到下刀点 1 点
N150 M99；	返回主程序

表 4-28　内轮廓的精加工程序

程序	注释
O4019；	程序名
N10 G54 G90 G40 G49；	建立工件坐标系，取消半径和长度补偿
N20 G00 Z100；	
N30 M03 S1000 M08；	主轴正转，切削液开
N40 X0 Y0；	刀具移动到下刀点
N50 Z5；	快速到达工件上表面 5mm 处
N60 G01 Z-15 F180；	进给至－15mm 处
N70 G41 X-15 Y-15 D02；	建立半径补偿，补偿号 D02
N80 G03 X0Y-30 R15；	圆弧插补至加工位置
N90 G01 X32；	
N100 G03 X40 Y-22 R8；	逆时针加工 *R*8 圆弧
N110 G01 Y22；	
N120 G03 X32 Y30 R8；	逆时针加工 *R*8 圆弧
N130 G01 X-32；	
N140 G03 X-40 Y22 R8；	逆时针加工 *R*8 圆弧
N150 G01 Y-22；	
N160 G03 X-32 Y-30 R8；	逆时针加工 *R*8 圆弧
N170 G01 X0；	
N180 G03 X15 Y-15 R15；	圆弧方式切出工件
N190 G40 G01 X0 Y0；	取消半径补偿，回到下刀点
N200 G00 Z100；	
N210 M30；	程序结束

五、思考练习

拓展阅读

文墨精度

1. 选择题

（1）子程序的最后一个程序段为（　　），命令子程序结束并返回到主程序。

A. M99　　B. M98　　C. M89

（2）M98 P2022 表示（　　）。

A. 连续调用 20 次子程序 O22

B. 连续调用 202 次子程序 O2

C. 调用 1 次子程序 O2022

（3）子程序调用指令 M98 P30005 的含义为（　　）。

A. 调用 5 号子程序 3 次

B. 调用 3 号子程序 5 次

C. 调用最近 5 个程序段 3 次

2. 判断题

（1）一个主程序中只能有一个子程序。（　　）

（2）子程序的最后一个程序段以 M98 结束子程序。（　　）

（3）子程序的编写方式必须是增量方式。（　　）

（4）M98 和 M99 必须成对出现，且在同一编号的程序段内。（　　）

（5）程序段 M98 P0033 的含义是调用 1 次程序名为 O0033 的子程序。（　　）

3. 综合题

毛坯尺寸为 100mm×80mm×25mm，材料为 Q235，用子程序平移、分层数控粗铣，平移一层精铣，编写图 4-57 所示腰形级进凸模的加工程序。

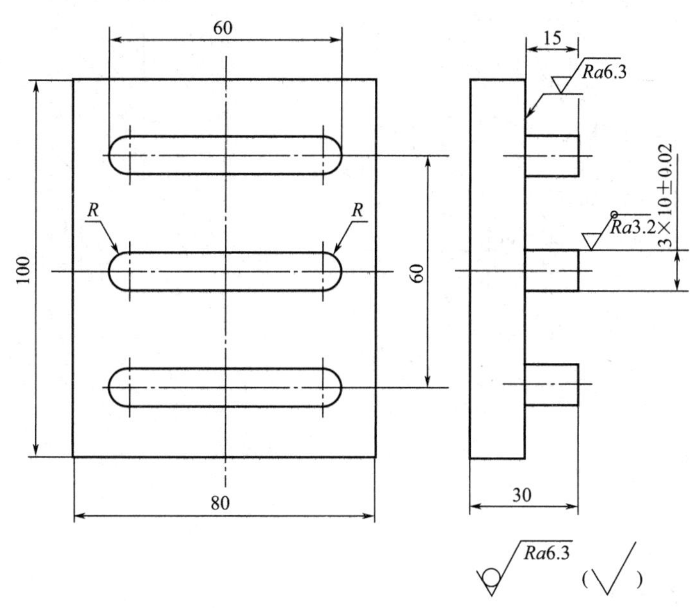

图 4-57　腰形级进凸模

任务五　简化编程铣削加工

一、学习目标

1. 知识目标

（1）掌握极坐标编程的结构格式、编程技巧及加工方法。

（2）掌握坐标系旋转指令的结构格式、编程技巧及加工方法。

（3）掌握比例缩放指令的结构格式、编程技巧及加工方法。

（4）掌握镜像指令的结构格式、编程技巧及加工方法。

2. 能力目标

（1）具备使用极坐标指令简化程序的能力。

（2）具备使用坐标系旋转指令简化程序的能力。

（3）具备使用比例缩放指令简化程序的能力。

（4）具备使用镜像指令简化程序的能力。

二、工学任务

如图 4-58 所示，已知毛坯尺寸为 100mm×80mm×25mm，零件材料为铝合金，上、下平面及周边侧面已完成加工，使用子程序、极坐标和坐标系旋转指令编制该零件的数控加工程序。

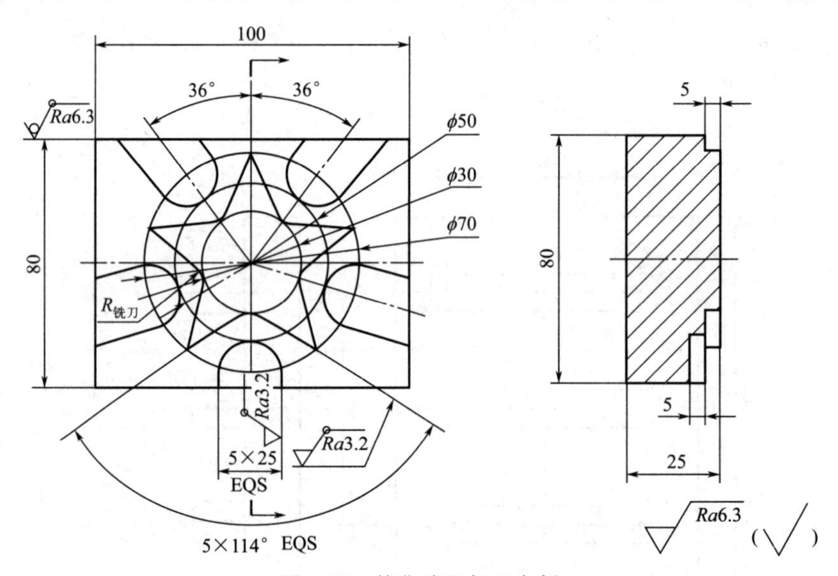

图 4-58　简化编程加工实例

三、相关知识

1. 极坐标编程 G15、G16

采用极坐标编程，可以大大减少编程时的计算工作量，因此在编程中得到广泛的应用。通常情况下，圆周分布的孔类零件（如法兰盘类零件）以及图样尺寸以半径与角度的形式标识的零件（如正多边形外形铣），采用极坐标编程较为合适。

（1）指令格式

G16：极坐标生效

G15：极坐标取消

当使用极坐标指令时，坐标系以极坐标方式指定，即以极半径和极角度来确定点的位置。对于极半径，被研究点与极点间的距离为极半径，当使用 G17、G18、G19 选择好加工平面后，用所选平面的第一轴地址来指定。对于极角度，用所选平面的第二坐标地址来指定。极坐标的零度方向为第一坐标轴的正方向，逆时针方向为角度方向的正向，极角度的单位为度（°），不能用分秒形式，编程范围为 1°～±360°。例如，G16 G17 X5 Y30 表示极半径为 5mm，极角度为逆时针方向 30°。

（2）极点

极点的指定方式有两种，一种是以工件坐标系零点作为极坐标系原点，另一种是以刀具当前的位置作为极坐标系原点。

当以工件坐标系零点作为极点时，用绝对坐标编程方式来指定。如程序“G90 G17 G16”极半径值是指终点到编程原点的距离，极角度是指终点坐标与编程原点的连线与 *X* 轴的夹角，如图 4-59(a) 所示。

当以刀具当前位置为极点时，用增量坐标编程方式来指定。如程序“G91 G17 G16”极半径值是指终点到刀具当前位置的距离，极角度是前一坐标系原点与当前坐标系原点的连线与当前轨迹的夹角。如图 4-59(b) 所示，在 *A* 点处进行 G91 方式极坐标编程，则 *A* 点为当前极点，则半径为当前编程原点到轨迹终点的距离（图中 *AB* 线段的长度）；角度为前一坐标系原点（*O* 点）与当前极坐标系原点的连线与当前轨迹的夹角（图中 *OA* 与 *AB* 的夹角）。*BC* 段编程时，*B* 点为当前极点，角度、半径的确定与 *AB* 段类似。

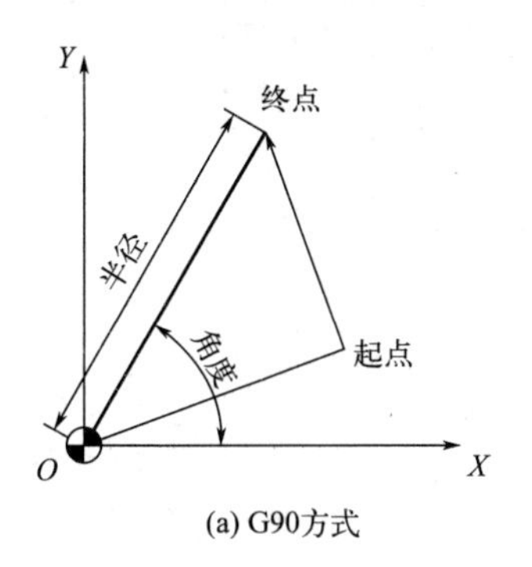

(a) G90方式

(b) G91方式

图 4-59　极点

【例 4-5】 用极坐标指令编写图 4-60 所示的正六边形加工程序。

【解】 正六边形的加工程序如表 4-29 所示。

表 4-29　极坐标编程加工程序

程序	注释
O4020；	程序名
N10 G90 G00 G54 X65 Y0 S800 M03；	1 点，初始化
N20 Z-5；	下刀深度 5mm

续表

程序	注释
N30 G01 G42 D01 X40 Y-17.321 F200;	建立右刀补,2点
N40 G01 G16 X30 Y60;	极坐标编程,直线插补到4点
N50 Y120;	5点
N60 Y180;	6点
N70 Y240;	7点
N80 Y300;	8点
N90 G15 X40 Y17.321;	9点
N100 G40 X65 Y0;	取消刀补,1点
N110 G00 Z200;	抬刀
N120 M30;	程序结束

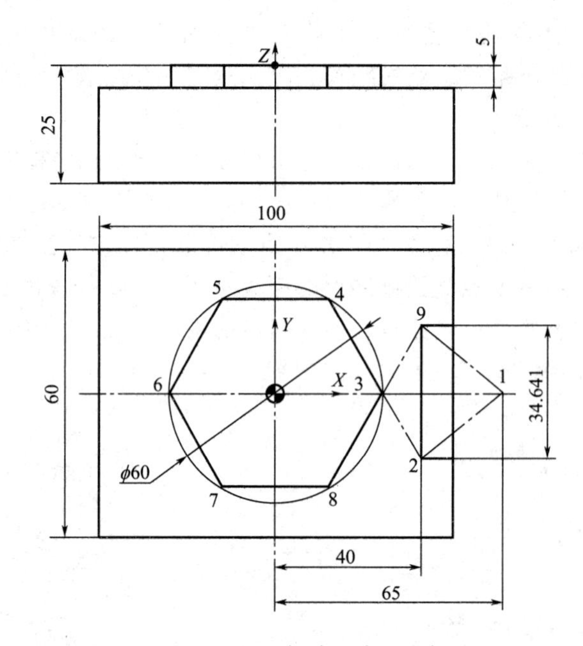

图 4-60　极坐标编程应用实例

2. 坐标系旋转指令编程 G68、G69

坐标系旋转指令在给定的插补平面内，可按指定旋转中心及旋转方向将工件坐标系和工件坐标系下的加工形状一起旋转一给定的角度。

指令格式：G68 X_Y_Z_R_；

其中　X、Y、Z——旋转中心坐标；

R——旋转角度，一般为 0°～360°，逆时针为正，顺时针为负，不足 1°用小数点表示。

G69 为坐标旋转取消。

【例 4-6】 如图 4-61 所示工件，毛坯尺寸为 ϕ50mm×20mm，试编制其加工程序。

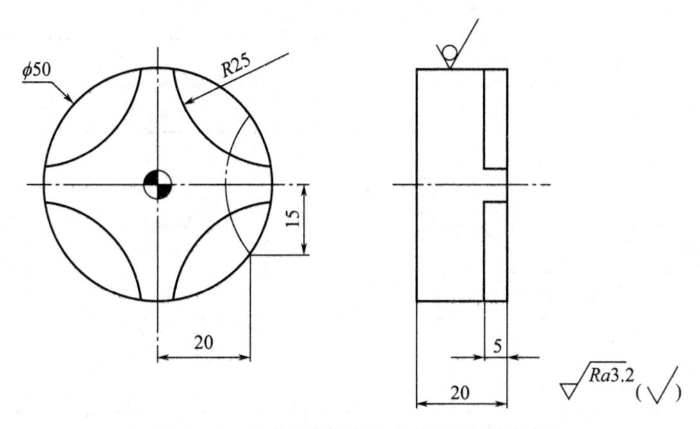

图 4-61　坐标系旋转指令编程应用实例

【解】 圆周上均布的 4 个圆弧形轮廓的大小、尺寸完全一致，只是与坐标轴夹角不同，可认为是图中所示的双点画线圆弧绕着工件中心旋转。采用坐标系旋转指令编程，可以省去复杂的数学计算。其加工程序如表 4-30、表 4-31 所示。

表 4-30　坐标系旋转指令编程主程序

程序	注释
O4021；	程序名
N10 G54 G40 G49 G17 G80；	
N20 G90 G00 Z50；	
N30 M03 S800；	
N40 X50 Y0；	
N50 Z5；	
N60 G68 X0 Y0 R45；	坐标逆时针旋转 45°
N70 M98 P4022；	调用圆弧加工子程序
N80 G69；	取消旋转
N90 G68 X0 Y0 R135；	坐标逆时针旋转 135°
N100 M98 P4022；	调用圆弧加工子程序
N110 G69；	取消旋转
N120 G68 X0 Y0 R225；	坐标逆时针旋转 225°
N130 M98 P4022；	调用圆弧加工子程序
N140 G69；	取消旋转
N150 G68 X0 Y0 R315；	坐标逆时针旋转 315°
N160 M98 P4022；	调用圆弧加工子程序
N170 G69；	取消旋转
N180 G00 Z100；	
N190 M30；	程序结束

表 4-31　坐标系旋转指令编程子程序

O4022；	圆弧加工子程序
N10 G00 X50 Y0；	
N20 G01 Z-5 F100；	
N30 G41 X20 Y15 D01；	
N40 G03 Y-15 R25；	
N50 G40 G01 X50 Y0；	
N60 Z5；	
N70 M99；	

3. 比例缩放指令 G50、G51

对加工程序指定的图形进行比例缩放有两种指令格式。

（1）等比例缩放

指令格式：G51 X_Y_Z_P_；

其中　X、Y、Z——比例缩放中心（必须为绝对值）；

P——缩放比例（小数点编程无效）。

例如：G51 X0 Y0 P2000 表示以（0，0）点为比例缩放中心，等比例放大 2 倍。

说明：① 小数点编程不能用于缩放比例。

② 若坐标省略，则以刀具当前点为缩放中心。

③ 对于长度和半径补偿，比例缩放对其无效。

④ 在缩放状态下，不能指定参考点相关的 G 指令（G27～G30），也不能指定坐标系的 G 指令（G54～G59、G92），若一定要指定这些 G 指令，应在取消缩放功能后指定。

⑤ 固定循环中，*Z* 轴缩放无效（主要指 G17 加工平面时）。

⑥ 刀具半径补偿程序应放在缩放程序内，例如：

```
G51 X_Y_Z_P_；
G41 G01 …… D01 F100；
```

（2）不等比例缩放

指令格式：G51 X_Y_Z_I_J_K_；

其中　X、Y、Z——比例缩放中心（必须为绝对值）；

I、J、K——各轴（*X*、*Y*、*Z*）的缩放比例。

该格式允许各坐标轴以不同比例进行缩放。

（3）比例缩放取消

指令格式：G50

【例 4-7】 如图 4-62 所示工件，毛坯尺寸为 50mm×50mm×20mm，材料为 45 钢，试编制其加工程序。

【解】 本例的轮廓由两部分组成，这两部分尺寸成比例关系（缩放比例为 0.75）。因此，本例可采用比例缩放指令来进行编程，其加工程序如表 4-32、表 4-33 所示。

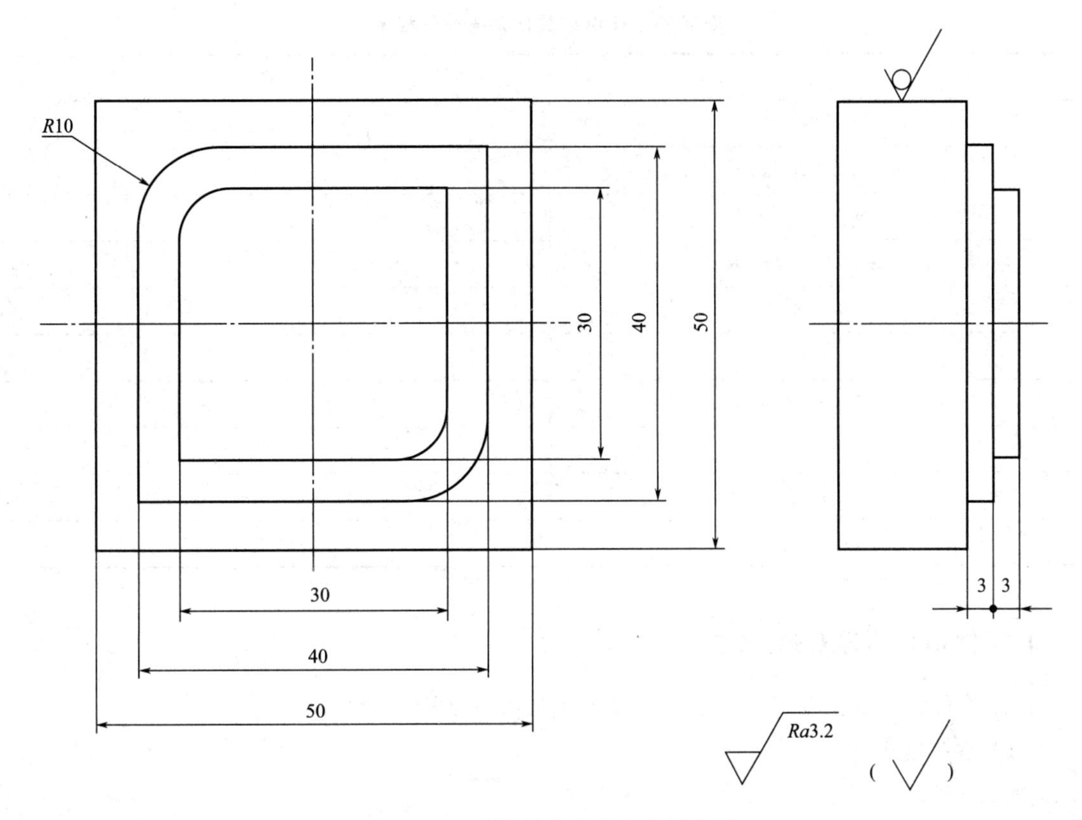

图 4-62　比例缩放指令编程应用实例

表 4-32　比例缩放指令编程主程序

程序	注释
O4023；	程序名
N10 G54 G40 G49 G17 G80；	
N20 G90 G00 Z50；	
N30 M03 S800；	
N40 X40 Y40；	
N50 Z5；	
N60 G01 Z-6 F100；	
N70 M98 P4024；	调用子程序
N80 G01 Z-3 F100；	
N90 G51 X0 Y0 P750；	以(0,0)为缩放中心，缩放比例 0.75
N100 M98 P4024；	
N110 G50；	取消缩放
N120 G00 Z100；	
N130 M30；	程序结束

表 4-33　比例缩放指令编程子程序

程序	注释
O4024；	子程序名
N10 G41 X20 D01；	
N20 Y-10；	
N30 G02 X10 Y-20 R10；	
N40 G01 X-20；	
N50 Y10；	
N60 G02 X-10 Y20 R10；	
N70 G01 X40；	
N80 G40 Y40；	
N90 M99；	返回主程序

4. 镜像指令编程 G50、G51

使用编程的镜像指令可实现沿某一坐标轴或某一坐标点的对称加工。

(1) 指令格式一

指令格式：G17 G51.1 X_Y_;(镜像生效)

G50.1;(镜像取消)

其中　X、Y——用于指定对称轴或对称点比例缩放中心。

当 G51.1 指令后仅有一个坐标字时，该镜像是以某一坐标轴为镜像轴。例如：G51.1 X20 表示以 X=20 为轴线进行镜像。

(2) 指令格式二

指令格式：G17 G51 X_Y_I_J_;(镜像生效)

G50;(镜像取消)

其中　X、Y——比例缩放中心（必须为绝对值）；

I、J——各轴（*X*、*Y*）的缩放比例。

X、Y 用于指定镜像中心的坐标值。I、J 分别为 1、−1，以 *X* 方向为对称轴镜像；I、J 分别为−1、1，以 *Y* 方向为对称轴镜像；I、J 分别为−1、−1，关于镜像中心镜像。

如果 I、J 值为不等于−1 的负值，则执行该指令时，既进行镜像又进行缩放。例如：G17 G51 X10 Y20 I-2 J-1.5，执行该指令时，程序在以坐标点（10，20）进行镜像的同时，还要进行比例缩放。其中，*X* 轴方向缩放 2 倍，*Y* 轴方向缩放 1.5 倍。

说明：① 在镜像方式中，不能指定参考点相关的 G 指令（G27～G30），也不能指定坐标系的 G 指令（G54～G59、G92），若一定要指定这些 G 指令，应在取消镜像功能后指定。

② 在使用镜像功能时，*Z* 轴一般不进行镜像加工。

【例 4-8】 如图 4-63 所示工件，毛坯尺寸为 ϕ90mm×20mm，试编写加工程序。

【解】 本例工件 4 个凸台两两沿中心线对称，对于这类工件，可采用坐标镜像指令来编程，从而实现简化编程的目的。其加工程序如表 4-34、表 4-35 所示。

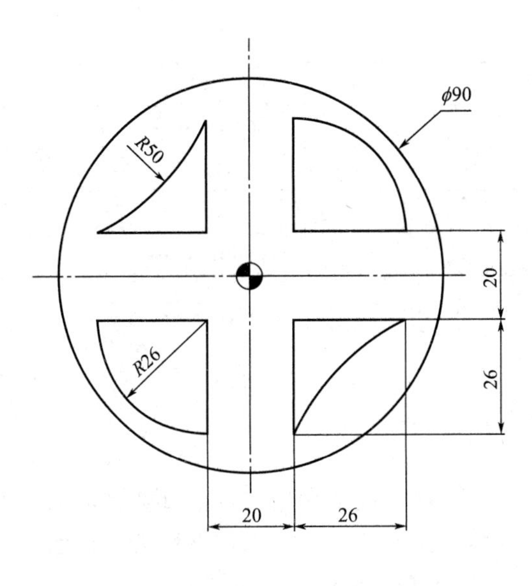

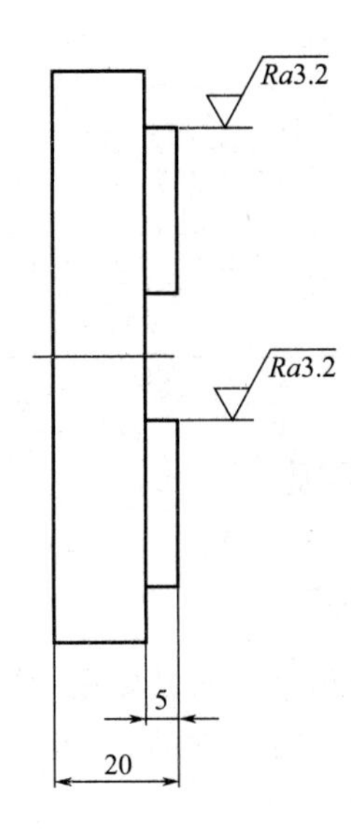

图 4-63　镜像指令编程应用实例

表 4-34　镜像指令编程主程序

程序	注释
O4025；	程序名
N10 G54 G40 G49 G17 G80；	
N20 G90 G00 Z50；	
N30 M03 S800；	
N40 X80 Y0；	
N50 Z5；	
N60 G01 Z-5 F100；	
N70 X0 Y0；	
N80 M98 P4026；	调用凸圆弧台子程序
N90 M98 P4027；	调用凹圆弧台子程序
N100 G51 X0 Y0 I-1000 J-1000；	以坐标原点作为镜像中心点
N110 M98 P4026；	调用凸圆弧台子程序
N120 M98 P4027；	调用凹圆弧台子程序
N130 G50；	取消镜像
N140 G00 Z100；	
N150 M30；	程序结束

表 4-35　镜像指令编程子程序

凸圆弧台子程序	凹圆弧台子程序
O4026；	O4027；
N10 G41 G01 X10 Y0 D01；	N10 G41 G01 X0 Y10 D01；
N20 Y36；	N20 X-36；

续表

凸圆弧台子程序	凹圆弧台子程序
N30 G02 X36 Y10 R26；	N30 G03 X-10 Y36 R50；
N40 G01 X0；	N40 G01 Y0；
N50 G40 G01 Y0；	N50 G40 G01 X0；
N60 M99；	N60 M99；

四、任务实施

1. 工艺分析

先铣五角星，用极坐标和刀具半径补偿编程，残留量用打点法和取消刀具半径补偿编程；后铣槽，将下方D槽轮廓用刀具半径补偿编成子程序；再用坐标系旋转功能调用D槽子程序一次铣D、E、A、B、C槽。零件精度不高，用顺铣一次完成。

2. 填写数控加工工序卡

数控加工工序卡如表4-36所示。

表4-36 数控加工工序卡

零件名称	内轮廓零件	数控加工工序卡		工序号		工序名称	数铣	共 页 第 页
材料	铝合金	毛坯状态	100×80×25	机床设备	XK714D	夹具	压板	
工步号	工步内容	刀具规格	刀具材料	量具	背吃刀量/mm	进给量/(mm/min)	主轴转速/(r/min)	
1	铣五角星	ϕ16立铣刀	硬质合金	游标卡尺	3	200	800	
2	铣槽	ϕ16立铣刀		内径千分尺	15	200	800	
编制		日期		审核		日期		

3. 填写数控加工刀具卡

数控加工刀具卡如表4-37所示。

表4-37 数控加工刀具卡

零件名称	内轮廓零件		数控加工刀具卡			工序号		
工序名称	数铣		设备名称	数控铣床		设备型号		XK714D
工步号	刀具号	刀具名称	刀柄型号	刀具		刀具补偿		备注
				直径/mm	刀长/mm	长度/mm	半径/mm	
1～2	T1	ϕ16立铣刀	BT40	16			D01=8	
编制		审核		批准		共 页	第 页	

4. 建立工件坐标系

根据零件图样的特点以及制定的工艺方案确定工件坐标系原点 O（0,0,0），设定在上表面中心，上表面为 Z 零点表面。在图 4-64 中画出工件坐标系的坐标轴及原点。

5. 确定进给路线

用 CAD 绘图，画出铣五角形刀具路径 1 点下刀，1→2→3→4→5→6→7→8→9→10→11→12→1→13→14→15→16→17→18→19→20→21→22→23→24→25→26→27→28→29→30→31→32→33→34→35→36→37→38，D 槽子程序 39 点下刀，找出基点坐标，如图 4-64 所示。D 点位置要确保旋转后铣削最长的槽的长度足够。

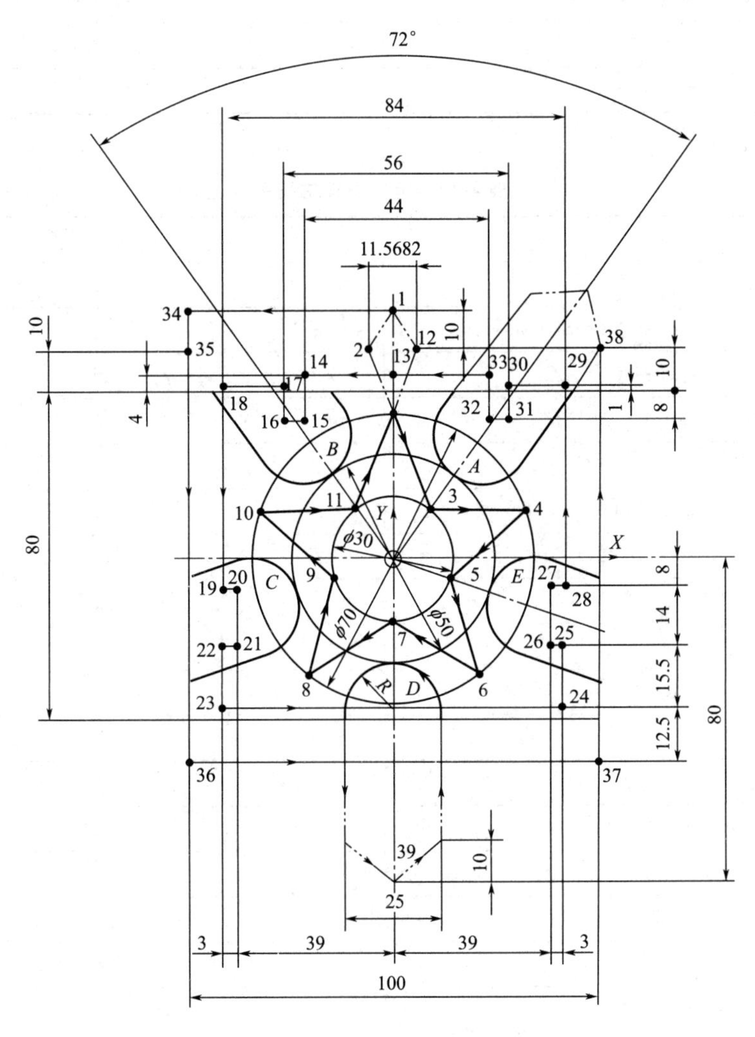

图 4-64　刀具路线及基点坐标

6. 编写加工程序

加工程序见表 4-38、表 4-39。

表 4-38　简化编程子程序

程序	注释
O4027；	*D* 槽子程序
N10 G90 G00 X0 Y-80；	
N20 Z-10；	下刀深度 10mm，刀已处在 39 点
N30 G41 D01 X12.5 Y-70；	
N40 G01 Y-37.5；	
N50 G03 X-12.5 Y-37.5 I-12.5；	
N60 G01 Y-70；	
N70 G00 G40 X0 Y-80；	回到 39 点
N80 Z5；	抬刀，防撞
N90 M99；	子程序结束

表 4-39　简化编程主程序

程序	注释
O4028；	主程序
N10 G90 G00 G54 X0 Y60 S800 M03；	1 点
N20 Z-5；	下刀
N30 G41 D01 X-5.784 Y50；	2 点
N40 G16 G01 X15 Y54 F200；	3 点
N50 X35 Y18；	4 点
N60 X15 Y342；	5 点
N70 X35 Y306；	6 点
N80 X15 Y270；	7 点
N90 X35 Y234；	8 点
N100 X15 Y198；	9 点
N110 X35 Y162；	10 点
N120 X15 Y126；	11 点
N130 G15 X5.784 Y50；	12 点
N140 G40 G00 X0 Y60；	1 点
N150 G01 X0 Y44；	13 点
N160 X-22 Y44；	14 点
N170 X-22 Y32；	15 点
N180 X-28 Y32；	16 点
N190 X-28 Y41；	17 点
N200 X-42 Y41；	18 点

续表

程序	注释
N210 X-42 Y-8；	19 点
N220 X-39 Y-8；	20 点
N230 X-39 Y-22；	21 点
N240 X-42 Y-22；	22 点
N250 X-42 Y-37.5；	23 点
N260 X42 Y-37.5；	24 点
N270 X42 Y-22；	25 点
N280 X39 Y-22；	26 点
N290 X39 Y-8；	27 点
N300 X42 Y-8；	28 点
N310 X42 Y41；	29 点
N320 X28 Y41；	30 点
N330 X28 Y32；	31 点
N340 X22 Y32；	32 点
N350 X22 Y44；	33 点
N360 X0 Y44；	13 点
N370 X0 Y60；	1 点
N380 G00 X-50 Y60；	34 点
N390 X-50 Y50；	35 点
N400 G01 X-50 Y-50；	36 点
N410 X50 Y-50；	37 点
N420 X50 Y50；	38 点
N430 G90 G00 Z5；	抬刀
N440 M98 P4027；	加工 *D* 槽
N450 G68 X0 Y0 R72；	坐标系和 *D* 槽整体旋转 72°
N460 M98 P4027；	加工 *E* 槽
N470 G68 X0 Y0 R144；	旋转 144°
N480 M98 P4027；	加工 *A* 槽
N490 G68 X0 Y0 R216；	旋转 216°
N500 M98 P4027；	加工 *B* 槽
N510 G68 X0 Y0 R288；	旋转 288°
N520 M98 P4027；	加工 *C* 槽
N530 G90 G00 Z200；	抬刀
N540 M30；	程序结束

五、思考练习

拓展阅读
化繁为简的本质是
解决问题的根本

1. 选择题

（1）程序 G90 G68 X52 Y88 R60 表示（　　）。

A. 系统以（X52，Y88）为旋转中心顺时针方向旋转 60°

B. 系统以（X52，Y88）为旋转中心逆时针方向旋转 60°

C. 系统以（X0，Y0）为旋转中心顺时针方向旋转 60°

（2）程序 G90 G68 X22 Y66 R-30 表示（　　）。

A. 系统以（X22，Y66）为旋转中心逆时针方向旋转 30°

B. 系统以（X22，Y66）为旋转中心顺时针方向旋转 30°

C. 系统以（X22，Y66）为旋转中心顺时针方向旋转 60°

（3）程序 G51.1 Y-5 表示（　　）。

A. 以 $Y=-5$ 为轴线进行镜像

B. 以 $Y=5$ 为轴线进行镜像

C. 以 $X=-5$ 为轴进行镜像

（4）程序 G51.1 X20 表示（　　）。

A. 以 $Y=20$ 为轴线进行镜像

B. 以 $X=20$ 为轴线进行镜像

C. 以坐标点（X0，Y20）进行镜像

（5）程序 G90 G51 X60 Y80 P2000 表示（　　）。

A. 系统以（X60，Y80）为比例缩放中心放大为原来的 2 倍

B. 系统以（X0，Y0）为比例缩放中心放大为原来的 2 倍

C. 系统以（X60，Y80）为比例缩放中心缩小为原来的 1/2

（6）关于 G17 G51 X10 Y20 I-2 J-1.5 表述正确的是（　　）。

A. 以坐标点（10，20）进行镜像的同时，X 轴方向缩放 2 倍，Y 轴方向缩放 1.5 倍

B. 仅以坐标点（10，20）进行镜像

C. 仅 X 轴方向缩放 2 倍，Y 轴方向缩放 1.5 倍

2. 判断题

（1）比例缩放对于刀具半径补偿值、刀具长度补偿值和刀具偏置值无效。（　　）

（2）G90 G17 G16，极半径是指终点坐标到编程原点的距离。（　　）

（3）在比例缩放中进行圆弧插补，圆弧半径不会进行缩放。（　　）

（4）G91 G17 G16，极角度是指前一坐标系原点与当前极点坐标系原点的连线与当前轨迹的夹角。（　　）

3. 综合题

（1）编写图 4-65 所示工件的加工程序，切削深度为 5mm，材料为 Q235。

（2）编写图 4-66 所示工件的加工程序，切削深度为 5mm，材料为 Q235。

（3）编写图 4-67 所示工件的加工程序，毛坯尺寸为 100mm×100mm×30mm，材料为 Q235。

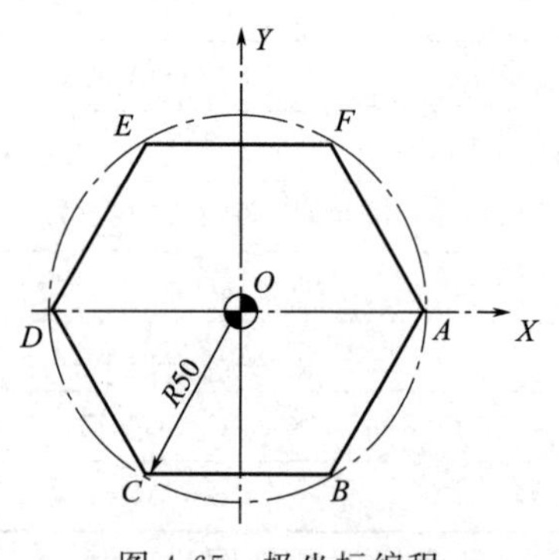

图 4-65　极坐标编程

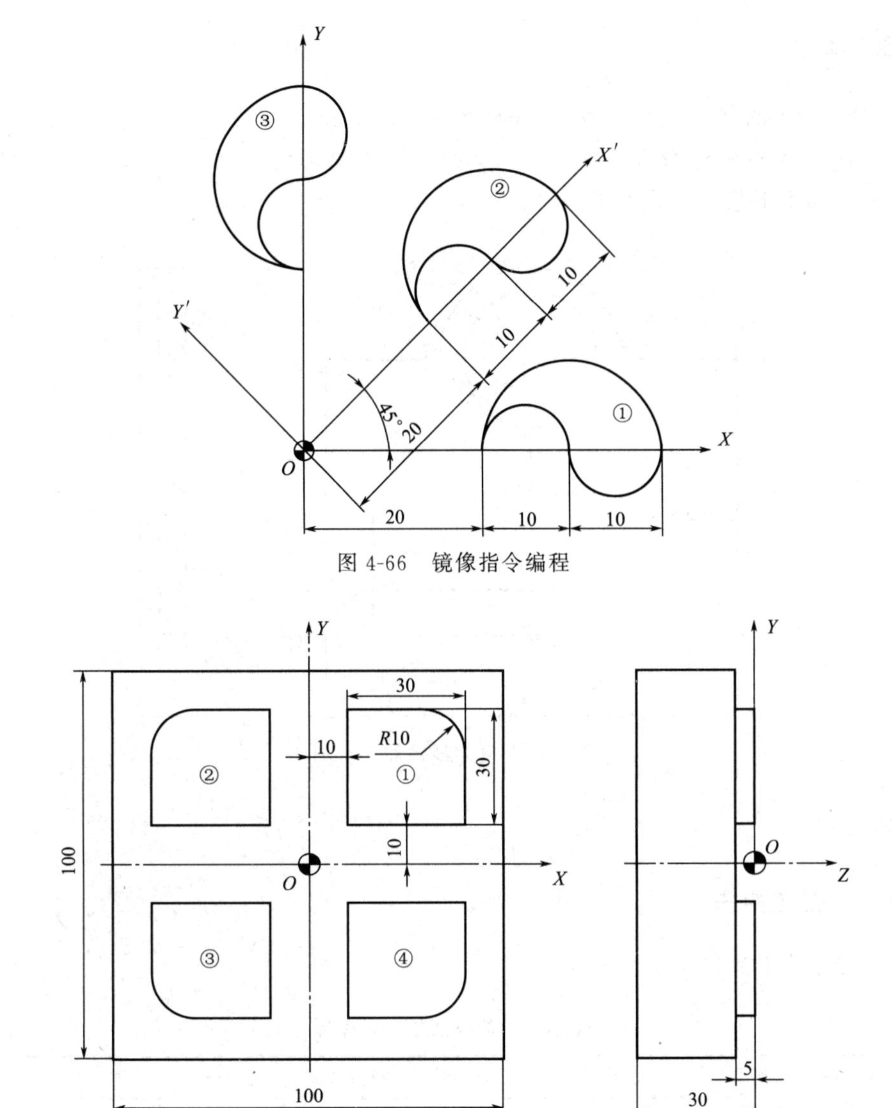

图 4-66　镜像指令编程

图 4-67　坐标系旋转指令编程

任务六　复杂零件综合铣削加工

一、学习目标

1. 知识目标

（1）了解平面类零件数控加工的基本工艺过程。

（2）掌握数控铣削各种指令的编程方法。

2. 能力目标

具备根据零件图进行平面类零件数控加工编程的能力。

二、工学任务

如图 4-68 所示的零件，毛坯为 95mm×85mm×10mm，材料为 Q235，编程原点取在零件上表面，其中 *A* 点坐标为（−19.46,64.62），*B* 点坐标为（19.46,64.62）。按照数控工艺要求，分析加工工艺及编写加工程序。

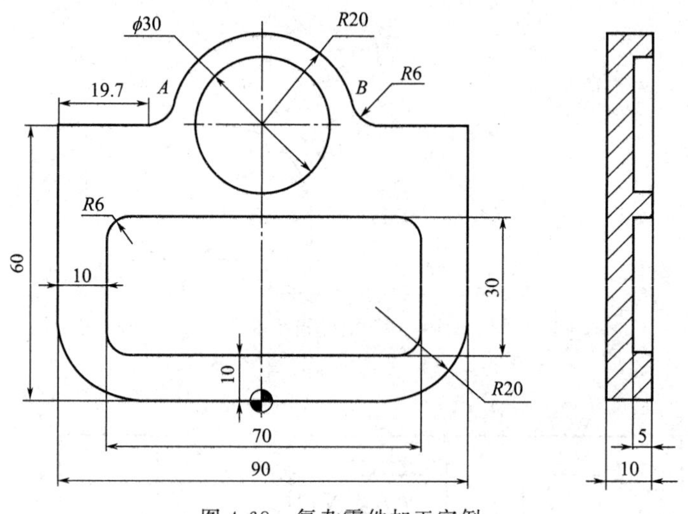

图 4-68　复杂零件加工实例

三、任务实施

1. 数控加工工序卡片

数控加工工序卡片如表 4-40 所示。

表 4-40　数控加工工序卡片

工厂名称	数控加工工序卡片	产品及型号	零件名称	零件图号	材料名称	材料牌号	第　页	共　页
					钢	Q235		
工序号	工序名称	程序编号	夹具名称	夹具编号	设备名称	设备型号	设备规格	加工车间
			平口钳	01	数控机床			实训中心
工步号	工步内容	刀具名称	刀具号	主轴转速/(r/min)	进给量/(mm/r)	背吃刀量/mm	备注	
1	粗铣外轮廓	φ10mm 立铣刀	01	800	0.2	5	留 0.5mm 精铣余量	
2	粗铣内轮廓	φ10mm 键槽铣刀	02	800	0.2	5	留 0.5mm 精铣余量	
3	精铣外轮廓	φ10mm 立铣刀	01	1000	0.1	10		
4	精铣内轮廓	φ10mm 键槽铣刀	02	1000	0.1	5		
编制		抄写	校对		审核		批准	

2. 加工程序

(1) 外轮廓铣削

该零件铣削深度为10mm，采用分层铣削，每次铣削5mm深，每层加工的走刀轨迹如图4-69所示。加工每层时，从*P*点下刀，沿*PM*建立刀具半径补偿，然后按零件轮廓顺时针走刀编程，铣削完成后刀具沿*NP*取消刀具半径补偿。该零件加工程序如表4-41、表4-42所示。

精铣轮廓时，设置主轴转速S1000，进给速度F150，不需要分层铣削，下刀至Z-10，铣削轮廓，刀具半径补偿D01＝6。

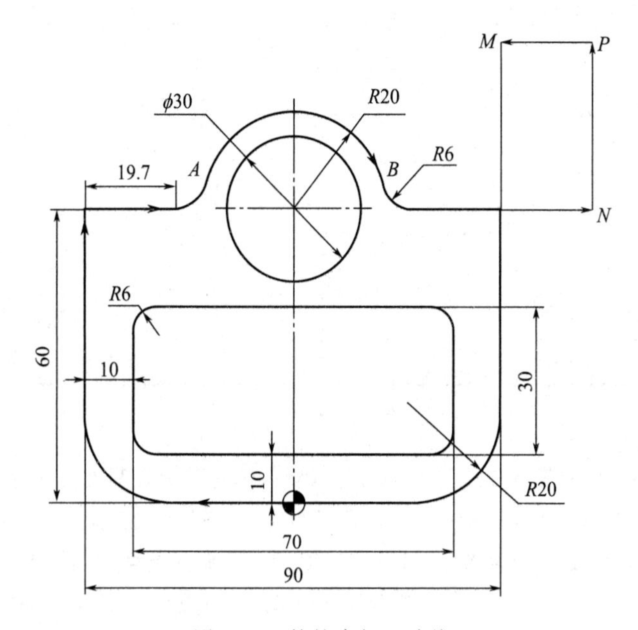

图4-69　外轮廓加工路线

表4-41　外轮廓加工主程序

程序	注释
O4029；	主程序
N10 G54 G17 G90 G40 G49 G80；	建立工件坐标系，程序初始化
N20 G00 Z100；	快速定位到离工件100mm处
N30 M03 S800；	
N40 X65 Y95；	刀具快速定位
N50 G00 Z5；	
N60 G01 Z0 F100；	下刀至工件上表面高度
N70 M98 P24030；	调用外轮廓加工子程序两次
N60 G90 G00 Z100；	切换为G90，抬刀
N90 M30；	程序结束

表 4-42　外轮廓加工子程序

程序	注释
O4030；	子程序
N10 G91 G01 Z-5 F100；	增量下刀，每次下刀 5mm
N20 G90 G41 G01 X45 D01 F200；	建立刀具半径补偿，粗铣 D01=5.5
N30 Y20；	铣外轮廓
N40 G02 X25 Y0 R20；	
N50 G01 X-25；	
N60 G03 X-45 Y20 R20；	
N70 G01 Y60；	
N80 G91 X19.7；	
N90 G90 G03 X-19.46 Y64.62 R6；	
N100 G02 X19.46 R20；	
N110 G03 X25.3 Y60 R6；	
N120 G01 X65；	
N130 G40 G01 Y95；	取消刀具半径补偿
N140 M99；	子程序结束

（2）内轮廓铣削

铣圆槽采用走两个整圆的方式进行加工：第一刀不使用刀具半径补偿进行编程，刀具中心走刀轨迹如图 4-70(a) 所示；第二刀使用刀具半径补偿，编程走刀轨迹如图 4-70(b) 所示，刀具沿 AB 建立刀具半径补偿，沿圆弧 BC（$R8$ 圆弧）将刀具引入，铣整圆后，刀具沿圆弧 CD（$R8$ 圆弧）将刀具引出，然后沿 DA 取消刀具半径补偿。

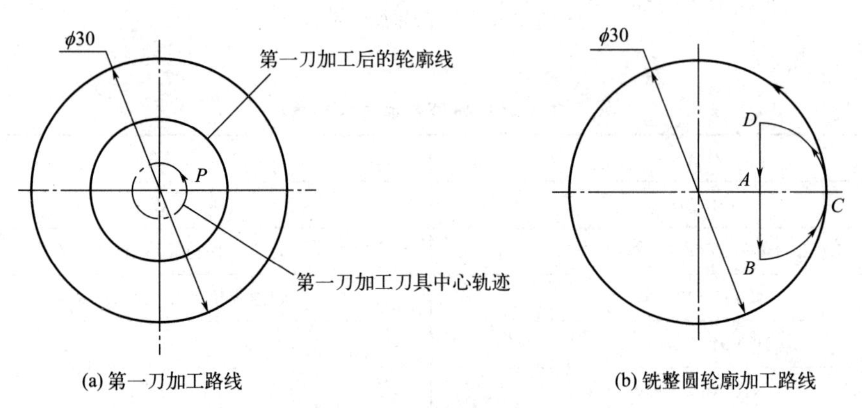

图 4-70　铣圆槽加工路线

铣矩形圆角槽采用先行切再环切的方式进行粗加工。行切加工不使用刀具半径补偿，走刀轨迹如图 4-71(a) 所示，刀具从 P 点开始行切，至 Q 点加工完成。环切加工使用刀具半径补偿，编程走刀轨迹如图 4-71(b) 所示，刀具沿 AB 建立刀具半径补偿，沿圆弧 BC（$R10$ 圆弧）将刀具引入，铣整圆后，刀具沿圆弧 CD（$R10$ 圆弧）将刀具引出，然后沿 DA 取消刀具半径补偿。内轮廓加工程序如表 4-43 所示。

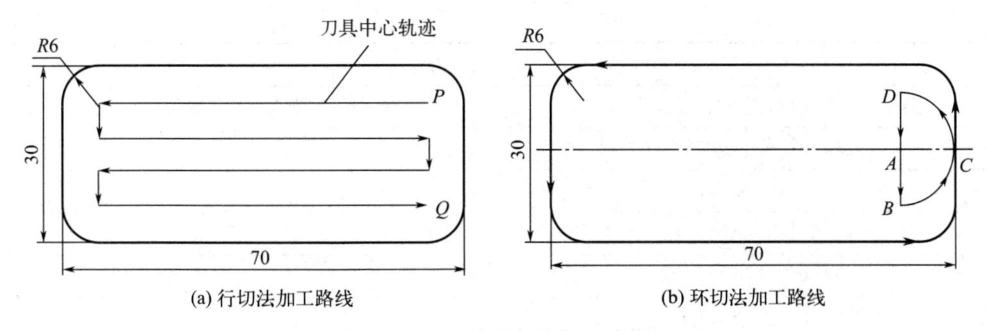

图 4-71 矩形圆角槽加工路线

表 4-43 内轮廓加工程序

程序	注释
O4031；	主程序
N10 G54 G17 G90 G40 G49 G80；	建立工件坐标系，程序初始化
N20 G00 Z100；	快速定位到离工件 100mm 处
N30 M03 S800；	
N40 X3 Y0；	刀具快速定位
N50 G00 Z10；	
N60 G01 Z-5 F100；	下刀至指定深度 5mm
N70 G03 I-3 F200；	铣圆槽第一刀，顺指针铣整圆，加工后铣出 ϕ16mm 整圆
N80 G01 X7；	
N90 G41 G01 Y52 D01；	建立刀具半径补偿，粗铣 D01＝5.5
N100 G03 X15 Y60 R8；	沿圆弧将刀具引入
N110 I-15；	铣 ϕ30mm 整圆
N120 X7 Y68 R8；	沿圆弧将刀具引出
N130 G40 G01 Y60；	取消刀具半径补偿
N140 G00 Z10；	抬刀
N150 X29 Y34；	刀具快速定位
N160 G01 Z-5 F100；	下刀至指定深度 5mm
N170 G91 X-58 F200；	行切法铣矩形圆角槽
N180 Y-6；	
N190 X58；	
N200 Y-6；	
N210 X-58；	
N220 Y-6；	
N230 X58；	
N240 G90 X25 Y25；	刀具定位到铣矩形圆角槽起点
N250 G91 G41 G01 Y10 D01 F200；	建立刀具半径补偿，粗铣 D01＝5.5
N260 G03 X10 Y10 R10；	沿圆弧将刀具引入

续表

程序	注释
N270 G01 Y9；	铣矩形圆角槽轮廓
N280 G03 X-6 Y6 R6；	
N290 G01 X-58；	
N300 G03 X-6 Y-6 R6；	
N310 G01 Y-18；	
N320 G03 X6 Y-6 R6；	
N330 G01 X58；	
N340 G03 X6 Y6 R6；	
N350 G01 Y9；	
N360 G03 X-10 Y10 R10；	
N370 G40 G01 Y-10；	取消刀具半径补偿
N380 G90 G00 Z100；	绝对坐标，抬刀
N390 M30；	程序结束

此程序按粗铣加工进给路线编程，精铣加工只需沿槽轮廓走刀，将刀具半径补偿值设置为刀具半径值 5 即可。

拓展阅读
德国的“工业 4.0”

四、思考练习

加工如图 4-72 所示零件，毛坯为 80mm×80mm×19mm 的长方块（80mm×80mm 的四面及底面已加工），材料为 45 钢。

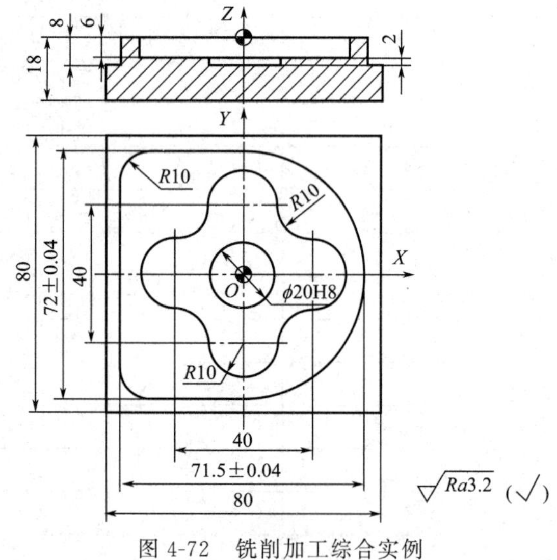

图 4-72　铣削加工综合实例

CHAPTER 5

项目五　数控加工中心加工工艺与编程

本书配套资源

任务一　认识数控加工中心

一、学习目标

1. 知识目标

（1）了解数控加工中心的结构组成及分类。
（2）掌握数控加工中心主要加工对象的特点。

2. 能力目标

具备根据零件特点选择合适内容在数控加工中心进行加工的能力。

二、工学任务

如图 5-1 所示的工件，使用 105mm×105mm×22mm 毛坯，适合采用何种机床加工？

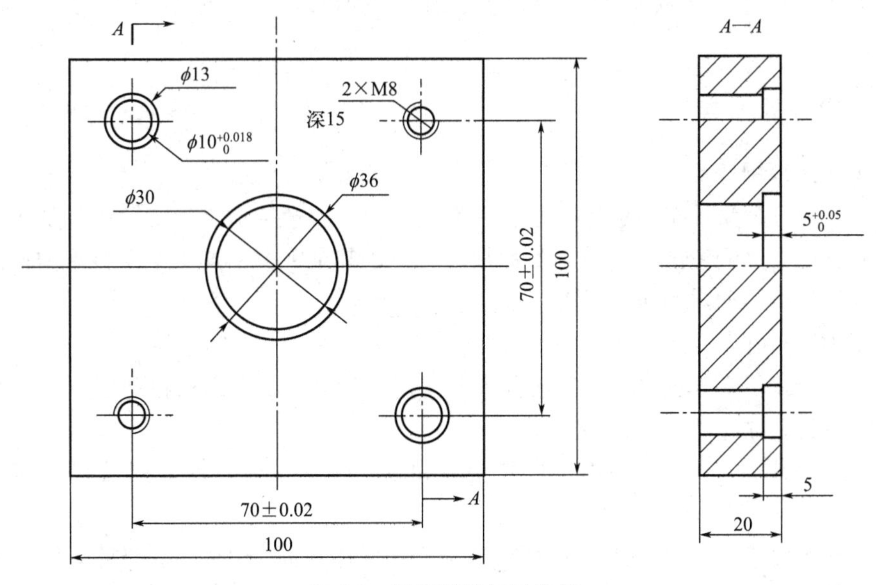

图 5-1　孔类零件加工实例

三、相关知识

1. 加工中心主要特点

加工中心是一种功能较为全面的数控加工机床，它把铣削、镗削、钻削和攻螺纹等功能集中在一台设备上，使其具有多种工艺手段。加工中心是从数控铣床发展而来的，与数控铣床最大的区别在于加工中心具有自动交换刀具的功能，通过在刀库内安装不同用途的刀具，可在一次装夹中通过自动换刀装置改变主轴上的加工刀具，实现多种加工功能。加工中心主要特点如下：

① 具有至少三个轴的点位直线切削控制能力。现在已经具有三个轴以上的连续控制能力，能进行轮廓切削。

② 具有自动刀具交换装置（ATC），这是加工中心机床的典型特征，是进行多工序加工的必要条件。自动刀具交换装置能大大提高加工效率。

③ 具有分度工作台和数控转台。后者能以很小的当量（如 5′）任意分度。这种转动的工作台与卧式主轴相配合，对于工件的各种垂直加工面有最好的接近程度。主轴外伸少，改善了切削条件，也利于切屑处理。因此，大多数加工中心机床都使用卧式主轴与旋转工作台来配合，以便在一次装夹后就能完成各垂直面的加工。

④ 除自动换刀功能外，加工中心机床还具有选择各种进给速度和主轴转速的能力及各种辅助功能，以保证加工过程的自动化进行。此外，还设有刀具补偿、固定加工循环、重复指令等功能以简化程序编制工作。现在有些加工中心机床控制系统能够进行自动编程。

⑤ 工序高度集中。由于加工中心具有上述特点，大大减少了工件的装夹、测量和机床的调整时间，减少了工件的周转、搬运和存放时间，使机床的切削时间利用率高出普通机床 3～4 倍。加工中心同时具有较好的加工一致性，与单机、人工操作方式比较，能排除工艺流程中的人为干扰因素，特别适合加工形状较复杂、精度要求较高、品种更换频繁的工件。

2. 加工中心的分类

（1）按加工范围分类

按加工范围可分为：车削加工中心、钻削加工中心、镗铣加工中心、磨削加工中心和电火花加工中心等。一般镗铣加工中心简称加工中心，其余种类的加工中心要有前面的定语。

（2）按加工中心的布局方式分类

① 立式加工中心

如图 5-2 所示，其主轴中心线为垂直状态设置，有固定立柱式和移动立柱式两种结构形式，多采用固定立柱式结构。

优点：结构简单，占地面积小，价格相对较低，装夹工件方便，调试程序容易，应用广泛。

缺点：不能加工太高的零件；在加工型腔或下凹的型面时切屑不易排除，严重时会损坏刀具，破坏已加工表面，影响加工的顺利进行。

应用：最适宜加工高度方向尺寸相对较小的工件。

② 卧式加工中心

如图 5-3 所示，其主轴中心线为水平状态设置，多采用移动式立柱结构，通常带有可进行回转运动的正方形分度工作台，一般具有 3～5 个运动坐标，常见的是三个直线运动坐标加一个回转运动坐标（回转工作台）。

优点：加工时排屑容易。

缺点：与立式加工中心相比较，卧式加工中心在调试程序及试切时不宜观察，加工时不便监视，零件装夹和测量不方便；卧式加工中心的结构复杂，占地面积大，价格也较高。

应用：最适合加工箱体类零件。

③ 龙门加工中心

龙门式加工中心如图 5-4 所示，其形状与龙门铣床相似，主轴多为垂直状态设置。它带有自动换刀装置及可更换的主轴头附件，数控装置的软件功能也较齐全，能够一机多用。龙门型布局具有结构刚性好的特点，容易实现热对称性设计，尤其适用于加工大型或形状复杂的工件，如航天工业及大型汽轮机上的某些零件的加工。

图 5-2　立式加工中心

图 5-3　卧式加工中心

图 5-4　龙门加工中心

④ 万能加工中心

其具有立式加工中心和卧式加工中心的功能，工件一次安装后能完成除安装面外的所有侧面和顶面的加工，也称为万能加工中心或复合加工中心。

它有两种形式：一种是其主轴可以旋转 90°，可以进行立式和卧式加工，如图 5-5 所示的五轴加工中心；另一种是其主轴不改变方向，而由工作台带着工件旋转 90°，完成对工件五个表面的加工。

优点：这种加工方式可以最大限度地减少工件的装夹次数，减小工件的形位误差，从而提高生产效率，降低加工成本。

缺点：由于万能加工中心存在着结构复杂、造价高、占地面积大等特点，所以它的使用远不如其他类型的加工中心。

（3）按换刀形式分类

① 带刀库、机械手的加工中心

该加工中心的换刀装置（Automatic Tool Changer）是由刀库和机械手组成的，并由机械手来完成换刀工作。这是加工中心最普遍采用的形式，JCS-018A 型立式加工中心就属于这一类。

图 5-5 五轴加工中心

② 无机械手的加工中心

无机械手的加工中心的换刀是通过刀库和主轴箱的配合动作来完成的，一般是采用把刀库放在主轴箱可以运动到的位置，或者是整个刀库或某一刀位能移动到主轴箱可以到达的位置的办法。刀库中刀具存放位置方向与主轴装刀方向一致。换刀时，主轴运动到刀位上的换刀位置，由主轴直接取走或放回刀具。采用 40 号以下刀柄的小型加工中心多为这种无机械手式的，XH754 型卧式加工中心就是这一类型。

③ 转塔刀库式加工中心

小型立式加工中心一般采用转塔刀库形式，它主要以孔加工为主。ZH5120 型立式钻削加工中心就是转塔刀库式加工中心。

（4）按工作台数量和功能分类

加工中心可分为单工作台加工中心、双工作台加工中心和多工作台加工中心。

3. 加工中心主要加工对象

针对加工中心的工艺特点，加工中心适宜加工形状复杂、加工内容多、要求较高、需用多种类型的普通机床和众多的工艺装备，且经多次装夹和调整才能完成加工的零件。主要的加工对象有下列几种。

（1）箱体类零件

箱体类零件一般要进行多工位孔系及平面加工，精度要求较高，特别是形状精度、位置精度要求较严格，通常要经过铣、钻、扩、镗、铰、锪、攻螺纹等工步，需要刀具较多，如图 5-6 所示的热电机车主轴箱体，在普通机床上加工难度大，工装套数多，需多次装夹找正，手工测量次数多，精度不易保证。在加工中心上一次安装可完成普通机床 60%～95% 的工序内容，零件各项精度一致性好，质量稳定，生产周期短。

对于加工工位较多，工作台需多次旋转角度才能完成的零件，一般选用卧式加工中心；当加工的工位较少，且跨距不大时，可选立式加工中心，从一端进行加工。

（2）复杂曲面类零件

主要表面由复杂曲线、曲面组成的零件，在加工时需要多坐标联动加工，这在普通机床上是难以甚至无法完成的，加工中心是加工这类零件最有效的设备。常见的典型零件有以下几类。

① 凸轮类

这类零件有各种曲线的盘形凸轮、圆柱凸轮、圆锥凸轮和端面凸轮等，加工时，可根据凸轮表面的复杂程度，选用三轴、四轴或五轴联动的加工中心。

② 整体叶轮类

整体叶轮常见于航空发动机的压气机、空气压缩机、船舶水下推进器等，它除具有一般曲面加工的特点外，还存在许多特殊的加工难点，如通道狭窄，刀具很容易与加工表面的邻近曲面产生干涉。图 5-7 所示是轴向压缩机涡轮，它的叶面是一个典型的二维空间曲面，加工这样的型面可采用四轴以上联动的加工中心。

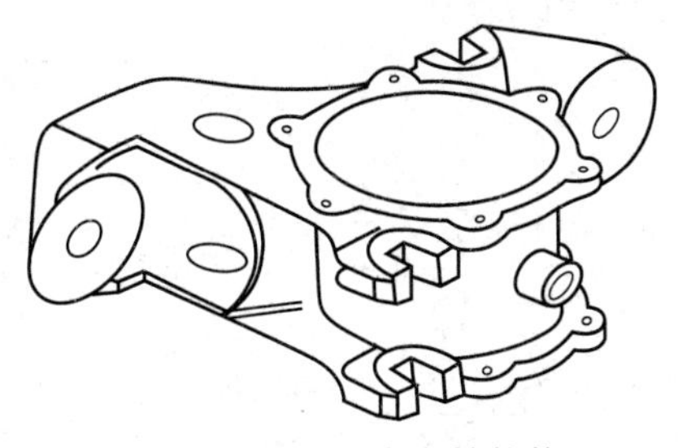

图 5-6　热电机车主轴箱体

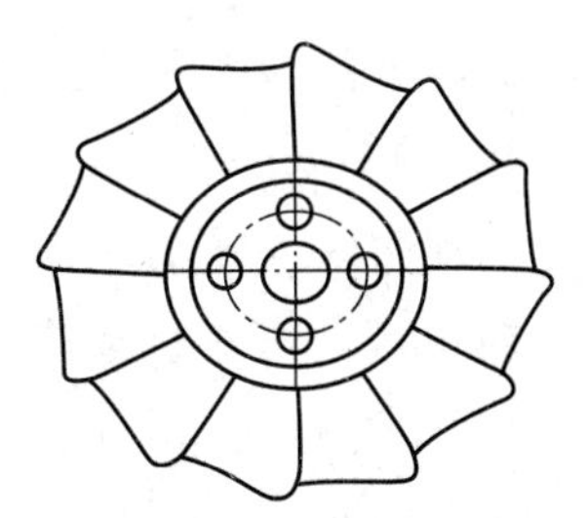

图 5-7　轴向压缩机涡轮

③ 模具类

常见的模具有锻压模具、铸造模具、注塑模具及橡胶模具等，图 5-8 所示为连杆锻压模具。采用加工中心加工模具，由于工序高度集中，动模、静模等关键件的精加工基本上是在一次安装中完成全部机加工内容的，尺寸累积误差及修配工作量小。同时，模具的可复制性强，互换性好。

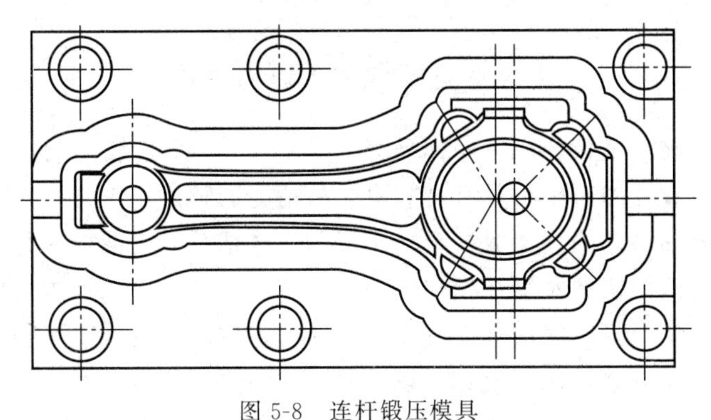

图 5-8　连杆锻压模具

（3）异形件

异形件是外形不规则的零件，大多需要点、线、面多工位混合加工，如支架、基座、样板、靠模等，如图 5-9 所示。异形件的刚性一般较差，夹压及切削变形难以控制，加工精度也难以保证，这时可充分发挥加工中心工序集中的特点，采用合理的工艺措施，通过一次或两次装夹，完成多道工序或全部的加工内容。实践证明，利用加工中心加工异形件时，形状越复杂，精度要求越高，越能显示其优越性。

（4）盘、套、板类零件

这类零件端面上有平面、曲面和孔系，径向也常分布一些径向孔，如图 5-10 所示的典型零件。加工部位集中在单一端面上的盘、套、板类零件宜选择立式加工中心，加工部位不是位于同一方向表面上的零件宜选择卧式加工中心。

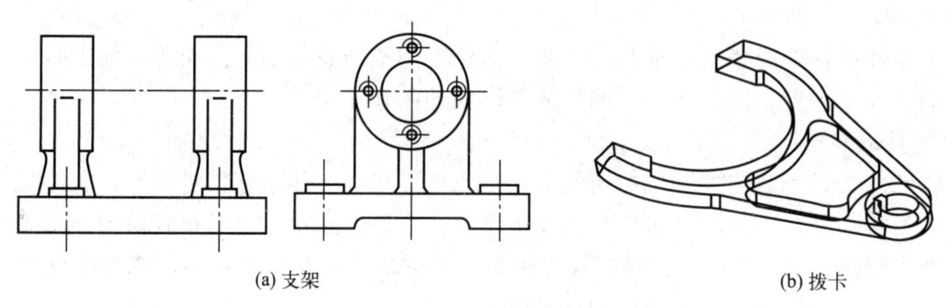

图 5-9　异形件

(5) 特殊加工

特殊加工的工艺内容，例如在金属表面上刻字、刻线、刻图案。在加工中心的主轴装上高频电火花电源，可对金属表面进行线扫描表面淬火；在加工中心装上高速磨头，可进行各种曲线、曲面的磨削等。

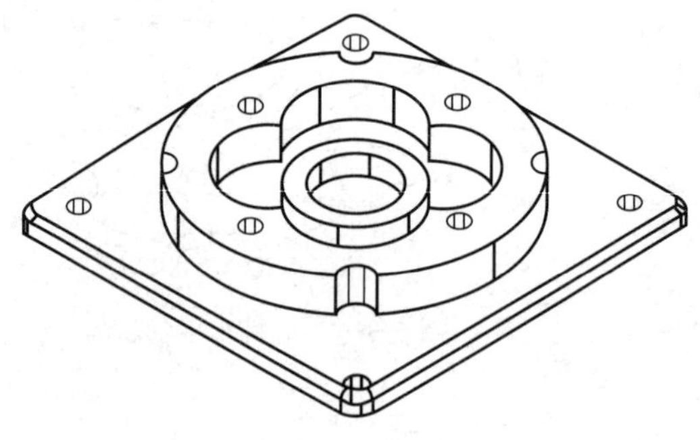
图 5-10　盘、套、板类零件

四、任务实施

图 5-1 所示零件加工内容较多，需要使用较多的刀具，采用数控加工中心加工实现自动换刀，可以提高加工效率。

五、拓展提升

五轴联动数控加工机床概述

五轴数控机床除和三轴数控机床一样具有 X、Y、Z 三个直线运动坐标外，还有两个回转运动轴坐标。五轴数控加工中心具有高效率、高精度的特点，工件一次装夹就可完成五面体的加工，若配以五轴联动的高档数控系统，可以对复杂的空间曲面进行高精度加工，能够完成发动机叶轮、飞机结构件及复杂模具的加工。相对于数控三轴加工机床的刀轴矢量沿着切削路径过程始终不变，五轴联动数控机床的刀轴矢量可以改变，整个切削路径过程中刀轴矢量可根据加工要求而调整，如图 5-11、图 5-12 所示。

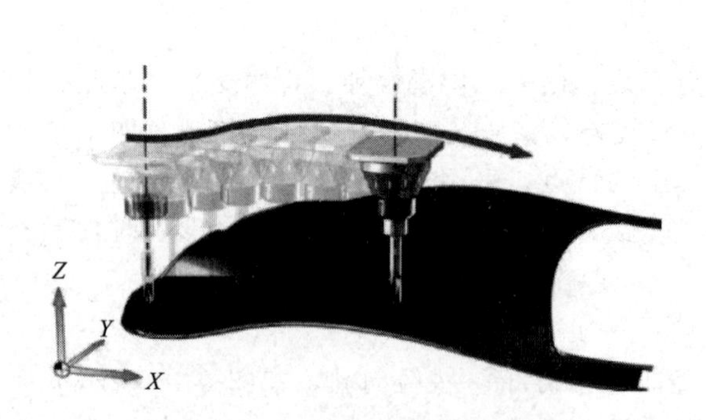

图 5-11　三轴数控机床的刀轴矢量

图 5-12　五轴数控机床的刀轴矢量

常见的五轴数控加工中心结构，包括三个线性轴（linear axis）加上两个旋转轴（rotary axis），主要通过以下几种技术途径实现。

1. 双转台结构（Double Rotary Table）

双转台结构的五轴机床的刀轴方向不动，两个旋转轴均在工作台上。该结构的机床工件加工时随工作台旋转，需考虑装夹承重，能加工的工件尺寸比较小。采用复合 A（B）、C 轴回转工作台，通常一个转台在另一个转台上，要求两个转台回转中心线在空间上能相交于一点，如图 5-13 所示。

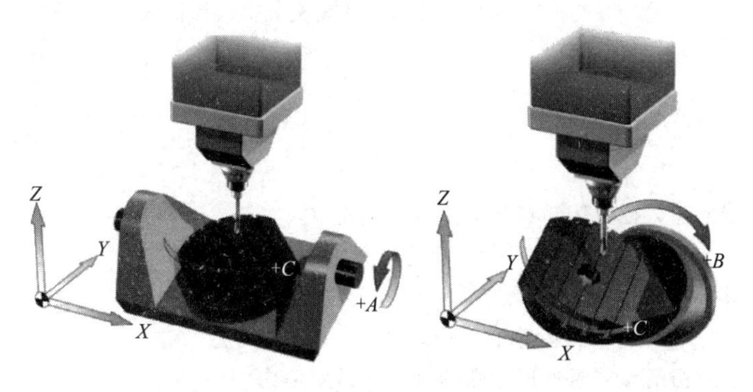

图 5-13　双转台五轴数控机床

2. 双摆角结构（Double Pivot Spindle Head）

装备复合 A、B 回转摆角的主轴头，同样要求两个摆角回转中心线在空间上能相交于一点。由于工作台不动，两个旋转轴均在主轴上，机床能加工的工件尺寸比较大，如图 5-14 所示。

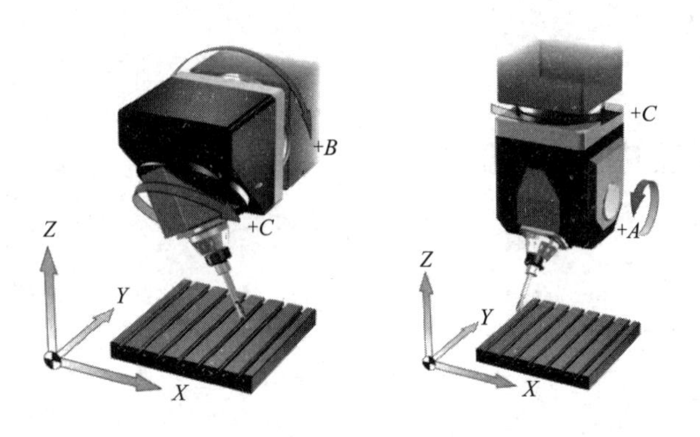

图 5-14　双摆角五轴数控机床

3. 回转工作台＋摆角头结构（Rotary Table＋Pivot Spindle Head）

两个旋转轴分别放在主轴和工作台上，工作台旋转，可装夹较大的工件。该结构采用主轴摆动，可以灵活改变刀轴方向，如图 5-15 所示。

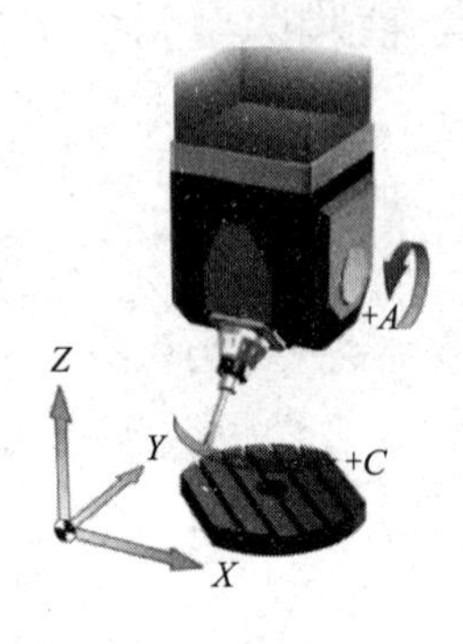

图 5-15　回转工作台＋摆角头五轴数控机床

六、思考练习

1. 单选题

（1）数控加工中心与普通数控铣床、镗床的主要区别是（　　）。

A. 设置有刀库，在加工过程中由程序自动选用和更换

B. 主要用于箱体类零件的加工

C. 能完成钻、铰、攻丝、铣、镗等加工功能

（2）在选择加工中心的切削参数时，以下哪项因素通常不考虑？（　　）

A. 材料硬度和类型　　B. 加工精度要求　　C. 工人经验水平

（3）加工中心的数控系统主要实现哪些功能？（　　）

A. 刀具选择和更换　　B. 工件定位和夹紧　　C. 切削液循环和过滤

（4）加工中心的刀具更换主要通过什么装置实现？（　　）

A. 刀库和换刀机构　　B. 主轴和夹具　　C. 工作台和夹具

（5）加工中心的主轴通常具有哪些功能？（　　）

A. 高速旋转切削刀具　　B. 支撑工件　　C. 控制刀具的进给速度

2. 简答题

加工中心与数控铣床有何区别？

任务二　数控加工中心换刀

一、学习目标

1. 知识目标

（1）了解加工中心对刀的原理。

（2）掌握加工中心换刀指令。

（3）掌握刀具长度补偿指令和使用方法。

2. 能力目标

（1）具备换刀省时编程的能力。

（2）具备加工中心对刀的操作能力。

二、工学任务

如图 5-16 所示的工件，加工中心要用多把刀具加工，而刀具长度各不相同，如何设置原点偏置存储器的数值和刀具补偿的数值?

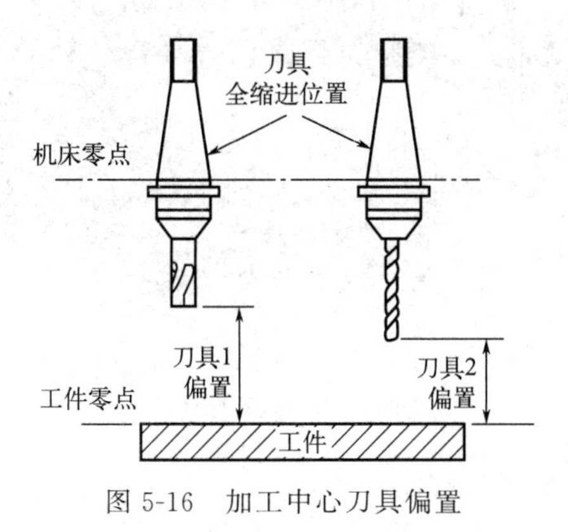

图 5-16　加工中心刀具偏置

三、相关知识

1. 自动换刀装置

为了进一步提高数控机床的加工效率，数控机床向着工件在一台机床上经一次装夹可完成多道工序或全部工序加工的方向发展，从而出现了各种类型的加工中心机床和车削中心机床。这类机床为了完成不同工序的加工工艺，需使用多种刀具，因此必须有自动换刀装置。自动换刀装置应满足换刀时间短、刀具重复定位精度高、刀具储存量足够、结构紧凑及安全可靠等要求。

各类数控机床的自动换刀装置的结构取决于机床的类型、工艺范围、使用刀具种类和数目。目前数控机床使用的自动换刀装置主要有转塔式自动换刀和刀库式自动换刀两种。

（1）转塔式自动换刀装置

转塔式自动换刀装置又分回转刀架式和转塔头式两种。回转刀架式用于各种数控车床和车削中心机床，转塔头式多用于数控钻、镗、铣床。

（2）刀库式自动换刀装置

刀库式自动换刀装置是由刀库和刀具交换机构组成的，目前它是多工序数控机床上应用最广泛的换刀装置。刀库用来储存刀具，刀库可装在主轴箱、工作台或机床其他部件上。有的自动换刀装置因刀库距主轴较远，还需要增加中间搬运装置。选刀时，刀具交换机构根据数控指令从刀库中选出所指定的刀具，然后从刀库和主轴（或刀架）取出刀具，并进行交换；将新刀装入主轴（或刀架），把用过的旧刀放回刀库。

2. 刀库形式

刀库形式及刀库相对加工中心主轴位置的不同决定了换刀装置的不同。加工中心刀库形式有很多，结构也各不相同，最常用的有鼓盘式刀库、链式刀库和固定型格子盒式刀库。

（1）**鼓盘式刀库**

鼓盘式刀库的形式如图 5-17 所示，其结构紧凑、简单，一般存放刀具不超过 32 把。在诸多形式的刀库中，鼓盘式刀库在小型加工中心上应用得最为普遍。

图 5-17　鼓盘式刀库

鼓盘式刀库置于立式加工中心的主轴侧面，可用单臂或双机械手在主轴和刀库间直接进行刀具交换，换刀结构简单，换刀时间短。但刀具单环排列，空间利用率低，若要增大刀库容量，刀库外径必须设计得比较大，则势必造成刀库转动惯量大，不利于自动控制。

（2）**链式刀库**

链式刀库如图 5-18 所示，适用于刀库容量较大的场合。链式刀库的特点是：结构紧凑，占用空间更小，链环可根据机床的总体布局要求配置成适当形式以利于换刀机构的工作。通常为轴向取刀，选刀时间短，刀库的运动惯量不像鼓盘式刀库那样大。

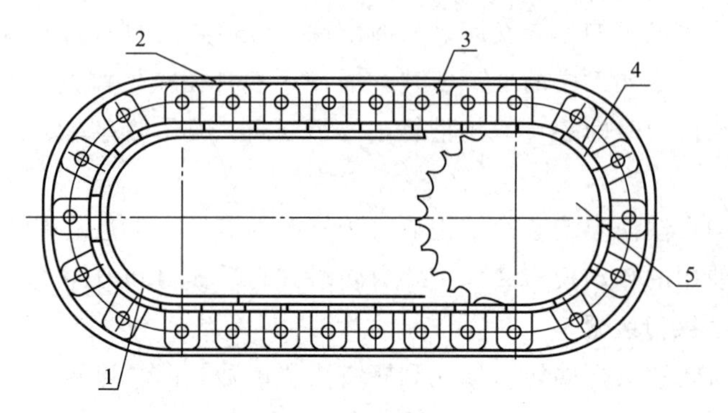

图 5-18　链式刀库

1—内固定环；2—外固定环；3—刀座；4—链环；5—主动链轮

（3）**固定型格子盒式刀库**

固定型格子盒式刀库如图 5-19 所示。刀具分几排直线排列，由纵、横向移动的取刀机械手完成选刀运动。由于刀具排列密集，因此空间利用率高，刀库容量大。

3. 选刀与换刀

除换刀程序外，加工中心的编程方法与数控铣床相同。不同的加工中心，其换刀程序不尽相同，通常选刀与换刀分开进行。换刀动作必须在主轴停转条件下进行，执行换刀程序段完毕，启动主轴后方可进行后续程序段的加工。多数加工中心都规定了换刀点位置，即定距换刀。一般立式加工中心规定换刀点的位置在 Z 轴零点（或某一参考点）处，卧式加工中

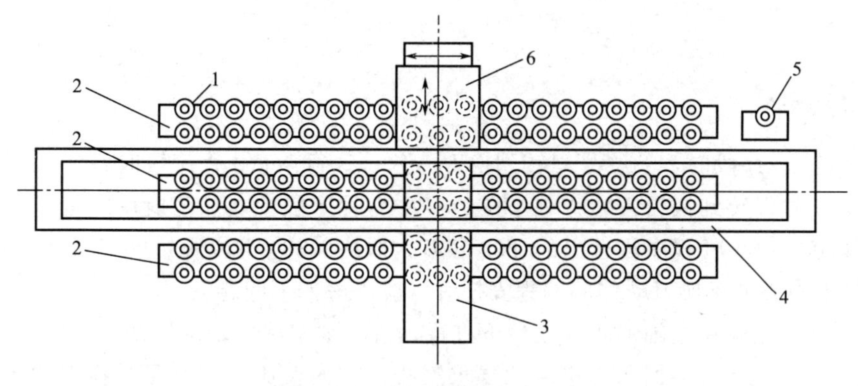

图 5-19　固定型格子盒式刀库

1—刀座；2—刀具固定板架；3—取刀机械横向导轨；4—取刀机械纵向导轨；5—换刀位置刀座；6—换刀机械手

心规定在 Y 轴零点（或某一参考点）处。

加工中心采用 T 指令来实现刀具的选择，把刀库内指定刀号的刀具转到换刀位置，为下一次换刀做好准备。自动交换刀具的指令为 M06，要实现换刀动作，程序中需写入 M06 指令。加工中心刀库常用的选刀与换刀方式有两种：顺序选刀与换刀、预先选刀与换刀。

（1）顺序选刀与换刀

顺序选刀与换刀是将当前主轴上的刀具放回到刀库原刀套位置后，刀库转动，选择新刀具，装换在主轴上。刀库中的刀套号和刀具号始终一一对应，保持不变。在机床结构上，一般没有机械手，换刀时由主轴直接与刀库进行交换。

换刀指令为：

T×× M06　或　M06 T××

机床在进行换刀动作时，先取下主轴上的刀具，再进行刀库转位的选刀动作；然后，再换上新的刀具。其选刀动作和换刀动作无法分开进行，执行“T×× M06”与执行“M06 T××”无区别。

（2）预先选刀与换刀

这时“T×× M06”与“M06 T××”有了本质区别。

“T×× M06”是先执行选刀指令 T××，再执行换刀指令 M06。它是先由刀库转动将 T××号刀具送到换刀位置上，再由机械手实施换刀动作。换刀以后，主轴上装夹的就是 T××号刀具，而刀库中目前换刀位置上安放的则是刚换下的旧刀具。

“M06 T××”是先执行换刀指令 M06，再执行选刀指令 T××。它是先由机械手实施换刀动作，将主轴上原有的刀具和目前刀库中当前换刀位置上已有的刀具（上一次选刀指令所选好的刀具）进行互换；然后，再由刀库转动将 T××号刀具送到换刀位置上，为下次换刀做准备。

在有机械手换刀且使用的刀具数量较多时，应将选刀动作与机床加工动作在时间上重合起来，以节省自动换刀时间，提高加工效率。例如：

```
N110 G01 X_Y_Z_T01;
……
N190 G28 Z_M06 T02;
N200……
```

```
……
N290……
N300 G28 Z_M06;
```

执行 N110 程序段时，T01 号刀转到换刀刀位；执行 N190 程序段时将 T01 号刀换到主轴，并将 T02 号刀转到换刀刀位。在 N200～N290 程序段中，加工所用的是 T01 号刀。在 N300 程序段换上 N190 程序段选出的 T02 号刀，即从 N300 下段开始用 T02 号刀加工。

在对加工中心进行换刀动作的编程安排时，应考虑如下问题：

① 换刀动作必须在主轴停转的条件下进行，且必须实现主轴准停即定向停止。

② 换刀点的位置应根据所用机床的要求安排，有的机床要求必须将换刀位置安排在参考点处，这时就要使用 G28 指令。有的机床则允许用参数设定第二参考点作为换刀位置，这时就要使用 G30 指令。

③ 为了节省自动换刀时间，提高加工效率，应将选刀动作与机床加工动作在时间上重合起来。

④ 换刀位置在参考点处，换刀完成后，可使用 G29 指令返回到下一道工序的加工起始位置。

⑤ 换刀完毕后，不要忘记安排重新启动主轴的指令，否则加工将无法持续。

4. 刀具长度补偿

（1）刀具长度补偿的意义

在对一个零件编程时，首先要指定零件的编程坐标系，而此坐标系的零点一般在工件上，长度补偿只是和 Z 坐标有关，它不像 X、Y 平面内的编程零点，因为刀具是由主轴锥孔定位而不改变，对于 Z 坐标的零点就不一样了。每一把刀的长度都是不同的，例如，要镗一个 ϕ40mm 的孔，确定要用到两把刀，先用钻头钻到 ϕ38mm，再用镗刀镗到 ϕ40mm，此时机床已经设定工件零点，而编程时一般让刀具快速下降到 $Z3$ 的高度开始钻孔，若是以钻头对刀确定工件坐标系的 Z 原点，则钻头钻削时不会撞刀。当换上镗刀时，如果没有设定刀具长度补偿而程序中同样设定快速下降到 $Z3$，那么当镗刀比钻头短时，就会出现镗孔镗不通的现象，而当镗刀比钻头长时，就会出现撞刀的现象。此时如果设定刀具长度补偿，把钻头和镗刀的长度进行补偿，Z 坐标会自动向 $Z+$（或 $Z-$）方向补偿刀具的长度，从而保证加工零点的正确性。

而且在加工过程中，若刀具磨损了，不需要修改程序，只需在相应的刀具长度补偿号中修改长度补偿值就可以了，这样既提高了工作效率，也保证了程序的安全运行。

（2）长度补偿指令

格式格式：G00/G01 G43/G44 Z_H_；

……

G00/G01 G49 Z_；

其中　G43——刀具长度正补偿；

G44——刀具长度负补偿；

G49——取消刀长补偿；

G43、G44、G49——模态指令；

Z——指令终点位置；

H——刀补号地址，用 H00～H99 来指定，它用来调用内存中刀具长度补偿的数值。

如图 5-20 所示，执行 G43 时（刀具长时，离开刀工件补偿）

Z 实际值＝Z 指令值＋(H××)

执行 G44 时（刀具短时，趋近工件补偿）

Z 实际值＝ Z 指令值－(H××)

其中，(H××）是指××寄存器中的补偿量，其值可以是正值或者是负值。当刀长补偿量取负值时，G43 和 G44 的功效将互换。

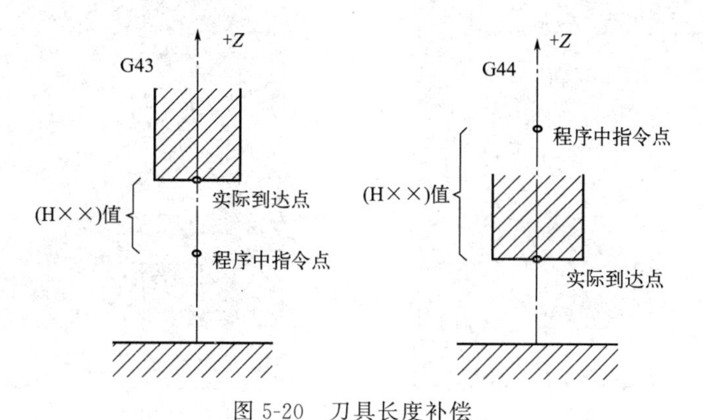

图 5-20　刀具长度补偿

(3) 刀具长度补偿值的确定

① 机内手动对刀测量方式

让 Z 轴回到机床参考点，这时机床坐标系中 X、Y、Z 轴数值都为零。选择一个工件坐标系（G54～G59 任选一个都可），这时把 Z 值输为零，再把刀具装入主轴，依次确定每把刀具与工件在机床坐标系中的 $Z0$ 平面相接触，即利用刀尖（或刀具前端）在 Z 方向上与工件坐标系原点的距离值作为长度补偿值，即主轴下降后此时机床坐标系的 Z 坐标值直接作为每把刀的刀具长度补偿值，注意数值的正负号不能漏。

② 机外刀具自动预调仪测量方式

在刀具预调仪上测出的主轴端面至刀尖的距离，输入数控机床的刀具长度偏置寄存器中作为刀长补偿值。此时的刀长补偿值是刀具的真正长度，是正值。

③ 自动测长装置＋机内对刀方式

设标准刀具的长度补偿值为零，把在刀具预调仪上测出的各刀具长度与标准刀具的长度之差分别作为每把刀的刀具长度补偿值。其中，比标准刀具长的补偿值记为正值，比标准刀具短的补偿值记为负值。

先通过机内对刀法测量出基准刀在返回机床参考点时刀位点在 Z 轴方向与工件坐标系原点的距离，并输入工件编程坐标系中。

四、任务实施

加工中心中所用刀具长度各不相同，可用刀具长度补偿指令设定工件坐标系 Z 向零点。以编程零点取在工件上表面为例，具体操作步骤如下。

① 用 G54 设定工件坐标系时，仅在 X、Y 方向进行零点偏置，其操作方式与铣床 X、Y 轴方向对刀操作相同，Z 轴方向寄存器中的值置零，如图 5-21 所示。

② 将用于加工的 T01 换到主轴，沿 Z 轴负方向移动刀具，使刀具靠近工件上表面，用块规找正 Z 轴，将块规置于刀具与工件上表面之间松紧合适后读取机床坐标系 Z 值 Z1，减去块规高度后，输入刀具长度补偿存储器 H01 中。

③ 将 T02 换到主轴，用块规找正，读取 Z2，减去块规高度后输入 H02 中，

④ 将加工所有要使用的刀具分别用块规找正，并将计算得到的数值输入对应存储器中，参数输入界面如图 5-22 所示。

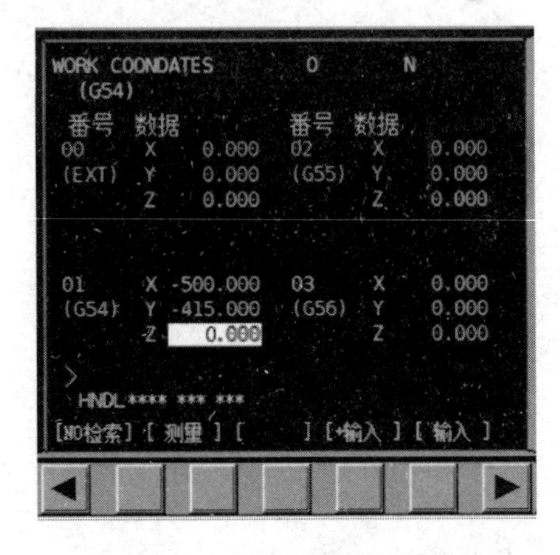

图 5-21　G54 存储器设置

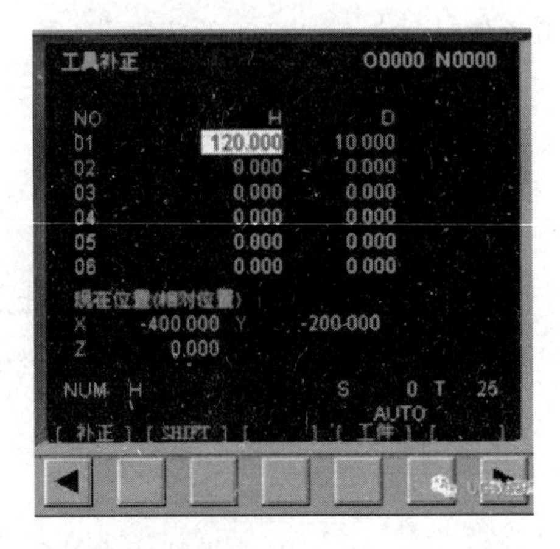

图 5-22　刀具长度补偿参数输入界面

对刀时也可将各刀具分别安装到主轴，将 G54 原点偏置寄存器中 Z 轴方向的值置零，使刀具的刀位点移动到工件坐标系的 Z0 处，将此时显示的机床坐标值输入各刀具对应的长度补偿存储器中，作为该刀具的长度补偿值，如图 5-23 所示，则三把刀具的长度补偿值分别设置为：H01＝$-A$，H02＝$-B$，H03＝$-C$。

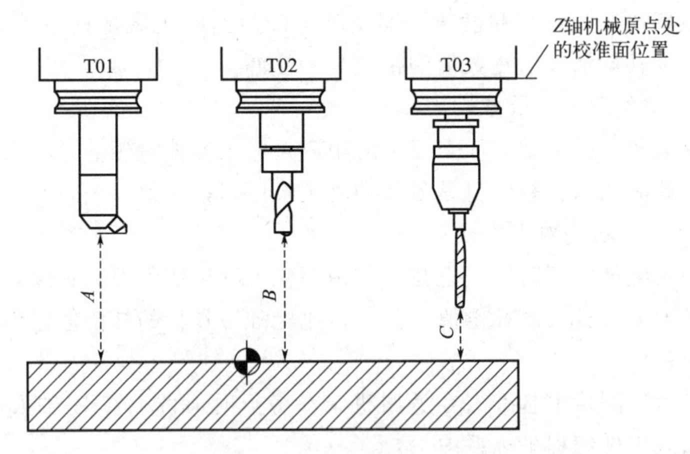

图 5-23　刀具长度补偿设置

采用以上方法进行对刀操作，编程时程序如下：

```
T01 M06;
G54 G17 G49 G90 G00 X0 Y0;
```

```
G43 Z50 H01 T02;(刀位点运动到编程零点上方 50mm 处,同时 2 号刀转到换刀位)
……(使用 1 号刀进行加工)
G28 G91 Z0;(取消刀具长度补偿,返回 Z 轴参考点换刀)
M06;(换 2 号刀)
G54 G17 G49 G90 G00 X0 Y0;
G43 Z50 H02 T03;(刀位点运动到编程零点上方 50mm 处,同时 3 号刀转到换刀位)
……(使用 2 号刀进行加工)
```

五、拓展提升

加工中心故障分析

1. 加工中心丝杠窜动

（1）故障现象

卧式加工中心，启动液压夹紧后，手动运行 Y 轴时液压自动中断，机床显示屏（CRT）显示报警信息，驱动失效，其他各轴正常。

（2）故障诊断

该故障涉及电气、机械、液压等部分，上述任一环节有问题均可导致驱动失效。由于采用闭环位置控制系统，故障检查的顺序大致如下：伺服驱动装置→电动机及测量器件→电动机与丝杠连接部分→液压平衡装置→开口螺母和滚珠丝杠→轴承→其他机械部分。

（3）具体操作

① 检查驱动装置外部接线及内部元器件的状态良好，电动机与测量系统正常。

② 拆下 Y 轴液压抱闸后情况同前，将电动机与丝杠的同步传动带脱离，手摇 Y 轴丝杠发现丝杠上下窜动。

③ 拆开滚珠丝杠上轴承座正常。

④ 拆开滚珠丝杠下轴承座后发现轴向推力轴承的紧固螺母松动，导致滚珠丝杠上下窜动。

由于滚珠丝杠上下窜动，造成伺服电动机转动带动丝杠空转约一转。在数控系统中，当 NC 指令发出后，测量系统应有反馈信号，若间隙的距离超过了数控系统所规定的范围，即电动机空走若干个脉冲后光栅尺无任何反馈信号，导致驱动失效，机床不能运行，数控系统报警。

（4）故障维修

拧好紧固螺母，滚珠丝杠不再窜动，故障排除。

2. 加工中心位置偏差过大

（1）故障现象

某卧式加工中心因 Y 轴移动中的位置偏差量大于设定值而出现 ALM421 报警。

（2）故障诊断

该加工中心使用 FANUC 0i 数控系统，采用闭环位置控制系统，伺服电动机和滚珠丝杠通过联轴器直接连接。

根据该机床控制原理及机床传动连接方式，初步判断出现 ALM421 报警的原因是 Y 轴联轴器连接不良。对 Y 轴传动系统进行检查，发现联轴器中的胀紧套与丝杠连接松动。

（3）故障维修

紧定 Y 轴传动系统中所有的紧定螺钉后，故障消除。

3. 加工中心位移过程中产生机械抖动

（1）故障现象

某加工中心运行时，工作台在 Y 轴方向位移过程中产生明显的机械抖动，故障发生时系统不报警。

（2）故障诊断

因故障发生时系统不报警，同时观察系统显示屏（CHT）显示出来的 Y 轴位移脉冲数字量的速率均匀（通过观察 X 轴与 Z 轴位移脉冲数字量的变化速率比较后得出），故可排除系统软件参数与硬件控制电路的故障影响。由于故障发生在 Y 轴方向，故可以采用交换法判断故障部位。通过交换伺服控制单元，故障没有转移，故判断故障部位应在 Y 轴伺服电动机与丝杠传动链一侧。为区别电动机故障，可拆卸电动机与滚珠丝杠之间的弹性联轴器，单独通电检查电动机。检查结果表明电动机运转时无振动现象，显然故障部位在机械传动部分。脱开弹性联轴器，用扳手转动滚珠丝杠进行手感检查，发现丝杠的全行程范围均有这种异常现象。拆下滚珠丝杠检查，发现滚珠丝杠轴承损坏。

（3）故障维修

换上新的同型号、同规格的轴承后，故障排除。

4. 加工中心机床定位精度不合格

（1）故障现象

某加工中心运行时，在工作台 Y 轴方向位移接近行程终端过程中，丝杠反向间隙明显增大，机床定位精度不合格。

（2）故障诊断

故障部位明显在 X 轴伺服电动机与丝杠传动链一侧。拆卸电动机与滚珠丝杠之间的弹性联轴器，用扳手转动滚珠丝杠进行手感检查。通过手感检查，发现工作台 X 轴方向位移接近行程终端时阻力明显增加。拆下工作台检查，发现 Y 轴导轨平行度严重超差，故而引起机械传动过程中阻力明显增加，滚珠丝杠弹性变形，反向间隙增大，机床定位精度不合格。

（3）故障维修

经过认真修理、调整后，重新装好，故障排除。

六、思考练习

1. 单选题

（1）刀具长度补偿值的地址用（　　）表示。

A. D　　B. H　　C. R

（2）在 G43 G01 Z15 H15 语句中，H15 表示（　　）。

A. Z 轴的位置是 15　　B. 长度补偿值是 15　　C. 半径补偿值是 15

（3）G43 H00 Z_；Z是（　　）。

A. 测量基点在工件坐标系中的 Z 向坐标值

B. 测量基点在机床坐标系中的 Z 向坐标值

C. 刀位点在工件坐标系中的 Z 向坐标值

（4）刀具长度正补偿建立之后，刀具的移动距离实际为（　　）。

A. 刀具长度补偿值加上刀位点在工件坐标系中的终点坐标 Z

B. 刀具长度补偿值减去刀位点在工件坐标系中的终点坐标 Z

C. 刀具长度补偿值加上测量基点在工件坐标系中的终点坐标 Z

2. 判断题

（1）顺序选刀与换刀，若主轴上有刀，则先将主轴上的刀具换回倒库原刀套内，刀库再旋转找到新刀后换刀。（　　）

（2）顺序选刀与换刀，刀库中的刀套号和刀具号始终一一对应。（　　）

（3）机外测量刀具不占用机床，测得的刀具长度、直径都是绝对值。（　　）

（4）机外测量刀具长度补偿一般需要借助对刀仪。（　　）

（5）机上测量刀具长度不补偿需要占用零点偏置存储器。（　　）

3. 简答题

何为顺序选刀与换刀？何为预先选刀与换刀？

任务三　孔类零件数控加工中心加工

一、学习目标

1. 知识目标

（1）掌握孔类零件的基本加工工艺。

（2）掌握加工中心典型数控系统常用固定循环指令的编程方法。

2. 能力目标

（1）能够正确使用钻、铣、镗等加工刀具，合理选择加工用量。

（2）具备使用孔加工固定循环编程数控镗铣孔盘类零件的能力。

二、工学任务

如图 5-24 所示的工件，零件上下表面、$\phi80$ 外轮廓等部位已在前面工序（步）完成，零件材料为 45 钢。试完成该孔板上孔系的数控加工工艺设计与编程。

三、相关知识

1. 孔的加工方法

加工孔的方法很多，根据孔的尺寸精度、位置精度及表面粗糙度等要求，一般有点孔、钻孔、扩孔、锪孔、镗孔及铣孔等。常用孔的加工方法见表 5-1。

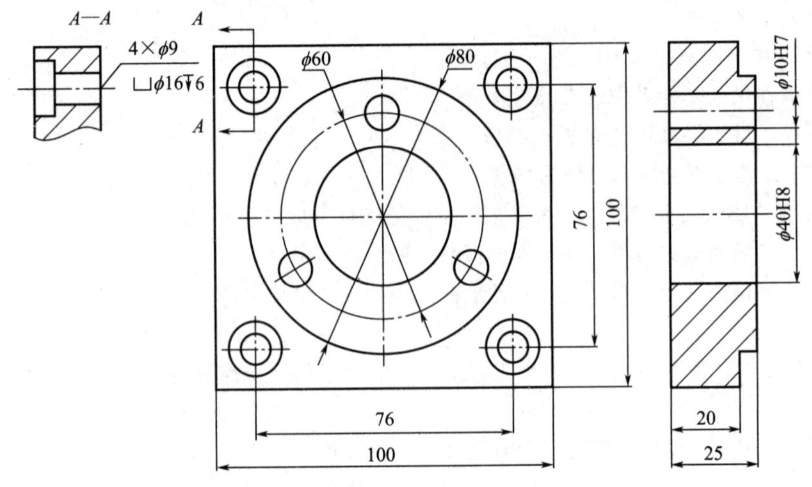

图 5-24　孔类零件图

表 5-1　常用孔的加工方法

序号	加工方案	公差等级	表面粗糙度/μm	适用范围
1	钻	11～13	50～12.5	加工未淬火钢及铸铁的实心毛坯，也可用于加工有色金属（但表面粗糙度较差），孔径小于 20mm
2	钻-铰	9	3.2～1.6	
3	钻-粗铰（扩）-精铰	7～8	1.6～0.8	
4	钻-扩	11	6.3～3.2	加工未淬火钢及铸铁的实心毛坯，也可用于加工有色金属（但表面粗糙度较差），孔径大于 15mm
5	钻-扩-铰	8～9	1.6～0.8	
6	钻-扩-粗铰-精铰	7	0.8～0.4	
7	粗镗（扩孔）	11～13	6.3～3.2	除淬火钢外的各种材料，毛坯有铸出孔或锻出孔
8	粗镗（扩孔）-半精镗（精扩）	8～9	3.2～1.6	
9	粗镗（扩孔）-半精镗（精扩）-精镗	6～7	1.6～0.8	

2. 孔加工常用刀具

(1) 钻孔刀具

钻孔一般作为扩孔、铰孔前的粗加工以及加工螺纹底孔。常用的钻孔刀具有中心钻、麻花钻、可转位浅孔钻等。

① 中心钻

如图 5-25 所示的中心钻专门用于加工中心孔的钻头。由于麻花钻的横刃具有一定的长度，引钻时不易定心，加工时钻头旋转轴线不稳定，因此利用中心钻在平面上先预钻一个凹坑，便于钻头钻入时定心。由于中心钻的直径较小，加工时主轴转速应不得低于 1000r/min。

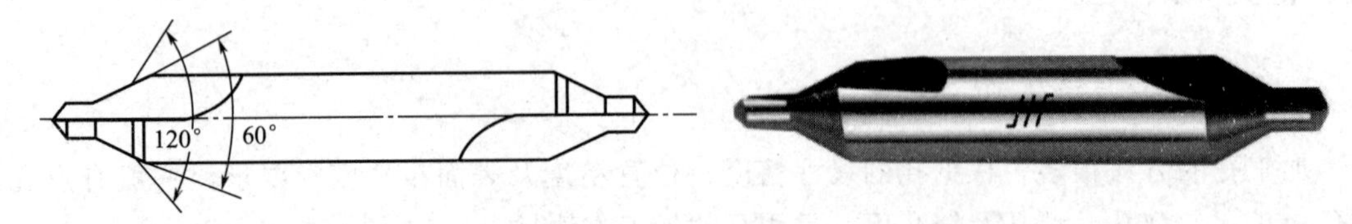

图 5-25　中心钻

② 麻花钻

如图 5-26 所示的麻花钻是钻孔最常用的刀具，一般用高速钢制造。在结构上，高速钢麻花钻由工作部分、柄部和颈部三部分组成。柄部用以夹持刀具。颈部是柄部和工作部分的连接部分，并作为磨外径时砂轮退刀和打印标记处。工作部分由切削部分和导向部分组成，前者担负主要的切削工作，后者起导向、修光和排屑作用，也是钻头重磨的储备部分。钻孔精度一般在 IT12 左右，表面粗糙度值为 $Ra12.5\mu m$。

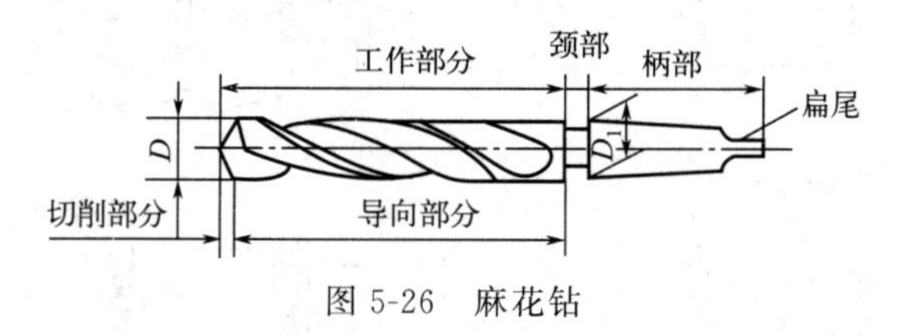

图 5-26 麻花钻

（2）扩孔刀具

扩孔是对已钻出、铸（锻）出或冲出的孔的进一步加工，可用于孔的终加工，也可作为铰孔或磨孔的预加工。数控机床上扩孔多采用扩孔钻加工，也可以采用立铣刀或镗刀扩孔。

用扩孔钻扩孔精度可达 IT11～IT10，表面粗糙度值可达 $Ra6.3 \sim 3.2\mu m$。扩孔钻与麻花钻相似，但齿数较多，一般为 3～4 个齿。扩孔钻加工余量小，主切削刃较短，无须延伸到中心，无横刃，加之齿数较多，可选择较大的切削用量。图 5-27 所示为整体式扩孔钻和套式扩孔钻。

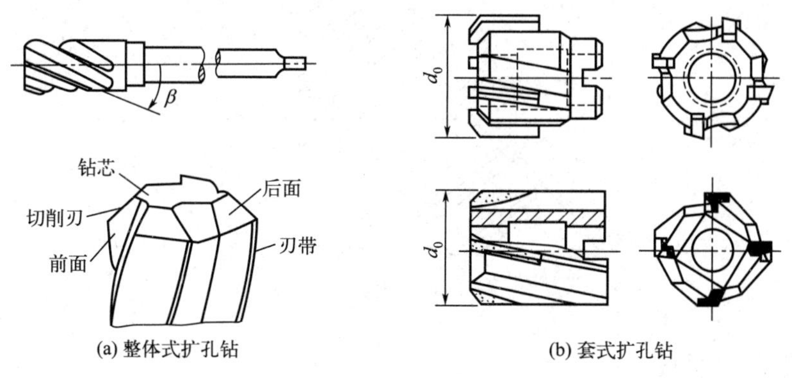

图 5-27 扩孔钻

（3）铰孔刀具

铰孔加工精度一般可达 IT9～IT8 级，孔的表面粗糙度值可达 $Ra1.6 \sim 0.8\mu m$，可用于孔的精加工，也可用于磨孔或研孔前的预加工。铰孔只能提高孔的尺寸精度、形状精度和减小表面粗糙度值，而不能提高孔的位置精度。因此，对于精度要求高的孔，在铰削前应先进行减少和消除位置误差的预加工，才能保证铰孔质量。

图 5-28 所示为直柄机用铰刀和套式机用铰刀。

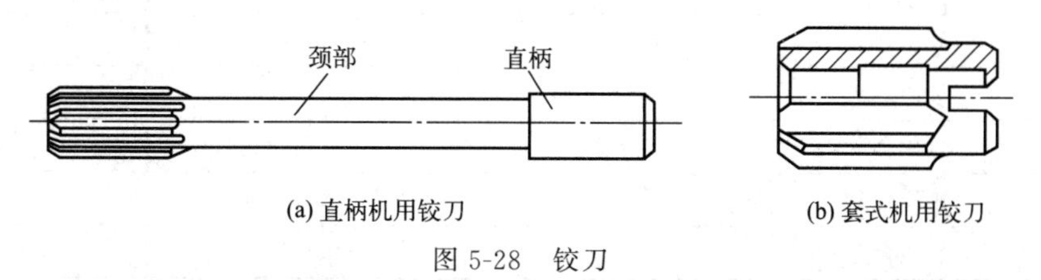

图 5-28 铰刀

(4) 镗孔刀具

镗孔加工精度一般可达 IT7～IT6，表面粗糙度值可达 Ra6.3～0.8μm。为适应不同的切削条件，镗刀有多种类型。按镗刀的切削刃数量可分为单刃镗刀［图 5-29(a)］和双刃镗刀［图 5-29(b)］。

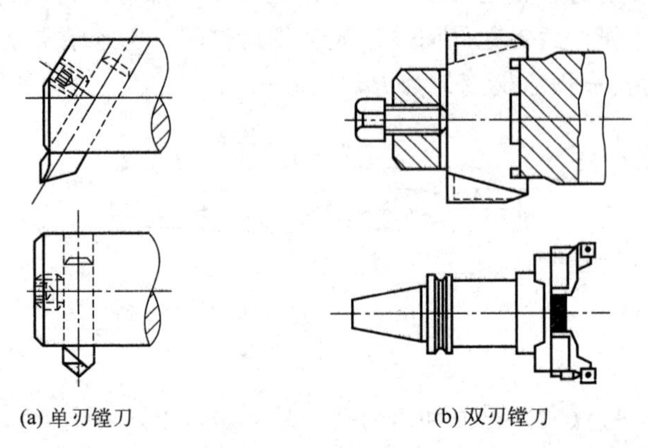

图 5-29　镗刀

在精镗孔中，目前较多地选用精镗微调镗刀，如图 5-30 所示。这种镗刀的径向尺寸可以在一定范围内进行微调，且调节方便，精度高。

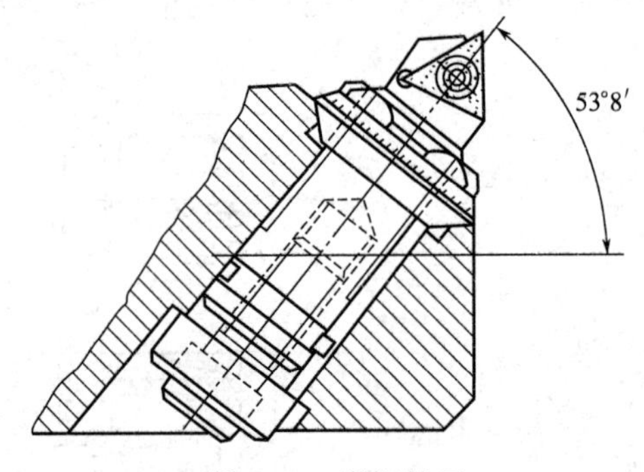

图 5-30　微调镗刀

3. 孔加工切削用量

孔加工切削用量见表 5-2。

表 5-2　孔加工切削用量

刀具名称	刀具材料	切削速度 v/(m/min)	进给量 f/(mm/r)	背吃刀量 a_p/mm
中心钻	高速钢	20～40	0.05～0.10	0.5D
标准麻花钻	高速钢	20～40	0.15～0.25	0.5D
	硬质合金	40～60	0.05～0.20	0.5D
扩孔钻	硬质合金	45～90	0.05～0.40	≤2.5
机用铰刀	硬质合金	6～12	0.3～1.0	0.10～0.30
机用丝锥	硬质合金	6～12	P	0.5P
粗镗刀	硬质合金	80～250	0.10～0.50	0.5～2.0
精镗刀	硬质合金	80～250	0.05～0.30	0.3～1.0

4. 孔加工路线安排

(1) 消除反向间隙对加工的影响

由于数控机床在加工过程的自动化，数控加工是完全执行加工程序进行的，数控机床虽然在机械结构上最大限度地提高了精度，数控系统也具备误差补偿的功能，但是机床传动中不可避免地存在间隙和磨损后的间隙增大，如果在编程时不考虑丝杠、齿轮传动中的误差和反向运动中间隙的影响，将导致加工精度的降低。所以在编程时要适当地考虑机床传动间隙的影响，以减少机床的调整时间和参数设置时间。

如图 5-31 所示，加工零件上的四个孔，加工路线可采用两种方案。方案Ⅰ按照孔的实际位置顺序加工，由于孔 4 与孔 1、2、3 的定位方向相反，刀具由孔 3 的位置移动到孔 4 的位置时，X 轴的反向间隙会使定位误差增大，从而影响孔 4 与其他孔的位置精度。方案Ⅱ在加工完孔 3 后，刀具沿 X 反方向移动越过孔 4，到达 A 点，然后再返回孔 4 位置来加工孔 4，这样孔 4 的定位方向与其他孔的定位方向一致，从而减少了传动间隙对加工精度的影响，保证了四个孔的位置精度。

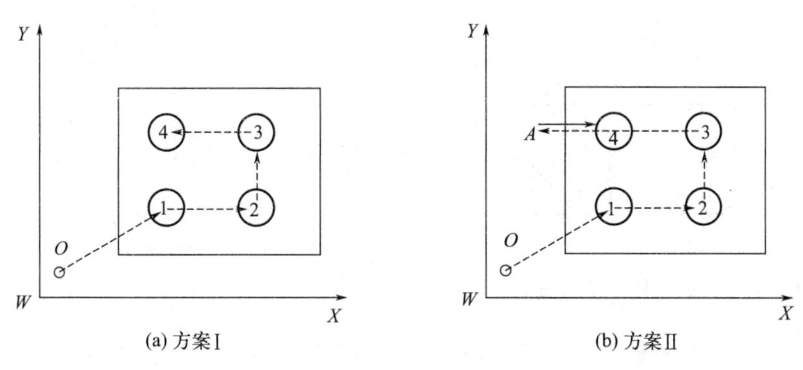

图 5-31　孔加工消除间隙方法

(2) 提高加工效率

数控加工中的效率问题是我们在编程时应该充分考虑的，因为数控机床的自动化程度高，如果在编程时不注意刀具的走刀路线，而只注重完成加工，那么会使机床空运转时间长，不能充分发挥数控机床的高效性能。

如在图 5-32 孔系的加工中，有两种加工路线，采用图 5-32(a) 的加工路线比图 5-32(b) 的加工路线缩短一倍。

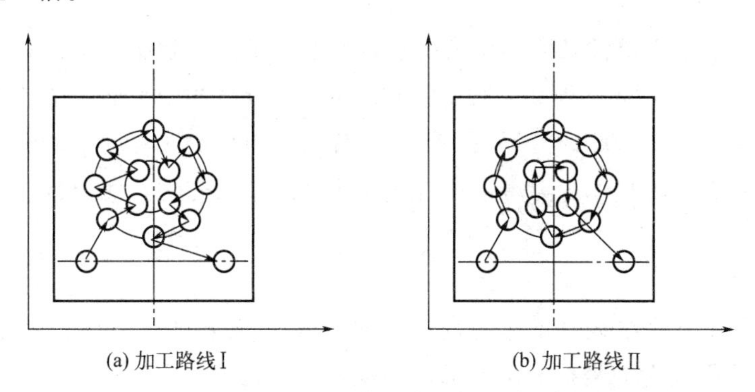

图 5-32　孔系加工中的加工路线

(3) 孔加工时的导入量与超越量选择

导入量通常取 2～5mm。超越量如图 5-33 中的 $\Delta Z'$，当钻通孔时，超越量通常取 $Z_p+(1\sim3)$mm，Z_p 为钻尖高度（通常取钻头直径的 0.3 倍）；铰通孔时，超越量通常取 3～5mm；镗通孔时，超越量通常取 1～3mm；攻螺纹时，超越量通常取 5～8mm。

5. 孔加工固定循环

(1) 固定循环平面

孔加工固定循环通常由以下 5 个动作组成，如图 5-34 所示。

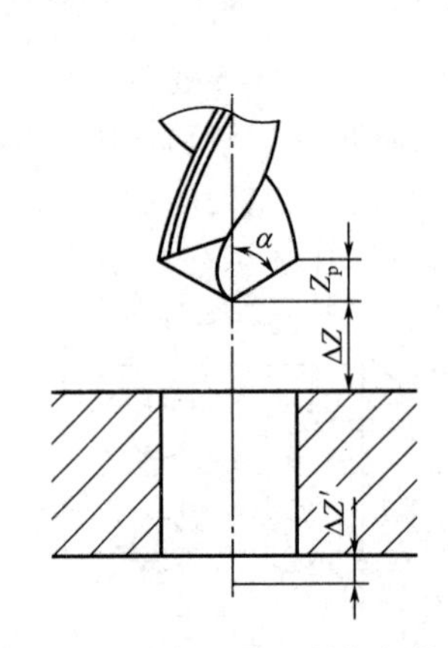

图 5-33 孔加工导入量与超越量

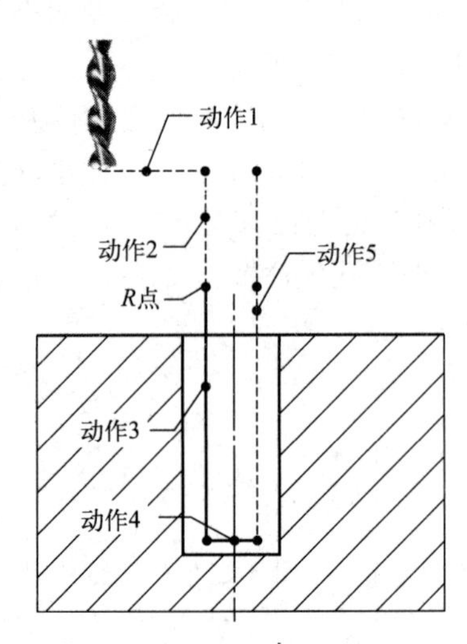

图 5-34 固定循环 5 个动作

动作 1——X 轴和 Y 轴定位，刀具快速定位到要加工孔的中心位置上方。

动作 2——快进到 R 平面，刀具自初始点快速进给到 R 点（准备切削的位置）。

动作 3——孔加工，以切削进给方式执行孔加工的动作。

动作 4——在孔底的动作，包括暂停、主轴准停、刀具移位等动作。

动作 5——返回到初始平面或 R 平面。

在孔加工运动过程中，刀具运动涉及 Z 向坐标的三个高度位置：初始平面高度、R 平面高度和孔底平面深度。孔加工工艺设计时，要对这三个高度位置进行适当选择。

① 初始平面高度

初始平面是为安全点定位及安全下刀而规定的一个平面。初始平面的高度应能确保它高于所有的障碍物。当使用同一把刀具加工多个孔时，刀具在初始平面内的任意点定位移动应能保证刀具不会与夹具、工件凸台等发生干涉，特别是防止快速运动中切削刀具与工件、夹具和机床的碰撞。当孔之间存在障碍需要跳跃或孔全部加工完时，使刀具返回初始平面，使用 G98 指令。

② R 平面高度

R 平面为刀具切削进给运动的起点高度，即从 R 平面高度开始刀具处于切削状态。由 R 指定 Z 轴的孔切削起点的坐标。R 平面的高度，通常选择在 $Z0$ 平面上方（1～5mm）处。使刀具返回 R 平面，使用 G99 指令。

③ 孔底平面深度

其位置由指令中的参数 Z 设定，Z 值决定了孔的加工深度。加工盲孔：孔底平面就是孔底部所处的平面。加工通孔：刀具要伸出工件底平面，一般要留有一定的超越量 3～5mm。

循环过程中，刀具返回点由 G98、G99 设定，G98 返回到初始平面，为缺省方式；G99 返回到 R 平面。

（2）孔加工固定循环通用格式

```
G90(G91)G98(G99)G_X_Y_Z_R_Q_P_F_K_;
```

说明：① G90/G91 决定孔位坐标 X、Y 及固定循环参数 R、Z 的尺寸字，用 G90 编程如图 5-35(a) 所示，用 G91 编程如图 5-35(b) 所示。

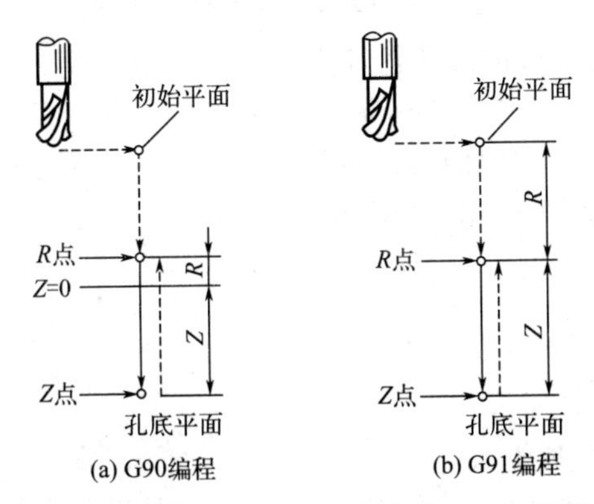

图 5-35　G90/G91 与固定循环参数 R、Z 的关系

② G98/G99 决定加工完毕后所返回的平面，G98 返回到初始平面，G99 返回到 R 平面。

③ G _ 是固定循环指令，主要有 G73、G74、G76、G81～G89。各种不同类型的孔加工指令，如表 5-3 所示。

表 5-3　孔加工固定循环及动作一览表

G 指令	加工动作（－Z 方向）	孔底动作	退刀动作（＋Z 方向）	用途
G73	间歇进给		快速进给	高速深孔加工
G74	切削进给	暂停、主轴正转	切削进给	攻左旋螺纹
G76	切削进给	主轴准停	快速进给	精镗
G80				取消固定循环
G81	切削进给		快速进给	钻孔
G82	切削进给	暂停	快速进给	钻、锪镗阶梯孔
G83	间歇进给		快速进给	深孔加工
G84	切削进给	暂停、主轴反转	切削进给	攻右旋螺纹
G85	切削进给		切削进给	镗孔
G86	切削进给	主轴停	快速进给	镗孔
G87	切削进给	主轴正转	快速进给	背镗孔
G88	切削进给	暂停、主轴停	手动	镗孔
G89	切削进给	暂停	切削进给	镗孔

④ X _Y_指定孔加工的坐标位置。

⑤ Z_指定孔底坐标值。增量方式时，是孔底相对 *R* 点的坐标值；绝对值方式时，是孔底的 *Z* 坐标值。

⑥ R_在增量方式中是 *R* 点相对初始点的坐标值，而在绝对值方式中是 *R* 点的 *Z* 坐标值。

⑦ Q_在 G73、G83 中是用来指定每次进给的深度，在 G76、G87 中为孔底移动的距离。

⑧ P_指定孔底的暂停时间，G76、G82、G89 时有效，单位为 ms。

⑨ F_是孔加工的进给速度。

⑩ K_指定固定循环的重复次数。*K* 仅在被指定的程序段内有效，表示对等间距孔进行重复加工。若不指定 *K*，则只进行一次循环。*K*=0 时，机床不动作。并不是每一种孔加工循环的编程都要用到孔加工循环通用格式的所有指令。

以上格式中，除 K 指令外，其他所有指令都是模态指令，只有在循环取消时才被清除。因此，这些指令一经指定，在后面的重复加工中不必重新指定。取消孔加工循环采用 G80。当固定循环指令不再使用时，应用 G80 指令取消固定循环，而恢复到一般基本指令状态（G00、G01、G02、G03 等），此时固定循环指令中的孔加工数据（如 Z 点、R 点值等）也被取消。另外，如在孔加工循环中出现 01 组的 G 指令（如 G00、G01 等），则孔加工方式会被自动取消。

6. 孔加工固定循环指令

（1）钻孔、点钻循环 G81

指令格式：G81 X_Y_Z_R_F_；

G81 刀具在 *X*、*Y* 平面快速定位至孔的上方，然后快速下刀到安全平面，在此处速度由快进转为工进，切削加工到孔底，然后从孔底快速退回到指定位置（初始平面或 *R* 平面）。编程时可以采用绝对坐标 G90 和相对坐标 G91 编程，建议尽量采用绝对坐标编程。主要用于钻浅孔、通孔和中心孔。

循环动作如图 5-36 所示，动作时序为：G00 到 *R* 平面→G01 到孔底→G00 到 *R* 平面或初始平面。简记为：工进→快退。

（2）带停顿的钻孔循环 G82

指令格式：G82 X_Y_Z_R_P_F_；

该指令除了要在孔底暂停外，其他动作与 G81 相同，暂停时间由 P 指定，单位为 ms。常用于加工锪孔和沉头台阶孔，以提高孔底精度。

循环动作如图 5-37 所示，动作时序比 G81 多一个进给暂停动作。简记为：工进→暂停→快退。

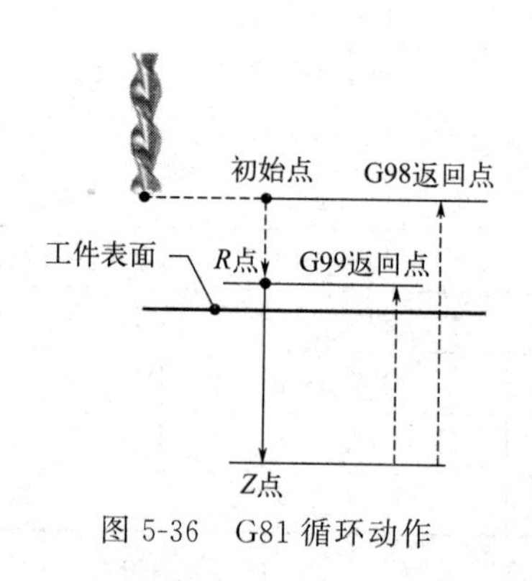

图 5-36　G81 循环动作

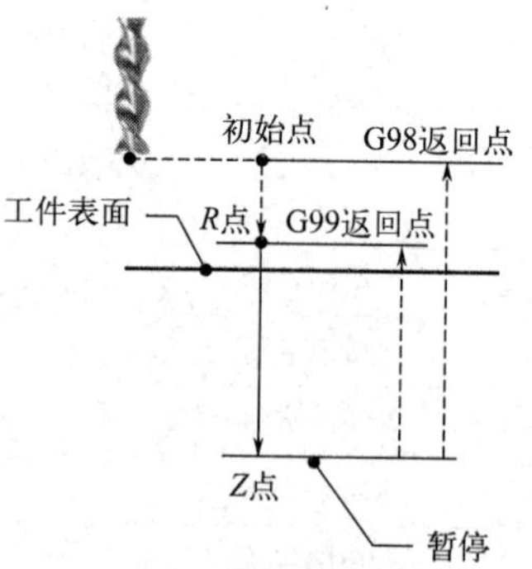

图 5-37　G82 循环动作

【例 5-1】编制图 5-38 所示工件的 4 个 ϕ10mm 浅孔的数控加工程序。工件坐标系原点设定于零件上表面对称中心，选用 ϕ10mm 的钻头，钻头起始位置在零件上表面对称中心以上 100mm 处。

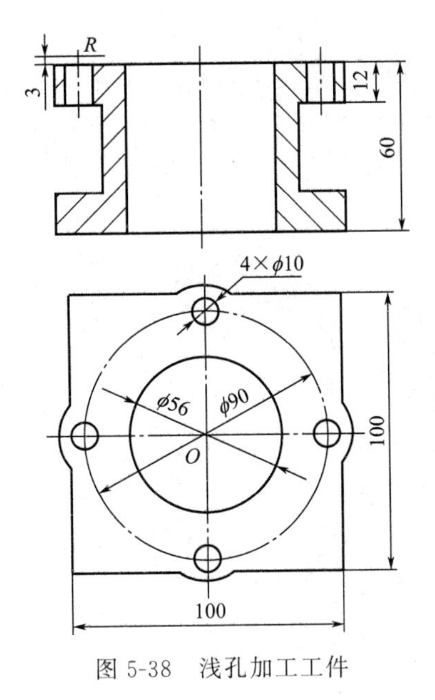

图 5-38　浅孔加工工件

【解】加工程序见表 5-4。

表 5-4　浅孔加工程序

程序	注释
O5001；	程序名
N10 G54 S500 M03 M08；	建立工件坐标系
N20 G90 G00 Z100；	快进到初始平面
N30 G99 G81 X45 Y0 Z-14 R3 F60；	加工完第 1 个孔后返回到 R 点平面
N40 X0 Y45；	加工第 2 个孔
N50 X-45 Y0；	加工第 3 个孔
N60 G98 X0 Y-45；	加工完第 4 个孔后返回初始平面
N70 G80 M09 M05；	取消固定循环
N80 M30；	程序结束

（3）断屑式深孔加工循环 G73

指令格式：G73 X_Y_Z_R_Q _F_；

每次切深为 Q 值，快速后退 d 值，由 NC 系统内部通过参数设定。G73 指令在钻孔时是间歇进给，有利于断屑，适用于深孔加工，减少退刀量，可以进行高效率的加工。

循环动作如图 5-39 所示，动作时序为：G00 到 R 平面→G01 到 Q 深度→G00 退 d 距离→G01 到（$Q+d$）距离→G00 退 d 距离→重复此前两步→G00 到 R 平面或初始平面。简记为：渐进→快退→断屑。

(4) **排屑式深孔加工循环 G83**

指令格式：G83 X_Y_Z_R_Q _F_；

该固定循环与 G73 不同之处在每次进刀后都返回安全平面高度处，这样更有利于钻深孔时的排屑。

循环动作如图 5-40 所示，动作时序为：G00 到 R 平面→G01 到 Q 深度→G00 退到 R 平面→G00 到上一（$Q-d$）平面→G01 到（$Q+d$）距离→G00 退到 R 平面→重复此前两步→G00 到 R 平面或初始平面。简记为：渐进→快退→排屑。

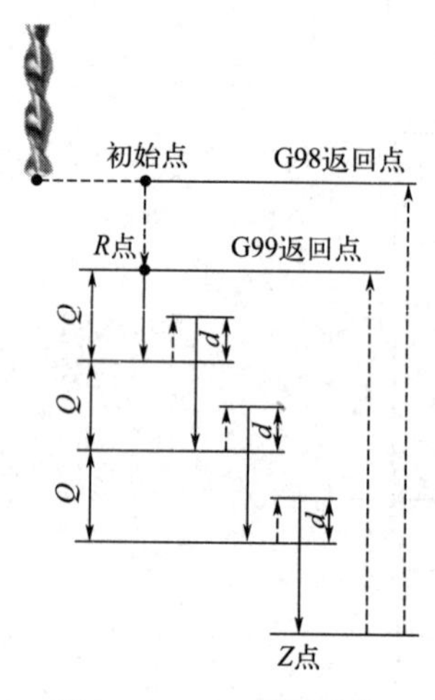

图 5-39　G73 循环动作

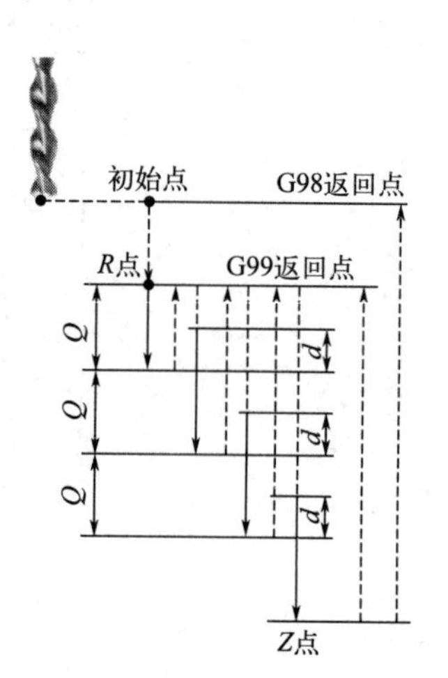

图 5-40　G83 循环动作

(5) **右旋螺纹加工循环 G84**

指令格式：G84 X_Y_Z_R_F_；

攻螺纹过程要求主轴转速 S 与进给速度 F 成严格的比例关系，因此，编程时要求根据主轴转速计算进给速度，进给速度 F=主轴转速×螺纹螺距，其余各参数的意义同 G81。

使用 G84 攻螺纹进给时主轴正转，退出时主轴反转。与钻孔加工不同的是攻螺纹结束后的返回过程不是快速运动，而是以进给速度反转退出。

循环动作如图 5-41 所示，动作时序为：循环前主轴正转 M03→G00 到 R 平面→G01 到 Z 点→主轴反转 M04、刚性暂停、浮动不停→G01 到 R 平面或初始平面→主轴正转 M03。简记为：工进→反转→工退→恢复。

(6) **左旋螺纹加工循环 G74**

指令格式：G74 X_Y_Z_R_F_；

与 G84 的区别是：进给时主轴反转，退出时主轴正转。各参数的意义同 G84。注意：在指定 G74 之前使用辅助功能 M 指令 M04 使主轴逆时针旋转。

循环动作如图 5-42 所示，动作时序为：循环前主轴反转 M04→G00 到 R 平面→G01 到 Z 点→主轴正转 M03、刚性暂停、浮动不停→G01 到 R 平面或初始平面→主轴反转 M04。简记为：工进→正转→工退→恢复。

(7) **粗镗循环 G85**

指令格式：G85 X_Y_Z_R_F_；

刀具以切削进给方式加工到孔底，然后以切削进给方式返到 R 点平面或初始平面，可以用于镗孔、铰孔、扩孔等。

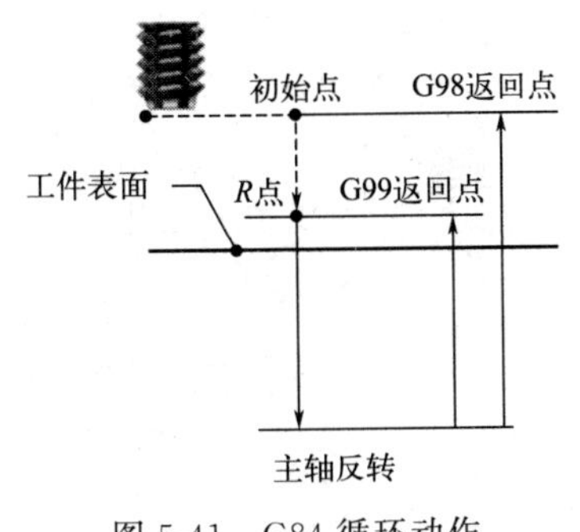

图 5-41 G84 循环动作

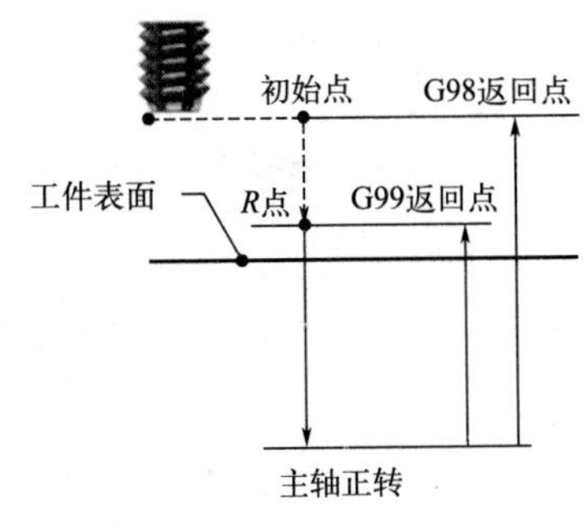

图 5-42 G74 循环动作

循环动作如图 5-43 所示，动作时序为：G00 到 *R* 平面→G01 到 *Z* 点→G01 退至 *R* 平面或初始平面。简记为：工进→工退。

（8）镗锪孔、阶梯孔循环 G89

指令格式：G89 X_Y_Z_R_P_F_；

G89 动作与 G85 动作基本相似，不同的是，G89 动作在孔底增加暂停，因此，该指令常用于阶梯孔的加工。

循环动作如图 5-44 所示，动作时序为：G00 到 *R* 平面→G01 到 *Z* 点→暂停→G01 退至 *R* 平面或初始平面。简记为：工进→暂停→工退。

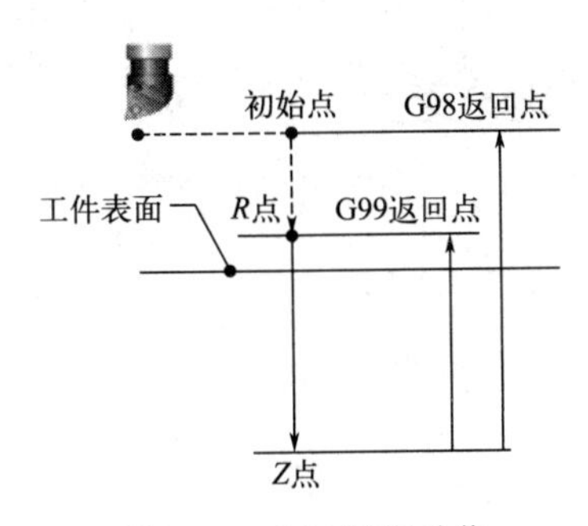

图 5-43 G85 循环动作

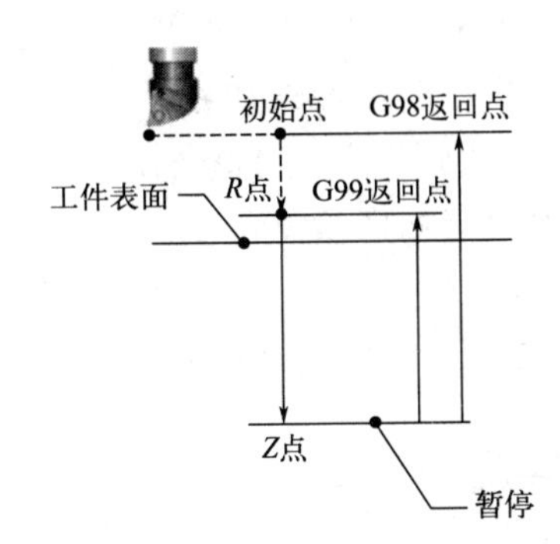

图 5-44 G89 循环动作

（9）快速退刀的粗镗循环 G86

指令格式：G86 X_Y_Z_R_F_；

与 G81 的区别是：在到达孔底位置后，主轴停止，并快速退出。

循环动作如图 5-45 所示，动作时序为：G00 到 *R* 平面→G01 到孔底→暂停→G00 到 *R* 平面或初始平面。简记为：工进→暂停→快退。

（10）背镗孔 G87

指令格式：G87 X_Y_Z_R_Q_F_；

刀具运动到孔中心位置后，主轴定向停止，然后向刀尖相反方向偏移 *Q* 值，快速运动到孔底位置，接着返回前面的位移量，回到孔中心，主轴正转，刀具向上进给运动到 *Z* 点，主轴又定向停止，然后向刀尖相反方向偏移 *Q* 值，快退。刀具返回到初始平面，再返回一个位移量，回到孔中心，主轴正转，继续执行下一段程序。循环动作如图 5-46 所示。

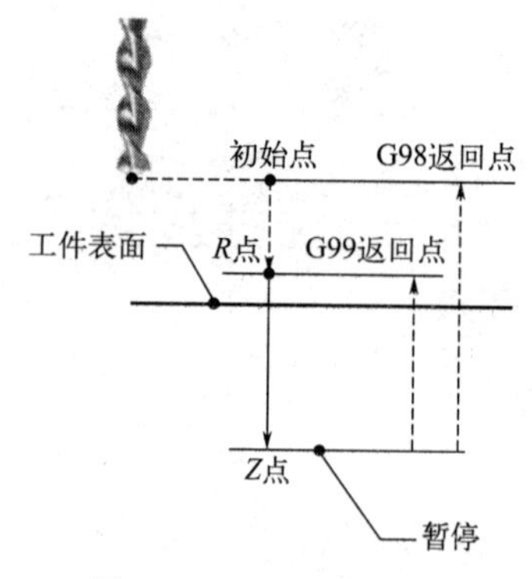

图 5-45　G86 循环动作

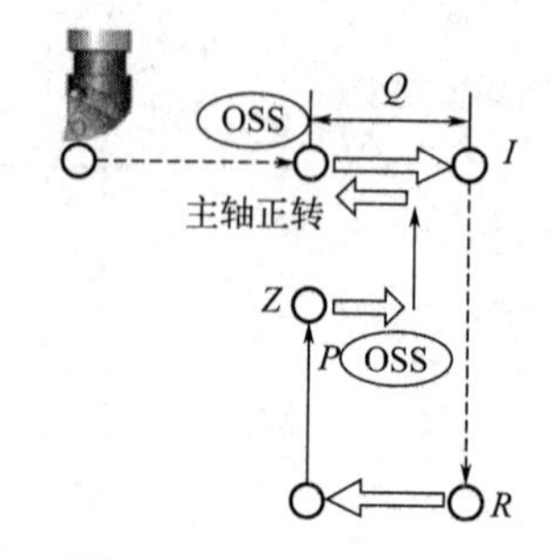

图 5-46　G87 循环动作

（11）精镗循环 G76

指令格式：G76 X_Y_Z_R_P_Q_F_；

与 G85 的区别是：G76 在孔底有三个动作，即进给暂停、主轴准停（定向停止）、刀具沿刀尖的反向偏移 Q 值，然后快速退出。这种带有让刀的退刀不会划伤已加工表面，保证了镗孔精度。

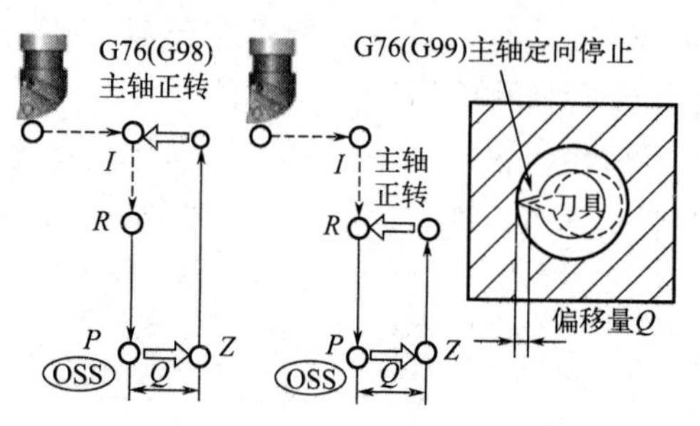

图 5-47　G76 循环动作

循环动作如图 5-47 所示，动作时序为：G00 到 R 平面→G01 到 Z 点→暂停、主轴定向、让刀 Q→G00 到 R 平面或初始平面→恢复。简记为：工进→孔底让刀→快退→恢复。

（12）孔循环取消 G80

指令格式：G80

取消所有孔加工固定循环模式。

四、任务实施

1. 分析零件图样

该零件上要求加工 3×ϕ10 的孔，孔的尺寸精度为 IT7，加工要求较高，采用点-钻-铰的方式；4 个沉头孔，加工要求一般，ϕ16 的孔采用锪刀直接锪孔；1 个 ϕ40 的通孔，根据精度要求，采用点-钻-扩-粗镗-精镗的方式。

2. 确定装夹方案

本例中的零件较为规则，外轮廓及上下面均不加工，直接采用平口钳装夹，底部用垫铁垫起，注意要让出通孔的位置。

3. 加工路线确定

按照先小孔后大孔加工的原则，确定走刀路线为：

① 先用中心钻点 8 个孔的位置；

② 3×ϕ10H7：ϕ9.8 钻头钻 3 个销钉孔，然后用 ϕ10 铰刀铰孔；

③ 4 个沉头孔：ϕ9 钻头钻孔，然后 ϕ16 锪刀锪孔；

④ ϕ40 的通孔：ϕ25 钻头钻孔→ϕ38 钻头扩孔→ϕ39.8 镗刀粗镗→ϕ40 镗刀精镗。

4. 刀具的选用及切削参数

该零件加工工序刀具的选用及切削参数如表 5-5 所示。

表 5-5　所选刀具及切削参数

加工工序		刀具与切削参数					
工序	加工内容	刀具规格			主轴转速 /(r/min)	进给量 /(mm/min)	刀具长度补偿
		刀号	刀具名称	材料			
1	点 7 个孔位置	T01	ϕ4mm 中心钻	高速钢	1200	80	
2	钻 3 个销钉孔	T02	ϕ9.8mm 麻花钻		800	60	H02
3	铰 3 个销钉孔	T03	ϕ10mm 铰刀		500	50	H03
4	钻 4 个 ϕ9 孔	T04	ϕ9mm 麻花钻		900	60	H04
5	锪 4 个 ϕ16 孔	T05	ϕ16mm 锪刀		500	70	H05
6	钻 ϕ40 孔	T06	ϕ25mm 麻花钻		500	40	H06
7	扩 ϕ40 孔	T07	ϕ38mm 麻花钻		400	40	H07
8	粗镗 ϕ40 孔	T08	ϕ39.8mm 镗刀		300	40	H08
9	精镗 ϕ40 孔	T09	ϕ40mm 镗刀		300	40	H09

5. 确定编程坐标系

因为零件为对称图形，X、Y 原点设在对称中心处，为了编程方便，Z0 设在零件上表面处。为了简化程序，采用固定循环指令。

6. 数值点的计算

8 个孔的坐标依次为（−38,38）、（0,30）、（38,38）、（38,−38）、（25.98,−15）、（0,0）、（−25.98,−15）、（−38,−38），如图 5-48 所示。

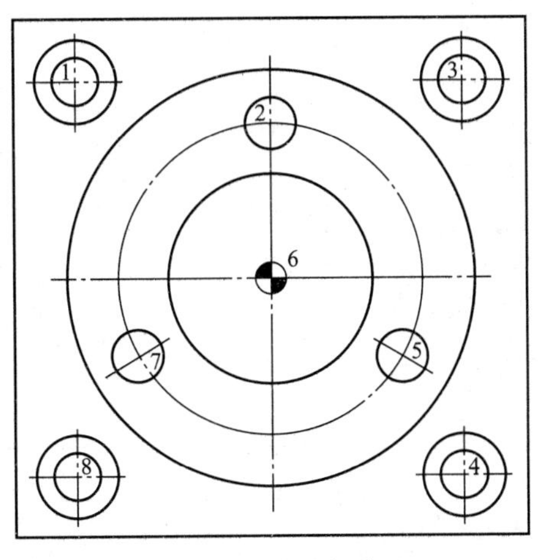

图 5-48　8 个孔的位置

7. 编写加工程序

加工程序见表 5-6。

表 5-6 加工程序

程序	注释
O5002;	程序名
N10 G54 G90 G40 G49 G80;	建立坐标系，取消半径、长度补偿、固定循环
N20 M03 S1200 M08;	主轴正转，冷却液开
N30 G00 Z100;	快进至初始平面
N40 G99 G81 X-38 Y38 Z-8 R2 F80;	中心钻点孔，1 孔
N50 X0 Y30 Z-3;	2 孔
N60 X38 Y38 Z-8;	3 孔
N70 Y-38;	4 孔
N80 X25.98 Y-15 Z-3;	5 孔
N90 X0 Y0;	6 孔
N100 X-25.98 Y-15;	7 孔
N110 G98 X-38 Y-38 Z-8;	8 孔，抬刀到初始平面
N120 G80;	取消固定循环
N130 M05 M09;	主轴停转，冷却液关
N140 G91 G28 Z0;	回换刀点
N150 M06 T02;	换 ϕ9.8mm 麻花钻
N160 M03 S800 M08;	主轴正转，冷却液开
N170 G43 G90 G00 Z100 H02;	建立长度补偿，补偿号 H02
N180 G99 G83 X0 Y30 Z-28 R2 Q3 F60;	深孔钻固定循环
N190 X25.98 Y-15;	
N200 G98 X-25.98 Y-15;	
N210 G80 G49;	取消固定循环、长度补偿
N220 M05 M09;	主轴停转，冷却液关
N230 G91 G28 Z0;	回换刀点
N240 M06 T03;	换 ϕ10mm 铰刀
N250 M03 S500 M08;	
N260 G43 G90 G00 Z100 H03;	建立长度补偿，补偿号 H03
N270 G99 G85 X0 Y30 Z-28 R2 F50;	铰孔固定循环
N280 X25.95 Y-15;	
N290 G98 X-25.98 Y-15;	
N300 G80 G49;	取消固定循环、长度补偿
N310 M05 M09;	主轴停转，冷却液关

续表

程序	注释
N320 G91 G28 Z0；	回换刀点
N330 M06 T04；	换 ϕ9mm 麻花钻
N340 M03 S900 M08；	
N350 G43 G90 G00 Z100 H04；	建立长度补偿，补偿号 H04
N360 G99 G83 X38 Y38 Z-28 R2 Q3 F60；	深孔钻固定循环
N370 X-38；	
N380 Y-38；	
N390 G98 X38；	回到初始平面
N400 G80 G49；	取消固定循环、长度补偿
N410 M05 M09；	主轴停转，冷却液关
N420 NG91 G28 Z0；	回换刀点
N430 M06 T05；	换 ϕ16mm 锪刀
N440 M03 S500 M08；	
N450 G43 G90 G00 Z100 H05；	建立长度补偿，补偿号 H05
N460 G99 G82 X38 Y38 Z-11 R2 P1000 F70；	锪孔固定循环
N470 X-38；	
N480 Y-38；	
N490 G98 X38；	
N500 G80 G49；	取消固定循环、长度补偿
N510 M05 M09；	主轴停转，冷却液关
N520 G91 G28 Z0；	回换刀点
N530 M06 T06；	换 ϕ25mm 麻花钻
N540 M03 S500 M08；	
N550 G43 G90 G00 Z100 H06；	建立长度补偿，补偿号 H06
N560 G81 X0 Y0 Z-28 R5 F40；	钻孔固定循环
N570 G80 G49；	取消固定循环、长度补偿
N580 M05 M09；	主轴停转，冷却液关
N590 G91 G28 Z0；	回换刀点
N600 M06 T07；	换 ϕ38mm 麻花钻
N610 M03 S400 M08；	
N620 G43 G90 G00 Z100 H07；	建立长度补偿，补偿号 H07
N630 G81 X0 Y0 Z-28 R5 F40；	钻孔固定循环
N640 G80 G49；	
N650 M05 M09；	
N660 G91 G28 Z0；	

续表

程序	注释
N670 M06 T08;	换 ϕ39.8mm 镗刀
N680 M03 S300 M08;	
N690 G43 G90 G00 Z100 H08;	建立长度补偿,补偿号 H08
N700 G85 X0 Y0 Z-28 R5 F40;	粗镗孔固定循环
N710 G80 G49;	
N720 M05 M09;	
N730 G91 G28 Z0;	
N740 M06 T09;	换 ϕ40mm 镗刀
N750 M03 S300 M08;	
N760 G43 G90 G00 Z100 H09;	建立长度补偿,补偿号 H09
N770 G76 X0 Y0 Z-28 R5 Q5 F40;	精镗孔固定循环
N780 G80 G49;	
N790 M30;	程序结束

五、拓展提升

CNC 加工中心维护保养方法

(1) 维护保养相关责任人

① 操作人员负责设备的使用、维护及基本保养。

② 设备维修人员负责设备的维修及必要的维护。

③ 车间管理人员负责对整个车间各操作员及设备维护等方面的监督。

(2) 数控设备使用的基本要求

① 数控设备要求避开潮湿、粉尘过多和有腐蚀气体的场所。

② 避免阳光的直接照射和其他热辐射，精密数控设备要远离振动大的设备，如冲床、锻压设备等。

③ 设备的运行温度要控制在 15～35℃之间。精密加工温度要控制在 20℃左右，严格控制温度波动。

④ 为避免电源波动幅度大（大于±10%）和可能的瞬间干扰信号等影响，数控设备一般采用专线供电（如从低压配电室分一路单独供数控机床使用），增设稳压装置等，都可减少供电质量的影响和电气干扰。

(3) 日常加工精度维持

① 开机后，必须先预热 10min 左右，然后再加工；长期不用的机器应延长预热的时间。

② 检查油路是否畅通。

③ 关机前将工作台、鞍座置于机器中央位置（移动三轴行程至各轴行程中间位置）。

④ 机床保持干燥清洁。

(4) 每日维护保养

① 每日对机床灰尘铁屑进行清扫清洁：包括机床控制面板、主轴锥孔、刀具车、刀头

及锥柄、刀库刀臂及刀仓、转塔；XY 轴钣金护罩、机床内柔性软管、坦克链装置、切屑槽等。

② 检查润滑油液面高度，保证机床润滑。

③ 检查冷却液箱内冷却液是否足够，不够及时添加。

④ 检查空气压力是否正常。

⑤ 检查主轴内锥孔空气吹气是否正常，用干净棉布擦拭主轴内锥孔，并喷上轻质油。

⑥ 清洁刀库刀臂和刀具，尤其是刀爪。

⑦ 检查全部信号灯、异常警示灯是否正常。

⑧ 检查油压单元管是否有渗漏现象。

⑨ 机床每日工作完成后进行清洁清扫工作。

⑩ 维持机器四周环境整洁。

六、思考练习

1. 单选题

(1) Z 坐标零点位于零件的上表面，执行程序“G98 G81 X0 Y0 Z-5 R3 F50”后，钻孔深度是（　　）。

A. 3mm　　B. 5mm　　C. 2mm

(2) 循环指令 G83 与 G81 的一个主要区别是 G83 以（　　）方式钻孔切削。

A. 间歇、断屑切削进给　　B. 间歇、刀具不回退切削进给　　C. 连续切削进给

(3) 执行程序“G00 X30 Y20 Z15；G98 G81 X28 Y-20 Z-10 R5 F80”后刀具位置为（　　）。

A. X30 Y20 Z15　　B. X30 Y20 Z5　　C. X28 Y-20 Z15

(4)“N20 G43 H01 Z15；N30 G98 G73 R5 Z-30”中初始平面为（　　）。

A. Z15　　B. Z-30　　C. Z5

(5) 固定循环前最近的 Z 坐标为（　　）。

A. 初始平面　　B. 参考平面　　C. 孔底平面

2. 判断题

(1) G73～G89 能存储记忆固定循环参数 R、Z、Q、P。（　　）

(2) 铰孔前要先加工好孔底，再用铰刀铰孔。（　　）

(3) G76 孔底让刀不会在工件表面产生划痕，优于 G86。（　　）

(4) G83 与 G81 比较，在编程格式中增加了 Q 参数，即每次进给深度，可实现间歇进给，在加工深孔时有利于排屑。（　　）

(5) G74 与 G84 动作基本类似，而 G74 用于加工右旋螺纹。（　　）

3. 程序分析题

钻孔固定循环的程序段如下：

```
G43 G01 Z50 H01;
G99 G81 X20 Y-30 Z-10 R5;
```

试分析上述程序初始平面为 Z=______mm；R 点平面为 Z=______mm；孔底平面为 Z=______mm；返回平面为 Z=______mm；孔的中心位置为 X=______mm，Y=______mm。

4. 综合题

孔板零件如图 5-49 所示，工件尺寸为 220mm×140mm×60mm，表面均已加工，并符合尺寸与表面粗糙度要求，材料为 T200。中间 ϕ40 已有粗加工孔。试完成该孔板上孔系的数控加工工艺设计及编程。

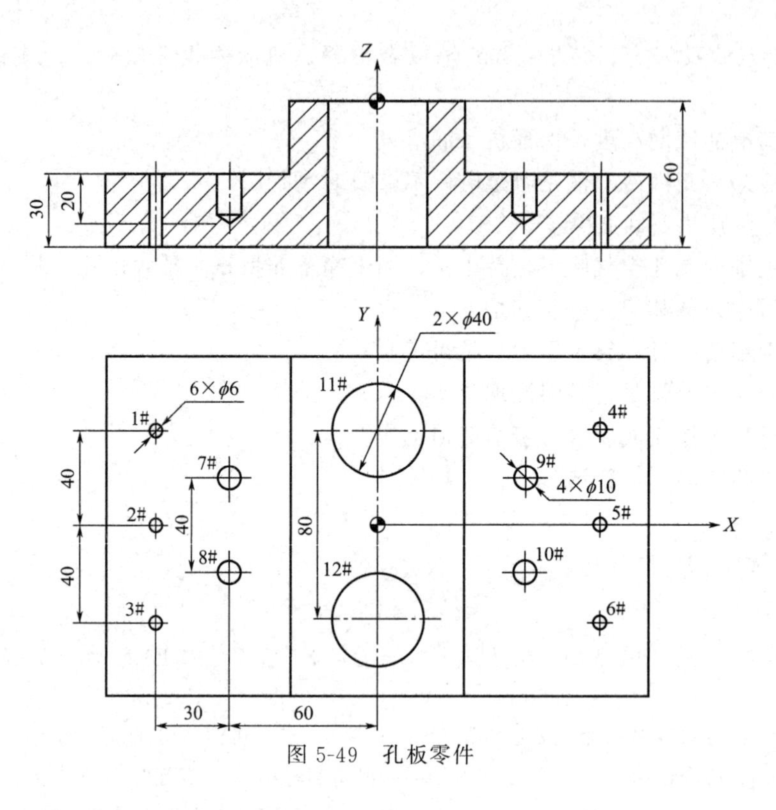

图 5-49　孔板零件

任务四　曲面零件数控加工中心加工

一、学习目标

1. 知识目标

（1）掌握变量的表示、引用和赋值等相关知识。

（2）掌握控制语句的使用方法。

2. 能力目标

（1）能够使用变量＃参数、控制语句进行编程。

（2）具备使用宏程序铣削二次曲面的能力。

二、工学任务

如图 5-50 所示的工件，毛坯尺寸为 100mm×80mm×25mm，工件材料为铝合金，使用宏 B 编程。

三、相关知识

1. 曲面轮廓的加工方法

立体曲面的加工应根据曲面形状、刀具形状以及精度要求等条件采用不同的铣削加工方

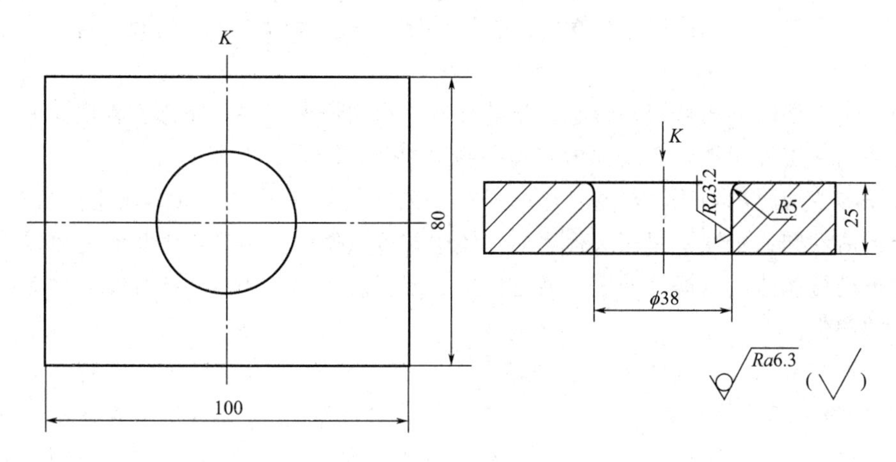

图 5-50　孔口倒凸圆角

法，如两轴半、三轴、四轴及五轴等联动加工。

对于曲率变化不大和精度要求不高的曲面的粗加工，通常用两轴半坐标行切法加工，即 X、Y、Z 三轴中任意两轴做联动插补，第三轴做单独的周期进给。对于曲率变化较大、精度要求较高的曲面的精加工，通常用 X、Y、Z 三坐标联动插补的行切法加工。

2. 曲面加工路线的确定

当铣削曲面时，常用球头铣刀采用行切法进行加工。对于边界敞开曲面的加工，可采用两种加工路线。如图 5-51 所示为发动机大叶片直纹面曲面的加工路线，当采用如图 5-51(a)所示的加工路线时，每次沿直线加工，刀位点计算简单，程序少，加工过程符合直纹面的形成特点，可以准确地保证母线的直线度；当采用如图 5-51(b) 所示的加工路线时，符合这类零件的数据给出情况，便于加工后检验，叶形的准确度高，但程序较多。由于曲面零件的边界是敞开的，没有其他表面限制，所以曲面边界可以延伸，球头铣刀应由边界外开始加工。

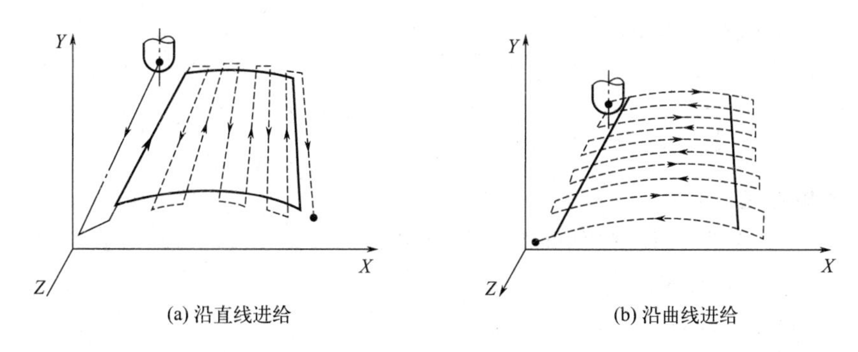

(a) 沿直线进给　　(b) 沿曲线进给

图 5-51　直纹面曲面的加工路线

3. 用户宏程序概述

用户宏程序是 FANUC 数控系统及其类似产品中的特殊编程功能。用户宏程序的实质与子程序相似，它也是把一组实现某种功能的指令，以子程序的形式预先存储在系统存储器中，通过宏程序调用指令执行这一功能。在主程序中，只要编入相应的调用指令就能实现这些功能。

一组以子程序的形式存储并带有变量的程序称为用户宏程序，简称宏程序。调用宏程序的指令称为用户宏程序指令，或称为宏程序调用指令，简称宏指令。

宏程序与普通程序相比，普通程序的程序字为常量，一个程序只能描述一个几何形状，所以缺乏灵活性和适用性；而在宏程序的本体中，可以使用变量进行编程，还可以用宏指令对这些变量进行赋值、运算等处理。通过使用宏程序能执行一些有规律变化（如非圆二次曲线轮廓）的动作。

用户宏程序分为A、B两种。一般情况下，在一些较老的FANUC系统（如FANUC OTD系统）的系统面板上没有"＋""－""×""/""＝""[]"等符号，故不能进行这些符号的输入，也不能用这些符号进行赋值及数学运算。因此，在这类系统中只能按A类宏程序进行编程。而在FANUC 0i及其后（如FANUC 18i等）的系统中，则可以输入上述符号并运用这些符号进行赋值及数学运算，即按B类宏程序进行编程。在本教材中只介绍B类宏程序。

4. 变量的相关知识

（1）变量

值不发生改变的量称为常量，如"G01 X100;"程序段中的"100"就是常量；而值可变的量称为变量，在宏程序中使用变量来代替地址后面的具体数值，如"G01 X＃100;"程序段中的"＃100"就是变量。

（2）变量的表示

一个变量由符号"＃"和变量序号组成，如＃100、＃200等。还可以用表达式进行表示，但表达式必须全部写入"[]"中，如＃[＃1＋＃2＋10]，当＃1＝10，＃2＝100时，该变量表示＃120。

（3）变量的引用

引用变量也可以采用表达式。

例：G01 X[＃100-30]Y-＃101 F[＃101＋＃103]；

当＃100＝100，＃101＝50，＃103＝80时，该指令即表示为"G01 X70 Y-50 F130;"。

（4）变量的赋值

① 直接赋值：变量可以在操作面板上用MDI方式直接赋值，也可以在程序中以等式方式赋值，但等号左边不能用表达式。

例如：＃100＝100；＃100＝30＋20；

② 引数赋值：当宏程序以子程序方式出现时，所用的变量可在宏程序调用时赋值。

例如：G65 P1000 X100 Y30 Z20 F100；

该处的P为宏程序的名，X、Y、Z不代表坐标值，F也不代表进给速度，而是对应于宏程序中的变量号，变量的具体数值由引数后的数值决定。引数宏程序体中的变量赋值方法有两种，见表5-7和表5-8。这两种方法可以混用，其中G、L、N、O、P不能作为引数代替变量赋值。

表 5-7　变量赋值方法 1

引数	变量	引数	变量	引数	变量	引数	变量
A	#1	I3	#10	I6	#19	I9	#28
B	#2	J3	#11	J6	#20	J9	#29
C	#3	K3	#12	K6	#21	K9	#30
I1	#4	I4	#13	I7	#22	I10	#31
J1	#5	J4	#14	J7	#23	J10	#32
K1	#6	K4	#15	K7	#24	K10	#33
I2	#7	I5	#16	I8	#25		
J2	#8	J5	#17	J8	#26		
K2	#9	K5	#18	K8	#27		

表 5-8　变量赋值方法 2

引数	变量	引数	变量	引数	变量	引数	变量
A	#1	H	#11	R	#18	X	#24
B	#2	I	#4	S	#19	Y	#25
C	#3	J	#5	T	#20	Z	#26
D	#7	K	#6	U	#21		
E	#8	M	#13	V	#22		
F	#9	Q	#17	W	#23		

变量赋值方法 1 应用举例：

G65 P0030 A50 I40 J100 K0 I20 J10 K40；

经赋值后：#1=50，#4=40，#5=100，#6=0，#7=20，#8=10，#9=40。

变量赋值方法 2 应用举例：

G65 P0020 A50 X40 F100；

经赋值后：#1=50，#24=40，#9=100。

变量赋值方法 1 和 2 混合使用举例：

G65 P0030 A50 D40 I100 K0 I20；

经赋值后：I20 与 D40 同时对应变量#7，则后一个#7 有效，所以变量#7=20，其余同上。

5. 变量运算

宏程序中的运算类似于数学运算，仍用各种数学符号来表示。变量常用运算见表 5-9。

(1) 四舍五入 ROUND 函数

① 在运算、IF 或 WHILE 条件表达式中，若使用 ROUND 函数时，对有小数点的数据进行四舍五入。

例如，#1=ROUND[1.2345]，则结果#1=1。又如 IF[#1 LE ROUND[#2]]GOTO10，若#2=3.567，则 ROUND[#2]=4，上式实质上 IF[#1 LE 4]GOTO10。

表 5-9　变量常用运算

功能	格式	备注与示例
定义、转换	#i=#i	#100=#1，#100=30
加法	#i=#i+#k	#100=#1+#2 #100=100-#2 #100=#1*#2 #100=#1/30
减法	#i=#i-#k	
乘法	#i=#i*#k	
除法	#i=#i/#k	
正弦	#i=SIN[#j]	#100=SIN[#1] #100=COS[36.3+#2] #100=ATAN[#1]/[#2]
反正弦	#i=ASIN[#i]	
余弦	#i=COS[#j]	
反余弦	#i =A COS[#j]	
正切	#i=TAN[#j]	
反正切	#i=ATAN[#j]/[#k]	
平方根	#i=SQRT[#j]	#100=SORT[#1 *#1-100] #100=EXP[#1]
绝对值	#i=ABS[#j]	
四舍五入	#i=ROUND[#i]	
上取整	#i=FIX[#j]	
下取整	#i=FUP[#i]	
自然对数	# =LN[#j]	
指数函数	#i=EXP[#j]	
或	#i=#j OR #k	逻辑运算一位一位地按二进制执行
异或	#i=#j XOR #k	
与	#i=#i AND #k	
BCD 转 BIN	#i=BIN[#j]	用于与 PMC 的信号交换

② 地址指令中使用 ROUND 函数时，按地址的最小输入单位四舍五入。

例如，G01 X[ROUND[#1]]，若#1=1.4567，当 X 的最小设定单位是 0.001mm 时，则该程序段变为 G01 X1.457，与 G01 X#1 不相同，G01 X#1 相当于 G01 X1.456。

(2) 上、下取整

#i=FIX[#j]是上取整，意思是小数点部分进位到整数，#i 的绝对值大于#j 的绝对值；#i=FUP[#i]是下取整，意思是舍去小数部分，#i 的绝对值小于#j 的绝对值。例如，#1=1.2，#2=-1.2，那么#3=FIX[#1]，#3=2；#3=FIX[#2]，#3=-2；#3=FUP[#1]，#3=1；#3=FUP[#2]，#3=-1。

(3) 变量混合运算

变量混合运算优先级顺序是先函数运算（SIN、COS、ATAN 等），再乘和除运算（*、/、AND 等），后加和减运算（+、-、OR、XOR 等）；先括号内运算，后括号外运算，函数中的括号允许嵌套使用，但最多只允许套嵌套 5 层。

例如，#1=#2+#3 *SIN[#4]，执行时的运算次序为先函数运算 SIN[#4]，再乘运算#3 *SIN[#4]，后加运算#2+#3 * SIN[#4]。

6. 控制语句

加工程序在运行时是以输入的顺序来执行的，但有时程序需要改变执行顺序，这时要用控制程序来改变程序的执行顺序。控制指令有条件语句和循环语句两种。

（1）条件语句

格式一：GOTO*n*；

例如：GOTO1000；

该例为无条件转移语句。当执行该程序段时，将无条件转移到 N1000 程序段执行。

格式二：IF［条件表达式］GOTO*n*；

例如：IF［＃1GT＃100］GOTO1000；

该例为有条件转移语句。如果条件成立，转移到 N1000 程序段执行；如果条件不成立，则执行下一程序段。条件表达式的种类见表 5-10。

表 5-10 条件表达式的种类

条件	意义	示例
＃i EQ ＃j	等于(＝)	IF[＃5 EQ ＃6] GOTO100；
＃i NE ＃j	不等于(≠)	IF[＃5 NE ＃6] GOTO100；
＃i CT ＃j	大于(＞)	IF[＃5 CT ＃6] GOTO100；
＃i GE ＃j	大于等于(≥)	IF[＃5 GE ＃6] GOTO100；
＃i LT ＃j	小于(＜)	IF[＃5 LT ＃6] GOTO100；
＃i LE ＃j	小于等于(≤)	IF[＃5 LE ＃6] GOTO100；

格式三：IF［条件表达式］THEN 宏程序语句；

例如：IF[＃100 EQ ＃200] THEN ＃300＝0；

该例含义为：如果＃100 和＃200 的值相等，则将“0”赋值给＃300。

（2）循环语句

指令格式：WIILE［条件表达式］DO*m*（*m*＝1，2，3…）；

…

END*m*；

当条件满足时，就循环执行 WHILE 与 END 之间的程序段；当条件不满足时，就执行 END*m* 的下一个程序段。*m* 是循环标号，允许嵌套三重。

【例 5-2】 如图 5-52 所示，球面台的半径为 20mm（＃2），球面台展角为 67°（＃6）。加工球面时，采用自上而下等高切削加工方式。使用半径为 8mm（＃3）的平底立刀进行加工。

【解】 圆标准方程为 $X^2+Y^2=1$，圆参数方程为 $X=r\cos\theta$，$Y=r\sin\theta$。以工件上表面中心作为工件原点，使用圆参数方程进行编程，则在 *ZX* 平面的球面轮廓上任意一点的 *X*、*Z* 坐标满足圆参数方程：$X=20\cos\theta$，$Z=20\sin\theta$。将圆转角设为自变量，这样任意点的位置就确定了。参考程序见表 5-11。

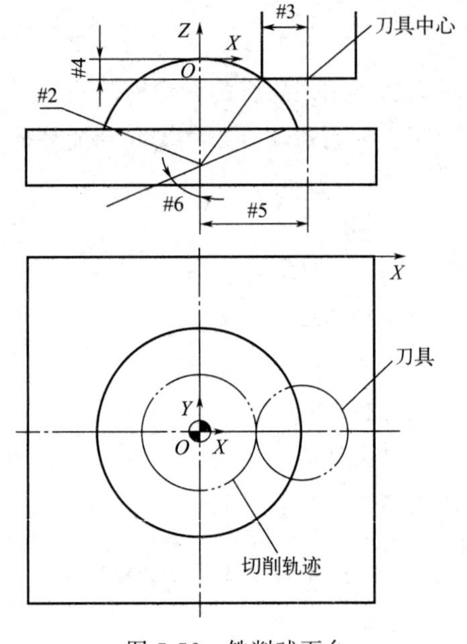

图 5-52 铣削球面台

表 5-11 变量常用运算

程序	注释
O5003;	
N10 G54 G90 G17 G40 G00 Z100;	
N20 M03 S1000;	
N30 X8 Y0;	
N40 Z10;	
N50 G01 Z0 F50;	
N60 ＃1＝0;	定义变量的初值(角度初值)
N70 ＃2＝20;	定义变量(球半径)
N80 ＃3＝8;	定义变量(刀具半径)
N90 ＃6＝67;	定义变量的终值(角度终止值)
N100 ＃4＝＃2＊[1－COS[＃1]];	计算变量(*Z* 值)
N110 ＃5＝＃3＋＃2＊SIN[＃1];	计算变量(*X* 值)
N120 G01 X＃5 Y0 F200;	每层加工时，*X* 方向的起始位置
N130 Z-＃4 F50;	到下一层的定位
N140 G02 I-＃5 F200;	每一层的整圆铣削
N150 ＃1＝＃1＋1;	角度递加 1
N160 IF[＃1 LE ＃6] GOTO100;	当＃167°时，转向 N100 语句循环，加工球面台
N170 G00 Z100;	
N180 M30;	

【例 5-3】编制如图 5-53 所示椭圆内轮廓的宏程序，选用刀具为 $\phi10$ 的键槽铣刀，要求每层切削 1mm 深，分 5 层加工。

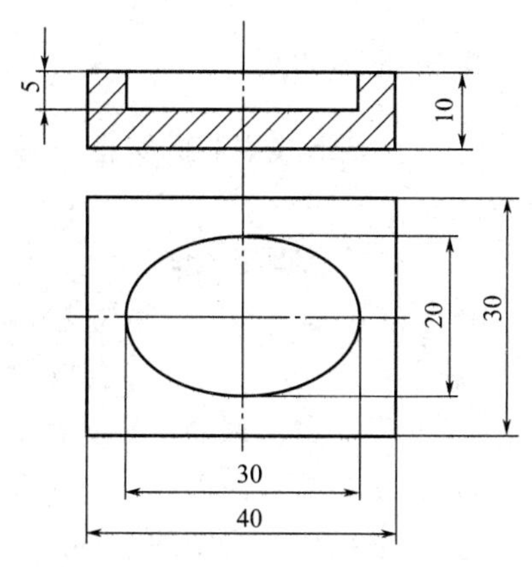

图 5-53 铣削椭圆内轮廓

【解】使用刀具半径补偿进行编程，整圈分层加工椭圆。设 a、b 分别为椭圆长半轴及短半轴，θ 为椭圆上任意点的椭圆转角，椭圆标准方程为 $X^2/a^2+Y^2/b^2=1$，参数方程为 $X=a\cos\theta$，$Y=b\sin\theta$。

以工件上表面中心作为工件原点，使用参数方程进行编程，则椭圆轮廓上任意一点的 X、Y 坐标满足椭圆参数方程：$X=15\cos\theta$，$Y=10\sin\theta$。将椭圆转角 θ 和铣削高度 Z 设为自变量，可确定任意点的位置。由于该椭圆高度尺寸为 5mm，每层切削 1mm 深，分 5 层铣出椭圆，因此需用二级嵌套的循环语句编程，采用直线拟合逼近理想轮廓的编程加工原理。参考程序见表 5-12。

表 5-12 椭圆内轮廓的数控加工程序

程序	注释
O5004；	
N10 G54 G90 G17 G40 G00 Z100；	
N20 X0 Y0；	
N30 M03 S1000；	
N40 Z10；	
N50 #1=−1；	定义变量的初值（Z 值起点）
N60 #2=−5；	定义变量的终值（Z 值终点）
N70 WHILE[#1 GE #2] DO1；	如果#1≥#2，循环 1 继续
N80 G01 Z#1 F100；	Z 向下刀
N90 #3=0；	定义变量的初值（椭圆起始角度）
N100 #4=360；	定义变量的终值（椭圆终止角度）
N110 #5=15；	定义变量（椭圆长半轴）
N120 #6=10；	定义变量（椭圆短半轴）
N130 G41 X#5 Y0 D01 F200；	刀补阶段不能连续两段没有出现补偿平面内的移动语句（变量赋值不影响，判断条件计入影响）
N140 WHILE[#3 LE #4] DO2；	如果#3≤#4，循环 2 继续
N150 #7=#5*COS[#3]；	计算变量（X 值）
N160 #8=#6*SIN[#3]；	计算变量（Y 值）
N170 G01 X#7 Y#8 F200；	刀具定位切削
N180 #3=#3+1；	角度递加 1
N180 END2；	循环 2 结束
N190 G40 X0 Y0；	
N200 #1=#1−1；	Z 值递减 1
N210 END1；	循环 1 结束
N220 G00 Z100；	
N230 M30；	

7. 宏程序调用

以子程序形式编制的宏程序（宏体），由于程序结束符号是 M99，故不能单独运行，需要专门指令调用。

（1）非模态调用 G65

指令格式：G65 P(宏程序名)L(重复次数)<引数赋值>；

说明：① G65：需在<引数赋值>之前，其他不规定；

② 宏程序名：用变量等宏指令编制的子程序；

③ 重复次数：最多可 9999 次，1 次可省略；

④ 引数赋值：规定的字符给规定的变量赋值。

（2）模态调用 G66、G67

指令格式：G66 P（宏程序名）L（重复次数）<引数赋值>；

G67；取消模态调用方式

在模态调用 G66 方式下，每执行一次移动指令，就调用一次所指定的宏程序，这与非模态调用 G65 不同。

四、任务实施

1. 确定编程方案

工件坐标系在工件顶面中心上 ϕ38mm 已由上道工序完成，现用 ϕ16mm 的普通立铣刀刀尖倒圆。在 ZX 平面倒圆弧上取若干节点，两节点用直线插补后，在 XY 平面上加工整圆，如此反复直至倒完圆角。用普通立铣刀倒圆，节点数量取得越多，倒圆表面粗糙度值相应就越小，但耗时很长。如果是批量加工，建议用专用成形立铣刀，加工效率和表面质量会大幅度提高。

2. 拟定刀具路径及节点坐标计算

从图 5-54 倒圆角刀具路径可看到，在 ZX 平面内从下往上加工，起点在下，加工范围是 90°；在 XY 平面内逆时针加工整圆，起点在 X 正半轴。倒圆弧上任一节点坐标（X_i,Y_i,Z_i）计算如下：

$$X_i = R_{孔} - R_{刀} + X_1 = R_{孔} - R_{刀} + R_{倒圆}(1-\cos\alpha)$$

Y_i 用不着计算

$$Z_i = -(R_{倒圆} - Z_1) = -R_{倒圆}(1-\sin\alpha)$$

$$I = -X_i$$

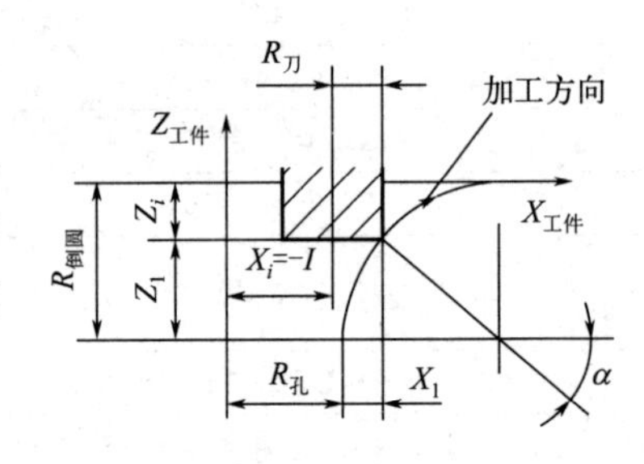

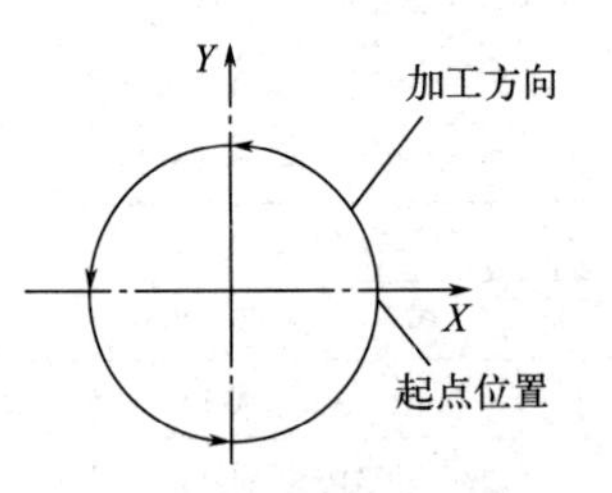

图 5-54 倒圆角刀具路径

3. 编制程序

（1）宏程序直接编程

用宏指令直接编程的变量定义见表 5-13，程序见表 5-14。

表 5-13 变量定义

变量定义	倒圆角度增量	倒圆起始角度且计数器	倒圆终止角度	倒圆圆弧半径	孔半径	铣刀半径	节点坐标 X_i	节点坐标 Z_i	整圆参数 I
变量号	#1	#2	#3	#17	#18	#19	#24	#26	-#24
赋值地址	A	B	C	Q	R	S			
数值	0.5	0.5	90	5	19	8			

表 5-14 孔口倒凸圆角宏指令直接编程

O5005;程序名		
循环语句	注释	条件语句
N10 G90 G00 G54 X0 Y0 S2000 M03;	孔中心,初始化	N10 G90 G00 G54 X0 Y0 F1200 S2000 M03;
N20 Z-5;	下刀到要求深度	N20 Z-5;
N30 G00 X10;		N30 G00 X10;
N40 G01 X11 F120;		N40 G01 X11 F120;
N50 #1=0.5;	倒圆角度增量	N50 #1=0.5;
N60 #2=0.5;	倒圆起始角度且计数器	N60 #2=0.5;
N70 #3=90;	倒圆终止角度	N70 #3=90;
N80 #17=5;	倒圆圆弧半径	N80 #17=5;
N90 #18=19;	孔半径	N90 #18=19;
N100 #19 =8;	铣刀半径	N100 #19=8;
N110 WHILE[#2 LE #3] D01;	当角度计数器#2≤ #3时,执行N110~N170程序段;当角度计数器#2>#3时,执行N170程序段	
N120 #24=#18-#19+#17*[1-COS[#2]];	$X_i=R_{孔}-R_{刀}+R_{倒圆}(1-\cos\alpha)$	N110 #24=#18-#19+#17*[1-cos[#2]];
N130 #26=-#17*[1-sin[#2]];	$Z_i=-R_{倒圆}(1-\sin\alpha)$	N120 #26=-#17*[1-sin[#2]];
N140 G01 X#24 Z#26;	在 XZ 平面内以直代曲铣到圆弧	N130 G01 X#24 Z#26;
N150 G17 G03 I[-#24];	在 XY 平面内铣整圆	N140 G17 G03 I[-#24];
N160 #2 = #2+#1;	角度计数器累加计数	N150 #2=#2+#1;
N170 END1;	循环指令结束	
	当角度计数器#2≤#3时,跳转执行N110程序段;当角度计数器#2>#3时,执行下一程序段N170	N160 IF[#2LE#3] GOTO110;
N180 G90 G00 Z200;	抬刀	N170 G90 G00 Z200;
N190 M30;	程序结束	N180 M30;

(2)用宏程序指令 G65/G66 编程

用宏调用指令 G65/G66 编程时,宏体中的已知变量在调用宏体时,在宏调用指令 G65/G66 中赋值,宏体的灵活性更好。孔口倒凸圆角变量定义见表 5-13,编写程序见表 5-15、表 5-16。

表 5-15　孔口倒凸圆角 G65/G66 编程主程序

程序	注释
O5006；	
N10 G90 G00 G54 X0 Y0 F1200 S2000 M03；	定位，初始化
N20 Z-5；	下刀到要求深度
N30 G65 P5007 A0.5 B0.5 C90 Q5 R19 S8；	给变量＃1、＃2、＃3、＃17、＃18、＃19 赋值，调用宏体 O5007 倒圆弧
N40 G90 G00 Z200；	抬刀
N50 M30；	程序结束

表 5-16　倒凸圆角宏体

程序	注释
O5007；	
N10 WHILE[＃2 LE ＃3] D01；	当角度计数器＃2≤＃3 时，执行 N10～N60 程序段；当角度计数器＃2＞＃3 时，执行 N80 程序段
N20 ＃24＝＃18-＃19＋＃17＊[1－cos[＃2]]；	$X_i=R_{孔}-R_{刀}+R_{倒圆}(1-\cos\alpha)$
N30 ＃26＝－＃17＊[1－sin[＃2]]；	$Z_i=-R_{倒圆}(1-\sin\alpha)$
N40 G01 X＃24 Z＃26；	在 *XZ* 平面内以直代曲铣倒圆弧
N50 G17 G03 I[-＃24]；	在 *XY* 平面内铣整圆
N60 ＃2＝＃2＋＃1；	角度计数器累加计数
N70 END1；	循环指令结束
N80 M99；	

五、拓展提升

程序的编排与检验

1. 程序的编排

当零件加工程序较多时，为便于程序调试，一般将各工步内容分别安排到不同的子程序中。主程序内容主要是完成换刀及子程序调用的指令。这样安排便于按每一工步独立地调试程序，也便于发现加工顺序不合理而进行重新调整。

应尽可能利用机床数控系统本身所提供的镜像、旋转、固定循环和宏指令编程处理的功能，以简化程序量。

2. 程序的检验

在填写程序时往往会有错误或遗漏，按程序单向机床控制面板或磁盘输入程序时也不能保证完全正确，所以未经检验的程序不能直接加工零件。

(1) 程序单的检验

首先检查功能指令是否有错误或遗漏；其次检查刀具代号是否有错误或遗漏，以防止加工时刀具半径补偿值有差错；最后验算数据的计算是否有误，正负号对不对，程序单上填的数据是否与编程草图上标注的坐标值一样，走刀路线是否为封闭回路（可以用各坐标运动位移量的代数和是否为零来校验）等。

（2）磁盘中程序的校验

① 人工检查法（方法与程序单的检验一样）。

② 用计算机校验，或从机床控制面板中用图形显示校验。现代数控加工中有许多自动编程软件（如国内的 CAXA、美国的 MasterCAM 等）可以进行反读（即通过 G 指令直接在屏幕上画出刀具轨迹路线），这种检查方法既快又方便，但对程序细节部分不能很准确地检查。

③ 在机床上进行试切检查。这是最直接最有效的检查方法。试切削材料可采用较易切削、费用低的塑料或石蜡，但不能反映出加工程序的工艺性问题（如切削用量是否合适等），而且对大型或复杂的工件也不太适用，因此有时也可以直接对正式毛坯进行切削。根据工件的具体情况，有时可以采用分层试切削（即抬高刀具、放大刀具半径补偿值等），这样做的实际效果较好。

六、思考练习

1. 单选题

（1）对于 G#218，当#218=2 时，它与（　　）相同。

A. G02　　B. G218　　C. G18

（2）IF[#1 LE ROUND[#2]] GOTO10，若#2=6.666,则 ROUND[#2]=（　　）。

A. 6.7　　B. 7　　C. 6.67

（3）当#1=20，#2=50 时，变量#[#1+#2+20]表示（　　）。

A. 20　　B. 50　　C. 90

（4）G65 P1000 A1 B2 I-4 I6 D7；此时#7=（　　）。

A. 7　　B. 6　　C. −4

（5）如果#1=3.6，#2=FIX [#1]，则#2=（　　）。

A. 3.6　　B. 3　　C. 4

（6）若#2=30°，#3=6°15′，#5=35°，#6=2，则 sin[[[#2+#3]*4+#5]/#6]=（　　）。

A. 1　　B. 0　　C. −1

（7）IF[#2 LT #3] GOTO60 表示（　　）。

A. 无条件转向执行 N60 程序段

B. 满足条件，转向执行 N60 程序段

C. 不满足条件，转向执行 N60 程序段

2. 判断题

（1）WHILE-DO 语句中同一识别号 *m*（1～3）只能使用一次。（　　）

（2）地址 O 和 N 不能用变量表示。（　　）

（3）变量混合运算中，括号可以无限次使用。（　　）

（4）既可以从 DO*m*-END*m* 内部转移到外部，也可以从外部转移到内部。（　　）

（5）在 IF 条件表达式中，当使用 ROUND 函数时，对小数点的数据四舍五入。（　　）

3. 综合题

使用宏程序完成图 5-55 所示柴油机调速器壳体的加工，零件材料为 45 钢。

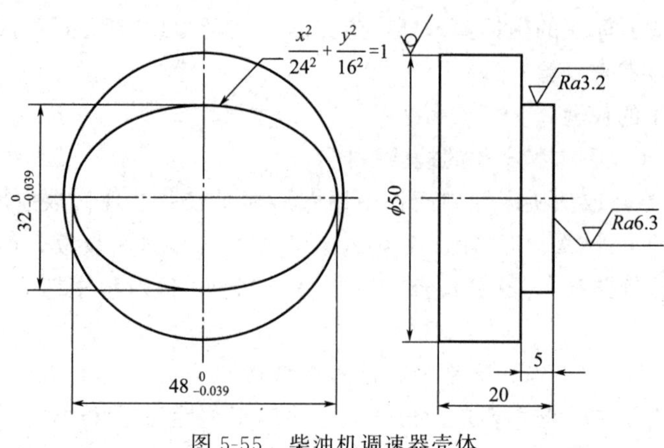

图 5-55 柴油机调速器壳体

任务五 综合零件数控加工中心加工

一、学习目标

1. 知识目标

掌握数控加工中心加工指令的使用方法。

2. 能力目标

（1）具备独立分析零件、制定加工工艺的能力。

（2）具备编写数控加工中心加工程序的能力。

二、工学任务

加工如图 5-56 所示零件，毛坯为 80mm×80mm×20mm 长方块（四面及上、下底面已加工），材料为硬铝合金钢，单件生产，编写其加工程序。

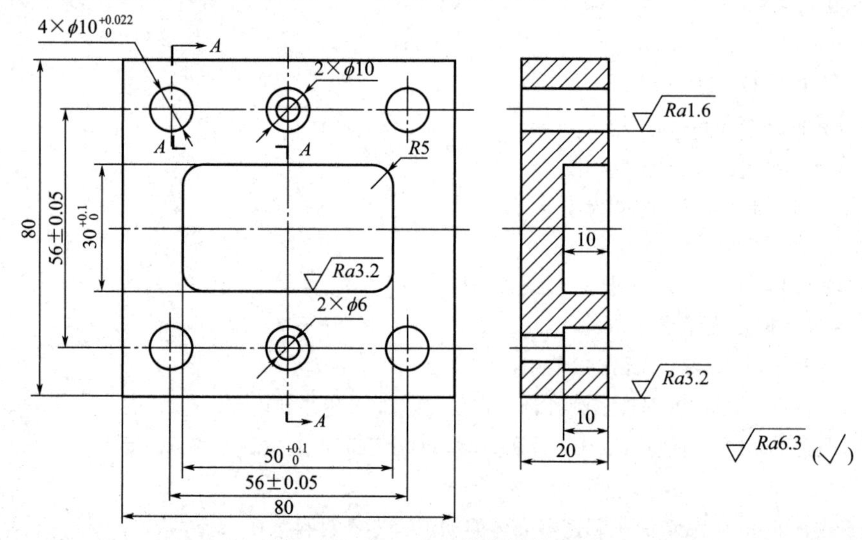

图 5-56 加工中心综合编程实例

三、任务实施

1. 零件图样分析

该零件包含了平面、型腔、孔的加工，表面粗糙度全部为 $Ra3.2\mu m$。根据零件的要求，应用键槽铣刀（立铣刀）粗、精铣凹槽；两沉头孔精度较低，采用钻孔＋铣孔工艺加工；$4\times\phi10^{+0.022}_{0}$mm 孔采用钻孔（含钻中心孔）＋铰孔工艺保证精度；若图样不要求加工上表面，该面只钻孔、镗孔、铰孔等，则在工件装夹时应用百分表校平该表面，而后再加工。这样才能保证孔、槽的深度尺寸及位置精度。

2. 加工方案

合理切削用量选择加工铝件，粗加工深度除留精加工余量，可以一刀切完。切削速度可以提高，但垂直下刀进给量应小。具体工艺路线安排为：钻中心孔→粗铣内槽→精铣内槽→钻 $2\times\phi6$mm 的通孔→钻底孔→铰孔。该零件为单件生产，且零件外形为长方体，可选用平口虎钳装夹。

3. 数控加工工艺卡片

加工工艺见表 5-17。

表 5-17　数控加工工序卡片

<table>
<tr><td colspan="3" rowspan="2">数控加工工序卡片</td><td>产品名称</td><td>零件名称</td><td>材料</td><td colspan="3">零件图号</td></tr>
<tr><td></td><td></td><td>45 钢</td><td></td><td></td><td></td></tr>
<tr><td>工序号</td><td>程序编号</td><td>夹具名称</td><td>夹具编号</td><td colspan="2">使用设备</td><td colspan="3">车间</td></tr>
<tr><td></td><td></td><td>虎钳</td><td></td><td colspan="2"></td><td colspan="3"></td></tr>
<tr><td>工步号</td><td colspan="2">工步内容</td><td>刀具号</td><td>主轴转速/(r/min)</td><td>进给速度/(mm/min)</td><td>背吃刀量/mm</td><td>侧吃刀量/mm</td><td>备注</td></tr>
<tr><td>1</td><td colspan="2">用 $\phi10$mm 键槽铣刀铣 $2\times\phi10$mm 孔及粗铣内槽</td><td>T01</td><td>800</td><td>100</td><td>5</td><td>11.7</td><td></td></tr>
<tr><td>2</td><td colspan="2">用 $\phi10$mm 立铣刀精铣内槽</td><td>T02</td><td>1000</td><td>80</td><td>0.2</td><td>0.2</td><td></td></tr>
<tr><td>3</td><td colspan="2">钻中心孔</td><td>T03</td><td>1000</td><td>50</td><td>1.5</td><td></td><td></td></tr>
<tr><td>4</td><td colspan="2">钻 $2\times\phi6$mm 的通孔</td><td>T04</td><td>1000</td><td>50</td><td>1.5</td><td></td><td></td></tr>
<tr><td>5</td><td colspan="2">用 $\phi9.7$mm 钻头钻 $4\times\phi10^{+0.022}_{0}$mm 的底孔</td><td>T05</td><td>800</td><td>60</td><td>4.5</td><td></td><td></td></tr>
<tr><td>6</td><td colspan="2">用 $\phi10$H8 机用铰刀铰 $4\times\phi10^{+0.022}_{0}$mm 的铰孔</td><td>T06</td><td>1200</td><td>60</td><td>0.3</td><td></td><td></td></tr>
</table>

刀具及切削参数见表 5-18。

表 5-18 数控加工刀具卡

数控加工刀具卡片		工序号		程序编号	产品名称	零件名称	材料	零件图号	
							45 钢		
序号	刀具号	刀具名称	刀具规格/mm		补偿值/mm		刀补号		备注
			直径	长度	半径	长度	半径	长度	
1	T01	键槽铣刀	$\phi10$	实测	10.3		D01		高速钢
2	T02	立铣刀(4 齿)	$\phi10$	实测	10		D02		硬质合金
3	T03	中心钻	$\phi2$	实测	3		D03		高速钢
4	T04	麻花钻	$\phi6$	实测	6		D04		
5	T05	麻花钻	$\phi9.7$	实测					
6	T06	机用铰刀	ϕ10H8	实测					

备注：D02、D04 的实际半径补偿值根据测量结果调整。

4. 参考程序

选择工件中心为工件坐标系 X、Y 原点，工件的上表面为工件坐标系的 $Z=1$ 面。参考程序见表 5-19。

表 5-19 参考程序

程序	说明
O5008	程序名
N10 G17 G21 G40 G49 G54 G80 G90 G94;	程序初始化
N20 G91 G28 Z0;	回参考点
N30 T01 M06;	选用 1 号刀具
N40 G43 Z50 H01;	1 号刀具长度补偿
N50 M03 S500 M8;	启动主轴，切削液开
N60 G90 G54 G00 X-80 Y20;	建立工件坐标系、快速移动到(X−80，Y20)处
N70 G43 Z5 H01;	调用 1 号刀具长度补偿
N80 G01 20.5 F100;	
N90 X80;	直线进给到 X80 处
N100 G00 Z5;	刀具快速抬起 5mm
N110 X-80 Y-20;	刀具快速运动到(X−80，Y−20)处
N0120 G01 Z0.5;	直线进给到工件上 0.5mm 处
N130 X80;	直线进给到 X80 处
N140 G00 Z5;	刀具快速抬起 5mm
N150 G00 X-80 Y20;	刀具快速运动到(X−80，Y20)处
N160 M03 S800;	指定主轴转向与转速，工件表面精加工
N170 G01 Z0 F80;	
N180 X80;	
N190 G00 Z5;	

续表

程序	说明
N200 X-80 Y-20；	
N210 G01 Z0；	
N220 X80；	
N230 G00 Z50；	
N240 M05 M09；	主轴停止，切削液关
N250 G91 G28 Z0；	回参考点
N260 T02 M06；	选用 T2 刀具
N270 G90 G54 G00 X-28 28；	刀具快速移动到(X－28，Y28)处
N280 S1000 M03 M08；	启动主轴，切削液开
N290 G43 H02 G00 Z5；	调用 2 号刀具长度补偿
N300 G99 G81 Z-3 R5 F100；	调用孔加工循环，钻中心孔
N310 X0 Y28；	继续在(X0，Y28)处钻中心孔
N320 X28 Y28；	继续在(X28，Y28)处钻中心孔
N330 X28 Y-28；	继续在(X28，Y－28)处钻中心孔
N340 X0 Y-28；	继续在(X0，Y－28)处钻中心孔
N350 G98 X-28 Y-28；	继续在(X－28，Y－28)处钻中心孔
N360 G80 G00 Z100；	取消钻孔循环，快速提刀
N370 M05 M09；	主轴停止，切削液关，程序停止，安装
N380 G91 G28 Z0；	回参考点
N390 T03 M06；	选用 T3 刀具
N400 G90 G54 G00 X0 Y28；	定位
N410 M03；	
N420 M08；	
N430 G43 H03 Z5；	调用 3 号刀具长度补偿
N440 G01 Z-10 F100；	铣孔深 10mm
N450 G04 X5；	刀具暂停 5s
N460 25；	刀具抬到 Z5 处
N470 G00 Y-28；	刀具快速移到 Y－28 处
N480 G01 Z-10；	铣孔深 10mm
N490 G04 X5；	刀具暂停 5s
N500 Z05；	刀具抬到 Z5 处
N510 G00 X10 Y10；	粗铣内轮廓
N520 G01 Z-5 F100；	刀具沿 Z 向以 F100 速度移动到 Z－5 处
N530 X11；	
N540 Y2；	
N550 X-11；	
N560 Y-2；	

续表

程序	说明
N570 X11；	
N580 Y0；	
N590 X19；	
N600 Y10；	
N610 X-19；	
N620 Y-10；	
N630 X19；	
N640 Y0；	
N650 Z5；	
N660 G00 Z50；	
N670 X10；	
N680 Z0；	
N690 G01 Z-10 F100；	
N700 X11；	
N710 Y2；	
N720 X-11；	
N730 Y-2；	
N740 X11；	
N750 Y0；	
N760 X19；	
N770 Y10；	
N780 X-19；	
N790 Y-10；	
N800 X19；	
N810 Y0；	
N820 Z0；	
N830 G00 Z100；	快速提刀
N840 M05 M9；	主轴停，切削液关
N850 G91 G28 Z0；	回参考点
N860 T04 M06；	选用 4 号刀具
N870 G90 G54 G00 X-20 Y5；	定位
N880 S1000 M03 M08；	启动主轴，打开切削液
N890 G43 H04 Z1；	调用 4 号刀具长度补偿
N900 G01 Z-10 F80；	精铣内轮廓
N910 G41 X-10 D04；	刀具左偏
N920 Y-15；	
N930 X20；	

续表

程序	说明
N940 C03 X25 Y-10 I0 J5；	
N950 G01 Y10；	
N960 G03 X20 Y15 I-5 J0；	
N970 G01 X-20；	
N980 G03 X-25 Y10 I0 J-5；	
N990 G01 Y-10；	
N1000 G03 X-20 Y-15 I5 J0；	
N1010 G01 X0；	
N1020 G40 G01 Y5；	取消刀具半径补偿，直线进给到 Y5 处
N1030 Z0；	刀具沿 Z 向移动到 Z0 处
N1040 G00 Z100；	刀具快速移动到 Z100 处
N1050 M05 M09；	主轴停止，切削液关，程序停止
N1060 G91 G28 Z0；	回参考点
N1070 T05 M06；	选用 T5 刀具
N1080 G90 G54 G0 X0 Y28；	
N1090 S1000 M03 M08；	
N1100 G43 H05 Z5；	调用 5 号刀具长度补偿
N1110 G99 G83 Z-24 R5 Q5 F80；	调用孔加工循环，钻孔
N1120 G98 X0 Y-28；	继续在(X0，Y－28)处钻孔
N1130 G80 G00 Z150；	取消钻孔循环，快速提刀
N1140 M05 M09；	主轴停止，切削液关，程序停止
N1150 G28；	回参考点
N1160 T06 M06；	安装 T6 刀具
N1170 G90 G54 G00 X-28 Y28；	
N1180 S800 M03 M08；	
N1190 G43 H06 Z5；	调用 6 号刀具长度补偿
N1200 G99 G83 Z-24 R5 Q5 F100；	调用孔加工循环，钻孔
N1210 X28 Y28；	继续在(X28，Y28)处钻孔
N1220 X28 Y-28；	继续在(X28，Y－28)处钻孔
N1230 G98 X-28 Y-28；	继续在(X－28，Y－28)处钻孔
N1240 G80 G00 Z100；	取消钻孔循环，快速提刀
N1250 M05 M09；	主轴停止，切削液关
N1260 G91 G28 Z0；	回参考点
N1270 T07 M06；	选用 T7 刀具
N1280 G90 G54 G00 X-28 Y28；	定位
N1290 S1200 M03 M08；	
N1300 G43 H07 Z5；	调用 7 号刀具长度补偿

续表

程序	说明
N1310 G99 G85 Z-23 R5 F80；	调用孔加工循环，铰孔
N1320 X28 Y28；	继续在(X28，Y28)处铰孔
N1330 X28 Y-28；	继续在(X28，Y－28)处铰孔
N1340 G98 X-28 Y-28；	继续在(X－28，Y－28)处铰孔
N1350 G80 G00 Z150；	取消铰孔循环，快速提刀
N1360 M30；	程序结束

四、拓展提升

加工中心工艺流程

加工中心是一种集铣削、钻孔、镗孔等多种加工方式于一体的数控机床，具有高精度、高效率和高自动化等特点。其工艺流程涵盖了从预处理待加工物料到完成加工后的清理与检查等多个环节，确保工件加工的精准度和质量。

(1) 预处理待加工物料

在开始加工前，需要对待加工物料进行预处理。这包括清洁物料表面，去除油污、锈蚀等杂质，以确保加工过程中切削刀具的顺畅切削。同时，还需对待加工物料进行必要的热处理或表面处理，以满足后续加工的要求。

(2) 精确测量物料尺寸

使用测量工具（如卡尺、千分尺等）对待加工物料的尺寸进行精确测量，以便为后续工序提供准确的加工参数。测量过程中需遵循操作规范，确保测量结果的准确性。

(3) 选定切削工具与参数

根据工件的材料、形状和加工要求，选择合适的切削刀具及切削参数。切削参数包括切削速度、进给量、切削深度等，需根据刀具的性能和加工要求进行合理设置，以确保加工过程的稳定性和加工质量。

(4) 装夹工件准备加工

将待加工物料装夹在加工中心的夹具上，确保工件稳固、可靠。装夹过程中需注意工件的定位精度和夹持力，以避免加工过程中出现振动或移位现象。

(5) 分中确定加工基准

使用分中仪或其他定位装置确定工件的加工基准。加工基准是工件加工过程中的参考点或参考线，对确保加工精度具有重要意义。分中过程中需精确操作，以确保基准的准确性。

(6) 实施切削或钻削操作

根据编程指令或手动操作，启动加工中心进行切削或钻削操作。在加工过程中，需密切关注切削刀具的工作状态，确保切削过程稳定、顺畅。如遇到异常情况，需及时停机检查并处理。

(7) 监控切削过程与状态

加工过程中，需实时监控切削过程与状态，包括切削温度、切削力、振动等参数的变化情况，以及刀具磨损、工件变形等现象。如发现异常情况，应及时调整切削参数或停机检查，以确保加工质量和设备安全。

（8）完成后清理与检查

加工完成后，需对加工中心进行清理，包括清除切削屑、冷却液等残留物，以保持设备的整洁和性能稳定。同时，对加工完成的工件进行检查，包括尺寸精度、表面质量等方面的检查，以确保工件符合设计要求。如有不合格品，需及时进行处理。

加工中心的工艺流程涵盖了预处理、测量、选定参数、装夹、分中、切削、监控和清理检查等多个环节。在实际操作中，需遵循工艺规范，确保每个环节的质量和效率。通过不断优化工艺流程和提高操作水平，可进一步提高加工中心的加工精度和效率，为企业创造更大的价值。

五、思考练习

综合题

使用加工中心完成图 5-57 所示汽油泵壳体结合面螺纹孔 8-M10×1.5（粗牙）螺纹通孔加工，工件材料为 45 钢，编写其加工程序。

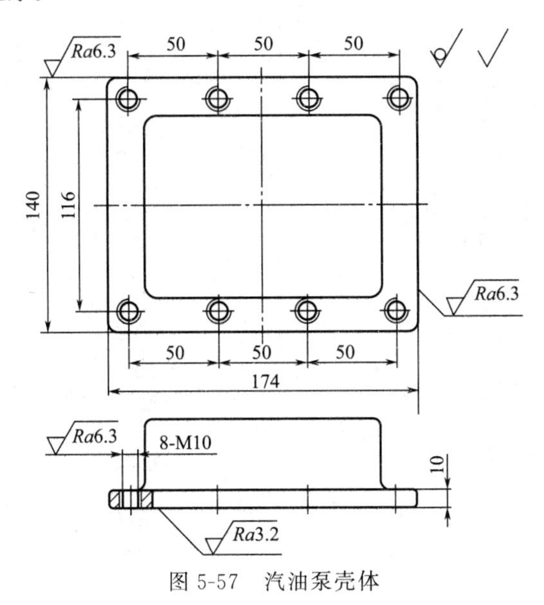

图 5-57 汽油泵壳体